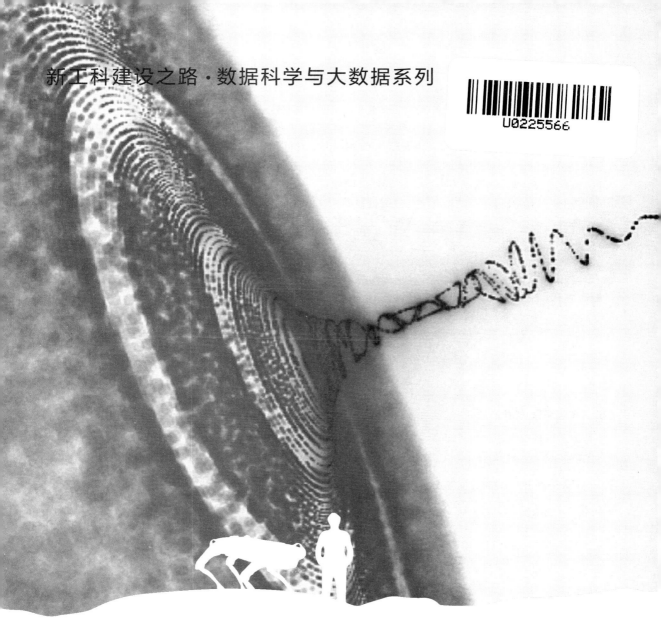

新工科建设之路·数据科学与大数据系列

大数据平台技术实例教程

主　编　◎　郑啸　李乔

副主编　◎　梁越永　孙国华

电子工业出版社
Publishing House of Electronics Industry
北京·BEIJING

内容简介

本书通过大量实例介绍大数据平台技术，分 4 篇。大数据存储篇包括第 1～3 章，内容包括大数据技术概述、数据采集和大数据、大数据框架的安装和配置；大数据管理篇包括第 4～7 章，内容包括 HDFS、Hadoop 分布式计算模型、分布式协调服务 ZooKeeper、Hadoop 的集群资源管理系统 YARN；大数据分析篇包括第 8～10 章，内容包括数据库 MySQL 和数据仓库 Hive、NoSQL 数据库 HBase、基于内存的分布式计算框架 Spark；大数据应用篇包括第 11、12 章，内容包括数据可视化、大数据应用综合案例。

本书可作为高等学校数据科学与大数据技术、计算机科学与技术、人工智能等理工类专业大数据平台技术课程的教材，也可供广大计算机爱好者及软件开发人员参考。

图书在版编目（CIP）数据

大数据平台技术实例教程 / 郑啸，李乔主编. — 北京：电子工业出版社，2022.12
ISBN 978-7-121-45381-6

Ⅰ. ①大⋯　Ⅱ. ①郑⋯　②李⋯　Ⅲ. ①数据处理－高等学校－教材　Ⅳ. ①TP274

中国国家版本馆 CIP 数据核字(2023)第 061462 号

责任编辑：张　鑫
印　　刷：涿州市京南印刷厂
装　　订：涿州市京南印刷厂
出版发行：电子工业出版社
　　　　　北京市海淀区万寿路 173 信箱　　邮编：100036
开　　本：789×1092　1/16　印张：16.75　字数：469 千字
版　　次：2022 年 12 月第 1 版
印　　次：2024 年 1 月第 2 次印刷
定　　价：59.00 元

凡所购买电子工业出版社图书有缺损问题，请向购买书店调换。若书店售缺，请与本社发行部联系，联系及邮购电话：(010)88254888，88258888。

质量投诉请发邮件至 zlts@phei.com.cn，盗版侵权举报请发邮件至 dbqq@phei.com.cn。

本书咨询联系方式：zhangxinbook@126.com。

前　　言

近些年，大数据技术迅猛发展，改变了人们的工作、生产、生活方式。国内外学术界和产业界对此都高度重视，希望新技术带来应用场景的改变与生产效率的提高。Hadoop、ZooKeeper、HBase、Hive、Spark 等新技术日新月异，大量的相关从业者希望跟上新技术的发展。然而，大数据技术庞杂，对初学者来说有较高的学习门槛。此外，由于大数据技术涉及数据库、操作系统、数据结构、面向对象编程等计算机专业课程的知识，对一些非计算机专业的同学来说，学起来就更有难度了。因此，编者编撰了本书，方便读者学习时有一个渐进式合理梯度的上升，以适应大数据技术的快速发展，跟上时代前进的步伐。

本书是编者在整理近几年本科生与研究生教学、大数据竞赛实践和产学研合作的科研成果的基础上编撰而成的。大数据技术涉及开发语言众多，有 Java、Scala、R、Python 等，本书尽量简化读者学习难度，以 Python 和 Java 为主。全书以程序案例为主导，在案例深化中逐步引出知识点，形成清晰的主线，引导读者自主思考并逐步掌握大数据各层次框架的作用和使用方法，每章结束后还有对应的实践操作，让读者在操作中理解和掌握大数据平台技术，避免强行灌输知识点，从而拓宽读者的计算思维。本书注重解决问题的方法引导，理论联系实际，突出计算思维的培养。宏观上，以大数据框架从底层到上层的学习为主线，方便师生教与学；微观上，以每个层次中框架组件学习为基础，以"数据"为线索，每章都附大量的实验环境操作、配置及代码，便于快速提高读者对大数据知识点的把握，内容通俗易懂，程序描述力求精练、易读。

本书分 4 篇，包括大数据存储篇、大数据管理篇、大数据分析篇和大数据应用篇。在大数据存储篇中，第 1 章介绍大数据的基本概念和应用领域，阐述大数据、云计算和物联网的关系；第 2 章介绍数据采集、预处理过程、Python 语言及开发环境；第 3 章介绍大数据处理架构 Hadoop，并补充介绍 Linux 的基本使用方法。在大数据管理篇中，第 4 章介绍HDFS；第 5 章介绍 Hadoop 完全分布式的搭建过程和 MapReduce 的使用；第 6 章介绍分布式协调服务 ZooKeeper；第 7 章介绍 Hadoop 的集群资源管理系统 YARN。在大数据分析篇中，第 8 章介绍传统数据库 MySQL 和数据仓库 Hive；第 9 章介绍 NoSQL 数据库 HBase；第 10 章介绍基于内存的分布式计算框架 Spark。在大数据应用篇中，第 11 章介绍基于 Python 的可视化技术；第 12 章综合之前介绍的所有技术，完成一个综合案例。

本书配有二维码，读者扫描二维码之后可观看讲解视频。本书还建设了与内容配套的服务平台，为教师讲授和学生学习大数据课程提供了 PPT 讲义、实验指南、上机环境、镜像文件、源代码等。针对书中的案例，服务平台给出了多种平台的实践方案，其中镜像文件做了多个关键节点的快照，读者很容易在多个实验步骤前后自由切换，因此本书具有较强的操作性和实用性。

本书可作为高等学校数据科学与大数据技术、计算机科学与技术、人工智能等理工类专业大数据平台技术课程的教材，也可供广大计算机爱好者及软件开发人员参考。

　　本书由郑啸、李乔任主编，梁越永、孙国华任副主编。郑啸拟定了编写内容和大纲，对全书进行了统稿工作。李乔编写了第 1 章、第 4～10 章、第 12 章，梁越永提供了校企合作教学案例，孙国华编写了第 2、3、11 章。在撰写过程中，安徽工业大学计算机科学与技术学院方晨晨、高庆、黄相丞、万鹏程、王辉、肖勇、武丞、郑心科、秦翠萍、李妍青、彭梦娴、袁浩等做了大量的辅助性工作，在此向付出辛勤工作的他们表示衷心的感谢。同时，感谢安徽省工业互联网智能应用与安全工程研究中心、上海宝信软件股份有限公司为本书的部分教学案例提供了素材。

　　编者会持续跟踪大数据技术发展趋势，把大数据最新技术和本书相关补充资料及时发布到本书配套服务平台上，方便本书读者获取相关信息。由于编者能力有限，书中难免存在不足之处，望广大读者不吝赐教。

编　者

2022 年 10 月

目　录

第 1 篇　大数据存储篇

第 4 篇　大数据应用篇

第1篇 大数据存储篇

第 1 章 大数据技术概述

随着互联网的高速发展，越来越多的用户在日常使用网络的过程中产生了数量庞大的结构化数据和非结构化数据，如视频、音频和图像等。面对如此庞大的数据，传统的数据分析处理技术面临更多挑战。另外，海量数据是巨大的潜在资源，谁拥有数据，利用好这些"大数据"，谁就可能获得巨大的经济效益并产生深远的影响。对海量数据的有效存储管理和计算分析成为各个行业迫切需要解决的问题。个人计算机的普及和互联网的发展解决了数据存储的载体与数据共享的问题，而大数据技术的出现则提供了单个节点计算能力的集群融合，使得以前微不足道的单机"算力"互连互通，为新的应用提供了广阔的前景。随着存储、互连、算力等的不断发展，大数据时代"顺势而为"的出现改变了科学研究问题的方式，采用的是全样数据、效率优先、相关性的分析方法论。

本章将以概述的形式，对大数据技术的背景、特点、目标等诸多问题展开讲解。读完本章，读者将对大数据有一个整体的了解，学习了本章相当于有了一个教材的"导航地图"，不会在浩如烟海的各种大数据平台和技术知识中迷失方向，从而为后续学习奠定基础。

本章主要涉及以下知识点：

➢ 了解大数据的特点及其在各行业的应用
➢ 了解大数据与云计算、物联网、人工智能的关系
➢ 了解大数据的技术框架、特点
➢ 了解大数据的就业岗位
➢ 了解大数据的深远影响

1.1 大数据源起和应用

在当前的技术领域，"大数据"技术实际上已经影响到每个人生活的方方面面。下面描述几种常见生活场景。

场景一：网购首页界面已经不是千篇一律的同款首页，而是个性化推荐购买界面，细心的读者会发现，网购首页出现的物品大多是自己心仪的物品。

场景二：在某外卖平台购买过一次食物，下次再购买时首页推送的商家中，上次的居然排在第一位，而且手机 App 后台推送的优惠券居然与此有关。

场景三：平时在 App "刷"视频内容，随意翻看，曾经去过的地点和平时认识的人物的视频内容会自动出现在观看列表中。

场景四：平时和朋友聊天的内容及感兴趣的事物，偶然打开一个常见的手机 App 后，惊奇地发现推送的广告内容正是这段时间聊天的内容。

场景五：当使用某个打车 App 时，用不同品牌的手机在同一地点、同一时间段打车到另外同一地点，发现打车价格居然不同。

这些"神奇"的场景背后都有哪些"大数据"技术在支撑和起作用呢？随着后续的介绍，这些内在运行原理会被逐一解析。当下，传统广告已经基本失效了，铺天盖地的宣传模式已经过去，企业很难一直通过大量的传统广告营销去创造自己的商业体系，而需要大数据技术的思维模式来改进。现在，大数据通过提高信息的透明度和可用性，释放出了巨大的价值。各种机构开始以数字形势存储交易数据，大数据可以收集更精准、更细致的各种信息。领先的企业正在使用数据收集和分析，进行对照实验。大数据使用户更加细分，为用户提供更加精准的私人订制，大大提高决策水平。例如，短视频播放就是大数据推荐算法的典型代表，企业先通过程序绘制用户的人物画像，再匹配相应的内容，从而改变用户行为，如果用户在某领域的产品前停留，该领域就是用户的标签之一，推荐的内容也与此标签相关。因此，大数据技术甚至比用户更了解用户，但用户可能沉浸于自己特定偏好的领域，而无法接触其他领域的内容。

当然，以上只是个人生活中常见的大数据技术场景。从更高层面来说，火箭发射的大数据模拟仿真、公共安全信息平台的建设、无人机和无人驾驶技术发展对国防的意义、推荐系统对"一带一路"国际贸易的发展和推动、大数据技术对网络信息安全维度的保障和维护等，都会为社会的发展和进步带来巨大的动力与强有力的保障。

大数据的定义目前有很多种。一般来讲，大数据技术就是"收集各种数据，经过分析后用来做有意义的事，包括对数据进行采集、管理、存储、搜索、共享、分析和可视化"的集合。也就是说，存储大量的数据并进行分析，将结果用于运营，给决策者提供运营参考。其中最重要的就是数据的存储，因为当需要处理的数据量足够大的时候，单台机器将很难满足需求。

1.2　大数据技术框架

从本质上来说，大数据技术发现大规模数据中的规律，通过对数据的分析实现对运营层决策的支持。需要注意大数据技术与其他学科之间的关系。例如，Excel 也可以做数据分析，那么为什么还要用到大数据技术呢？主要原因是，大数据技术面对的是大规模的数据，每天都会有大批量的数据生成，Excel 的有限规模不足以存储与计算这批数据。

大数据技术框架从不同角度看，有不同的组成部分，如图 1-1 所示。

- 从数据角度分为：数据源层、数据存储层、数据挖掘和数据分析层、大数据应用层。
- 从用户角度分为：数据存储用户、数据库管理用户、数据分析用户、数据可视化用户、数据决策用户。
- 从关键技术角度分为：数据资源、数据采集、数据清洗、数据库、数据仓库、数据迁移、数据挖掘、数据展示、数据工具等。

大数据分析需要有一系列技术框架（生态圈）作为支撑，正所谓"工欲善其事，必先利其器"，图 1-1 中主要的大数据技术框架后续会结合案例逐一介绍，此处先简单介绍。

1．HDFS

Hadoop 分布式文件系统（HDFS）是针对谷歌分布式文件系统（GFS）的开源实现，它是 Hadoop 两大核心组成部分之一，提供了在廉价服务器集群上进行大规模分布式文件存储的能力。HDFS 具有很好的容错能力，并且兼容廉价的硬件设备，因此可以较低的成本利用现有机器实现大流量和大数据量的读写，将在第 4 章介绍。

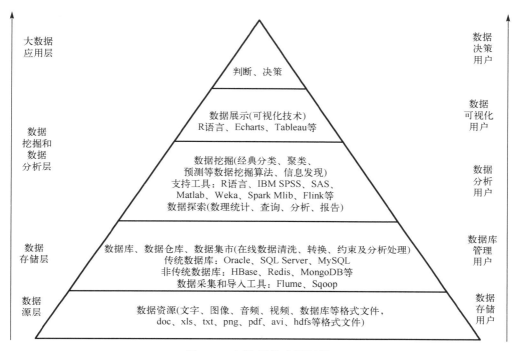

图 1-1　大数据技术框架图

2．MapReduce

MapReduce 是一种分布式并行编程模型，用于大规模数据集（大于 1TB）的并行运算，它将复杂的、运行于大规模集群上的并行运算过程高度抽象为两个函数 Map 和 Reduce。MapReduce 方便了分布式编程工作，编程人员在不会分布式并行编程的情况下，也可以很容易地将自己的程序运行在分布式系统上，完成海量数据集的计算，将在第 5 章介绍。

3．YARN（Yet Another Resource Negotiator）

YARN 是一种新的 Hadoop 资源管理器，它是一个通用资源管理系统，可为上层应用提供统一的资源管理和调度，它的引入为集群在利用率、资源统一管理和数据共享等方面带来了巨大益处，将在第 7、10 章介绍。

4．HBase

HBase 是针对谷歌 BigTable 的开源实现，是一个高可靠、高性能、面向列、可伸缩的分布式数据库，主要用来存储非结构化和半结构化的松散数据。HBase 支持超大规模数据存储，通过水平扩展的方式，利用廉价计算机集群处理由超过 10 亿行数据和数百万列元素组成的数据表，将在第 9 章介绍。

5. Hive

Hive 是一个基于 Hadoop 的数据仓库工具，用于对存储在 HDFS 文件中的数据进行数据整理、特殊查询和分析处理。Hive 提供了类似关系数据库 SQL 语言的查询语言 HQL。可以通过 HQL 语句快速实现简单的 MapReduce 统计，Hive 自身可以自动将 HQL 语句快速转换成 MapReduce 任务运行，而不必开发专门的 MapReduce 应用程序，适合数据仓库的统计分析，将在第 8 章介绍。

6. Sqoop

Sqoop 是 SQL-to-Hadoop 的缩写，主要用于在 Hadoop 和关系数据库之间交换数据，可以改进数据的互操作性。使用 Sqoop 可以方便地将数据从 MySQL 等关系数据库导入 Hadoop（如导入 HDFS）中，或者将数据从 Hadoop 导出到关系数据库中，使得传统关系数据库和 Hadoop 之间的数据迁移变得方便，其中还涉及 ETL，将在第 2、12 章介绍。

7. ZooKeeper

ZooKeeper 提供一个开放源代码的分布式应用程序协调服务，是 Hadoop 和 HBase 的重要组件。它是一个为分布式应用提供一致性服务的软件，提供的功能包括配置维护、域名服务、分布式同步、组服务等，将在第 6 章介绍。

8. MySQL

MySQL 是一个关系型数据库管理系统。关系数据库将数据保存在不同的表中，而不是将所有数据放在一个大仓库内，这样就提高了速度和灵活性。MySQL 所使用的 SQL 语言是用于访问数据库的常用标准化语言，将在第 8 章介绍。

9. Spark

Spark 是 Apache 软件基金会下的顶级开源项目之一，其最初的设计目标是使数据分析更快。为了使程序运行更快，Spark 提供了内存计算，减少了迭代计算时的 I/O 开销；而为了使编写程序更容易，Spark 使用简练、优雅的 Scala 语言编写，基于 Scala 提供了交互式的编程体验。Spark 正以其结构一体化、功能多元化的优势逐渐成为当今大数据领域最热门的大数据计算平台，将在第 10 章介绍。

10. Flume

Flume 是一个收集如日志、事件等数据资源，并将这些数量庞大的数据从各项数据资源中集中起来存储的工具/服务。Flume 的设计原理也是将数据流(如日志数据)从各种网站服务器上汇集起来存储到 HDFS、HBase 等集中的存储器中，将在第 2 章介绍。

11. Kafka

Kafka 是一种高吞吐量的分布式发布订阅消息系统，可以处理用户在网站中的所有动作流数据，将在第 2 章介绍。

12. Kettle

Kettle 中文名称是水壶，该项目希望把各种数据放到一个"壶"里，然后以一种指定的格式流出。Kettle ETL（Extract-Transform-Load）工具集，允许管理来自不同数据库的数据，提供一个图形化的用户环境来描述想做什么，如数据抽取、转换、装载的过程，将在第 2 章介绍。

相较于 Hadoop 2，Hadoop 3 重写了 Shell 脚本，引入了新的 API 依赖以解决依赖冲突的问题，对 Java 版本最低要求由 7 升至 8，但很多企业在生产环境中用到的仍是 Hadoop 2，因此本书选择以 Hadoop 2 为主要环境。除此之外，Flink 框架也是大数据生产环境中较为新颖的环境之一，它对无界和有界数据流进行有状态计算，作为一种和 Spark 类似的处理框架，近年来在流式计算模型上的优势获得了一些关注。Flink 设计以内存速度和任意规模执行计算，具有支持高吞吐、低延迟、高性能的流处理特性。Spark 得到了企业和社区的广泛应用，使得 Spark 的开发生态圈更为普及，Flink 与之相比就稍显不足。如果读者对 Hadoop 3 与 Flink 技术感兴趣，可以自行学习。

1.3　大数据就业岗位

近年来，随着大数据技术的迅猛发展，社会对各类大数据人才的需求越来越大。本节按照图 1-1 中金字塔从下至上的不同数据层次，介绍与该数据层次相关的就业岗位及工作内容，岗位间的层级关系如图 1-2 所示。

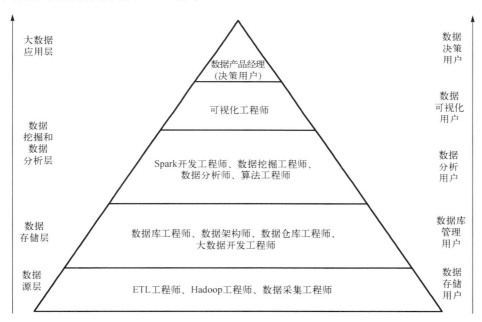

图 1-2　大数据岗位层级图

1．数据源层

数据源层对应的工作岗位多为基础性岗位，如果把数据挖掘、数据分析等工作比喻成"加工"，那么数据源层的工作相当于"原料"。它是整个大数据开发环境中基础但重要的一环。工作人员会接触大量的数据，并对数据进行初步的抽取、清洗与整合。由于这些岗位涉及的技术较为基础，因此适合技术导向性较强的高职院校学生。下面挑选需求量大的 ETL 工程师、Hadoop 工程师、数据采集工程师进行介绍。

（1）ETL 工程师

由于数据来源广泛，未经加工的数据处理困难，企业需要有专门进行数据整合的工作人员，ETL 是将业务系统的数据经过抽取、清洗、转换后加载到数据仓库的过程，目的是将企业中的分散、零乱、标准不统一的数据整合到一起，为企业的决策提供分析依据。ETL 工程师需要具备数据分析能力和业务理解能力。他们还需要与数据分析师、数据库管理员和业务用户等紧密合作，以确保数据质量及实现业务价值。

（2）Hadoop 工程师

Hadoop 工程师的工作是大数据处理和分析。Hadoop 工程师需要具备多方面的技能和知识，包括大数据处理框架的基础原理、Hadoop 生态系统的各个组件、Java 或 Scala 等语言的编程能力、Linux 系统管理等。他们需要熟练掌握 Hadoop 生态系统的核心组件，对数据进行管理、存储和转换，同时还需要了解数据处理的分析工具。

（3）数据采集工程师

大数据的来源多种多样，如何从大数据中采集出有用的信息是大数据发展的关键因素。数据采集工程师是专门从事数据采集和处理工作的开发人员。他们主要负责从各种数据源中提取数据，并将其转换为可用于分析和处理的格式，以满足企业的数据处理和分析需求。根据数据源的不同，大数据采集方法也不同。常见的方式有数据库导入抽取、数据抓取、基于 API 数据获取等。

2．数据存储层

从本层开始，所涉及岗位大多需要具备综合素质，例如，数据架构师要求精通 Spark、MR，熟练使用 HDFS、YARN、Hbase、Hive、MongoDB，熟悉 Kafka、Redis；数据仓库工程师要求熟悉数据仓库、ETL 开发、主流报表工具等。可以说，数据存储层的岗位是对基础岗位的特殊化整合，适合专业能力较强的本科生、硕士研究生。

（1）数据库工程师

数据库工程师需要具备多方面的技能和知识，包括数据库系统设计和实现的基础原理、SQL 语言的编程能力、数据模型设计、数据备份和恢复等。他们需要熟练掌握多种数据库管理系统，并能够根据企业的需求选择和配置最适合的数据库系统。核心目标是保证数据库管理系统的稳定性、安全性、完整性和高性能。他们能够完成数据库容量需求评估、数据库安装及配置，确保数据安全，防止数据丢失，以及恢复丢失的数据。

（2）数据架构师

数据架构师负责整个大数据平台的架构设计和构建、数据交换、任务调度等。数据架构师需要具备数据库设计和实现、数据模型设计、数据仓库架构设计、数据安全和数据备份等方面的技能。在开发过程中，要针对大数据平台的设计和开发制定数据架构规范，编写核心代码，能够指导各个组件安装部署，具备数据抽象能力。

（3）数据仓库工程师

数据仓库工程师的职责包括数据 ETL 开发、编写相关文档、制定数据指标，以及管理数据指标。一旦发现数据质量问题，数据仓库工程师就需要分析问题并解决问题。数据仓库工程师需要具备深入的业务理解能力，能够理解企业的业务需求和数据规范，并将其转换成可执行的数据仓库设计和实现方案。

3．数据挖掘和数据分析层

数据挖掘和数据分析层对应的就业岗位中，数据挖掘、数据分析、算法等工作岗位需要较强的分析、处理问题能力，需要工作者对业务感知能力强，对数据十分敏感，掌握常用的业务分析模型套路，因此，此类岗位需要一定的工作经验积累，适合有相关经验的硕士、博士研究生。而可视化工程师作为数据分析层的基础性工作，适合专科、本科学生。

（1）数据挖掘工程师

数据挖掘工程师一般是指从大量的数据中通过算法搜索隐藏于其中知识的工程技术专业人员，这些知识有助于企业从看上去杂乱无章的枯燥的海量数据中发现潜在的规律。传统人工分析比较费时费力，用机器算法解决问题给企业提供了智能化、自动化的决策依据。

做数据挖掘要从海量数据中发现规律，这就需要一定的数学知识，尤其是要具备深厚的统计学基础，他们需要熟练掌握多种数据挖掘技术和工具，如 Python、R、SAS、Spark、Hadoop 等，并能根据企业的需求选择和配置最适合的数据挖掘工具。

（2）数据分析师

数据分析是指利用数据和统计方法，对数据进行收集、处理、分析和解释的过程并依据数据做出行业研究、评估和预测，以发现业务问题和提出解决方案。数据分析师可以帮助企业了解用户行为、市场趋势、业务绩效等方面的信息，从而支持企业决策并优化业务流程。数据分析师需要具备多方面的技能和知识，包括数据分析、数据可视化、统计学、商业理解和沟通等。

（3）可视化工程师

可视化工程师负责提供数据可视化产品级解决方案，快速搭建数据可视化分析界面，从而让内外部用户高效、低成本地展示媒体数据、理解数据、挖掘数据。他们使用多种工具和技术，将数据转换成可视化的图表、图形和报告，以便用户更好地理解和分析数据。可视化工程师研究并持续改善产品的质量、性能、用户体验。

（4）算法工程师

算法工程师是一个与数据分析和人工智能密切相关的岗位。要求从业者能够进行语音、图像、自然语言处理、深度学习等机器学习算法开发及优化，挖掘并推进算法在业务中的应用。算法工程师还应具备较强的团队协作能力，能够完成推荐系统、用户画像，参与大数据分析和挖掘，设计和开发个性化推荐等系统。

4．大数据应用层

大数据应用层对应的工作岗位为判断、决策类岗位，需要较强的管理能力，适合硕士、博士研究生。

（1）数据产品经理

数据产品经理是实现数据价值、用数据产品满足特定数据使用需求的一个岗位。对决策用户这一群体，数据产品经理需要深入了解他们的需求和使用习惯，以便开发出适合他们的数据产品。他们需要与决策用户沟通和交流，收集反馈和建议，并针对性地进行产品的优化和迭代。在生产环境中，数据产品经理需要协助公司各业务方向的大数据应用产品调研、规划、执行工作，同时进行数据产品的开发规划管理，确保项目按照需求如期完成。

（2）其他领导、决策类岗位

工作团队需要有专门的领导人员来确定开发方向，管理开发进度，提供开发决策等。这类岗位在不同的企业中可能被划分为不同角色，如业务主管、项目经理等。他们的任务包括根据数据分析师、可视化工程师提供的数据报表、可视化结果来做出业务预判和未来行动决策等。

1.4 大数据的特点

大数据的特点可以用"4V"来表示，分别为 Volume、Variety、Velocity 和 Value，如图 1-3 所示。

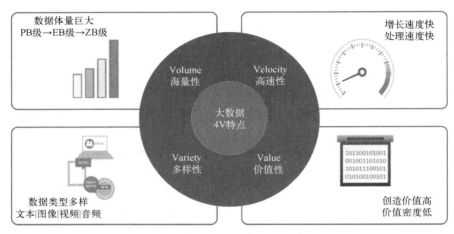

图 1-3　大数据 4V 特点

1．海量性
海量性体现在数据体量巨大，随着时间的推移，存储单位从过去的 GB 到 TB 级别，乃至现在的 PB、EB 级别。随着信息技术的高速发展，数据量开始爆发性增长。社交网络、移动网络、智能工具、服务工具等，都成为数据的来源。例如，淘宝网近亿数量级别的会员每天产生的商品交易数据约 20TB。这些迫切需要智能的算法、强大的数据处理平台和新的数据处理技术，来统计、分析、预测和实时处理如此大规模的数据。

2．多样性
广泛的数据来源，决定了大数据形式的多样性。任何形式的数据都可以产生作用，如淘宝、今日头条等平台会对用户的日志数据进行分析，从而进一步推荐用户喜欢的东西。日志数据是结构化明显的数据，还有一些数据结构化不明显，如图像、音频、视频等，这些数据因果关系弱，就需要人工对其标注。

3．高速性
与以往的报纸、书信等传统数据载体生产传播的方式不同，在大数据时代，大数据的交换和传播主要是通过互联网和云计算等方式实现的，其生产和传播数据的速度是非常快的。另外，大数据还要求处理数据的响应速度快，例如，上亿条数据的分析必须在几秒内完成。

4．价值性
分析数据是为了获取有价值的信息，现实世界所产生的数据中，有价值的数据所占比例很小。相比于传统的小数据，大数据的最大价值在于从大量不相关的各种类型数据中，挖掘出对未来趋势与模式预测分析有价值的数据，并通过机器学习方法、人工智能方法或数据挖掘方法深度分析，发现新规律和新知识，将其运用于农业、金融、医疗等各个领域，从而达到提高生产效率、推进科学研究的效果。

1.5　大数据的深远影响

大数据的本质是发现数据规律，实现商业价值。生活中有很多大数据应用的场景，包括金融、经济、医疗和体育等行业。例如，支付宝平台通过大数据对消费者信用评分，金融机构利用大数据进行金融产品的精准营销。在医疗行业，通过分析病人特征和疗效数据，找到特定病人的最佳治疗方案；还可以在病人档案方面应用高级分析，确定某类疾病的易感人群。在体育行业中，可以通过分析数据来制定战术，评估运动员能力，定制最佳训练方案。

在这个背景下，大数据的发展创造了一批工作岗位，如大数据产品分析专员、大数据客户分析专员、大数据市场分析专员、大数据运营分析专员、证券数据分析师、互联网金融分析师、大数据算法工程师、大数据可视化工程师、大数据分析师等。

随着大数据、云计算、物联网等技术的广泛应用，大量传统的历史数据面临着数据迁移和转换平台的问题，这必然导致巨大的工作量和成本耗费。另外，大数据时代的到来，数据安全和数据隐私问题显得更为突出。新技术前期推广的过程中，很多新的应用场景没有具体法律条款约束，例如，人工智能的换脸技术就涉及个人信息隐私保护等诸多问题。与此同时，过度采集和分析个人信息，很多企业利用这些数据进行利于自己营销的相关操作，如杀熟、推送服务等造成消费者利益受损，也引起了社会关注和不小的影响。未来发展趋势中，众多岗位可能被取代，如公路收费、银行业务办理等都出现了可替代机器人，对传统工作岗位的人员意味着一种危机。

1.6　大数据的意义和发展目标

我国经济社会的发展对信息化提出了更高要求，发展大数据具有强大的内生动力。推动大数据应用，加快传统产业数字化、智能化，做大做强数字经济，能够为我国经济转型发展提供新动力，为重塑国家竞争优势创造新机遇，为提升政府治理能力开辟新途径，是支撑国家战略的重要抓手。当前我国正在推进供给侧结构性改革和服务型政府建设，加快实施"互联网+"行动计划，建设公平普惠、便捷高效的民生服务体系，为大数据产业创造了广阔的市场空间，是我国大数据产业发展的强大内生动力。

我国大数据产业具备了良好基础，面临难得的发展机遇，但仍然存在一些困难和问题。一是数据资源开放共享程度低。数据质量不高，数据资源流通不畅，管理能力弱，数据价值难以被有效挖掘利用。二是技术创新与支撑能力不强。我国在新型计算平台、分布式计算架构、大数据处理、分析和呈现方面与国外仍存在差距，对开源技术和相关生态系统影响力弱。三是大数据应用水平不高。我国发展大数据具有强劲的应用市场优势，但是目前还存在应用领域不广泛、应用程度不深、认识不到位等问题。四是大数据产业支撑体系尚不完善。数据所有权、隐私权等相关法律法规和信息安全、开放共享等标准规范不健全，尚未建立起兼顾安全与发展的数据开放、管理和信息安全保障体系。五是人才队伍建设亟须加强。大数据基础研究、产品研发和业务应用等各类人才短缺，难以满足发展需要。

针对以上问题，大数据技术的未来发展目标如下所述。

创新驱动。瞄准大数据技术发展前沿领域，强化创新能力，提高创新层次，以企业为主体集中攻克大数据关键技术难关，加快产品研发，发展壮大新兴大数据服务业态，加强大数据技术、应用和商业模式的协同创新，培育市场化、网络化的创新生态。

应用引领。发挥我国市场规模大、应用需求旺的优势，以国家战略、人民需要、市场需求为牵引，加快大数据技术产品研发和在各行业、各领域的应用，促进跨行业、跨领域、跨地域大数据应用，形成良性互动的产业发展格局。

开放共享。汇聚全球大数据技术、人才和资金等要素资源，坚持自主创新和开放合作相结合，走开放式的大数据产业发展道路。树立数据开放共享理念，完善相关制度，推动数据资源开放共享与信息流通。

统筹协调。发挥企业在大数据产业创新中的主体作用，加大政府政策支持和引导力度，营造良好的政策法规环境，形成政产学研用统筹推进的机制。加强中央、部门、地方大数据发展政策衔接，优化产业布局，形成协同发展合力。

安全规范。安全是发展的前提，发展是安全的保障，坚持发展与安全并重，增强信息安全技术保障能力，建立健全安全防护体系，保障信息安全和个人隐私。加强行业自律，完善行业监管，促进数据资源有序流动与规范利用。

1.7 大数据与云计算、物联网、人工智能的关系

云计算是一种按网络使用量付费的便捷模式，能进入可配置的计算资源共享池（资源包括网络、服务器、存储、应用软件、服务），使资源被利用。云计算的特点是超大规模、通用性、高拓展性、虚拟化、高可靠性、按需服务、廉价、具有潜在危险性。云计算的模式有私有云、社区云、公共云、混合云。云计算服务可分为 SaaS（Software as a Service）、PaaS（Platform as a Service）和 IaaS（Infrastructure as a Service），如图 1-4 所示。

大数据与云计算是一种不可分的、相互依存的关系。云计算是计算资源的底层，它的主要作用是支撑上层大数据的处理任务，而大数据的主要处理任务则是提升实时交互式查询效率和分析数据的能力。

物联网是物物相连的互联网。这其中有两个含义，一个是在互联网基础上的延伸和扩展，起到核心作用的仍然是互联网；另一个是不管用户端延伸到何种物品上，最终都实现物物相连。在物联网应用中有 3 项关键技术：传感器技术、RFID 标签技术和嵌入式系统技术。物联网产生大数据，大数据助力物联网。随着物联网的发展，产生数据的终端由 PC 转向包括 PC、智能手机和平板电脑等在内的终端，因此物联网推动了大数据技术的发展。

大数据、云计算和物联网三者息息相关，是互相关联、相互作用的。物联网是大数据的来源（设备数据），大数据技术为物联网数据的分析提供了强有力的支撑；物联网还为云计算提供了广阔的应用空间，而云计算为物联网提供了海量数据存储能力；云计

算还为大数据提供了技术基础,而大数据能为云计算所产生的运营数据提供分析和决策依据。

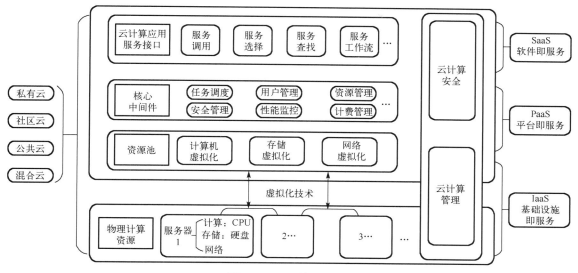

图 1-4　云计算层次图

大数据一般是经过加工整理的数据源,它可以存储在云中,同时也在各个大数据平台框架之间流动,人工智能基于流动的数据做出反应、计算、处理、分析、规划,这是人工智能的实现要求,它们的关系如图 1-5 所示。

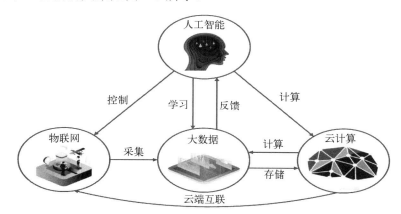

图 1-5　大数据、云计算、物联网和人工智能的关系

本书介绍部署的所有环境都是在本地虚拟机上完成的,但是这些部署都可以迁移到云端,除个别细节和本地部署有所差异外,主要操作步骤和环节基本与本地类似。有兴趣的读者学完本书后,可以尝试调用云端资源部署开发环境。当你会调用云端资源去完成工作和学习、配置所需环境时,你会发现拥有一个强大的"后援团",几乎所有的工作需求都可以利用云计算配置实现,并且使用过后可以灵活释放所有资源,真正满足了按需获取资源的需求,做到了很好的可扩展性。图 1-6 所示为某云计算服务商提供的资源列表,有兴趣的读者可以尝试用相关的云计算资源完成以后的工作、学习。

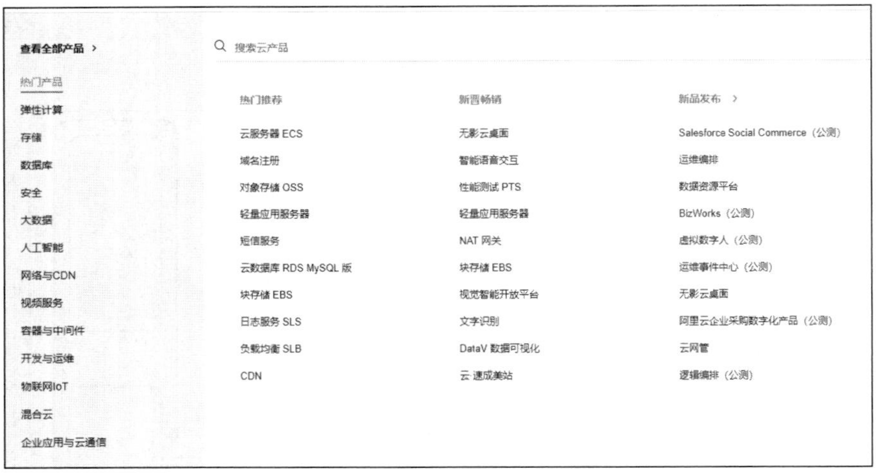

图 1-6　云计算资源列表

1.8　教材在线资源及使用说明

1．软件及代码清单

在搭建集群时，需要使用多台虚拟机，本书使用 VMware 16.0.0 软件运行虚拟机集群，使用的初始镜像统一为 CentOS 6.5，感兴趣的读者可以下载 CentOS 6.5 镜像，跟着书中的步骤从零开始搭建大数据集群。偏向软件应用的读者可以直接运行本书配套的集群镜像资源，本书为不同的章节设定了各自的快照还原点，还原到指定快照可以免去繁杂的环境配置步骤，使读者快速熟悉各组件的使用方法。VMware 软件的相关介绍可参考"3.4 虚拟机的使用"。

本书使用 MobaXterm 软件作为连接虚拟机的工具，使用该工具可以方便快捷地对虚拟机集群进行管理，如批量运行命令、快速上传文件到指定虚拟机中等。MobaXterm 软件的使用介绍可参考"3.5 远程登录工具配置"。

本书实例中，大部分 Java 案例使用 Eclipse 开发，少数 Java 案例需要使用 IDEA 开发工具和 Maven 包管理工具，读者可根据实际情况，灵活使用开发工具。

2．配置详细步骤及习题答案

考虑不同读者群体的学习需求，本书已将大部分详细的配置文档内容和习题参考答案移入配套的在线文档中。同时，为了保证教学内容的连贯性、完整性，保留了主要的配置步骤，读者可根据情况自行调整学习节奏。在配置步骤简化之处，已对其进行说明，提示读者"详细配置步骤参考在线文档"。

3．配套镜像

本书使用 5 个虚拟机镜像，已根据不同的学习任务对各个章节进行了快照备份，并将 5 个虚拟机镜像打包放入教材配套的电子资源包中，读者可直接下载导入使用，具体清单参阅在线平台资源和文档，镜像使用方法可以参考每章介绍和线上配置文档及视频演示。

下面介绍虚拟机使用范围、虚拟机镜像命名、快照的命名和使用方法。

（1）虚拟机 ahut。ahut 是其余 4 台虚拟机的"母体"，即虚拟机 ahut 可直接导入，独自运行，但 ahut01～ahut04 这 4 台虚拟机在导入时需要指定基础镜像为 ahut，才能正常运行。虚拟机 ahut 主要承载第 3 章和第 4 章的伪分布式的实验任务，未涉及完全分布式的相关内容。

（2）虚拟机 ahut01～ahut04。本书将搭建集群的 4 台虚拟机分别命名为 ahut01、ahut02、ahut03 和 ahut04。这 4 台虚拟机承载着第 5 章至第 12 章的实验任务。在运行实验任务的命令时，需要仔细分辨命令应该运行在哪台或哪几台虚拟机中，书中有详细说明。

（3）快照命名规则和使用方法。所有虚拟机中的快照，我们统一命名为"虚拟机名称-适用章序号"，例如，ahut01-7，代表这个快照位于 ahut01 虚拟机中，其中的学习内容已包括第 5 章和第 6 章的实验任务，读者想要动手操作第 7 章的实验任务时，可还原到该快照。如果想跳过第 7 章的实验任务，可直接还原到快照 ahut01-8，此时的虚拟机包括第 5 章至第 7 章的实验任务。需要注意，在虚拟机 ahut01～ahut04 中还原快照时，4 台虚拟机要同时还原到同一章的快照，避免出现配置上的错误。

虚拟机 ahut01～ahut04 的快照中，最后的快照都是 Final 快照，书中所有涉及环境配置的操作，Final 快照都已经完成。读者可以选择 4 台虚拟机同时还原到 Final 快照。这个 Final 版本的快照相当于书中所有大数据框架配置的完成版，这对只关注编程和数据分析而不太关心配置细节或者已经学完书中的配置后期直接深入学习的使用者，特别适用，因其可以快速创建大数据平台技术环境，跳过烦琐的配置细节。有关虚拟机导入使用的介绍，可参考 "5.2 完全分布式配置步骤"。对想深入学习大数据平台技术的读者，不建议第一次实操时就直接使用 Final 版本的快照。

4．在线教学、PPT 课件及演示视频

本书每章都有配套 PPT 课件和实例讲解，并有实际操作演示视频，建议读者同步实践学习。

所有教学视频、演示视频及 PPT 课件，都已上传到超星学习通网站。读者可以免费获取所有在线资源，无须登录即可观看配套的在线视频。

5．教材使用约定

（1）每章实例用"实例 X"表示。

本书列举了网站数据抓取、学生学科成绩统计、电商销售记录分析、手机用户通话记录分析、音乐销量分析、房产价格预测、鸢尾花类别划分、用户健康状况评估等综合案例。

（2）每章的配置文档与实例代码用灰色矩形框表示。

（3）本书配套的虚拟机中，统一将实例需要的各种数据文件放入/root/files 文件夹中。

（4）配套实验和每章内容同步，建议学完后开始实际操作，实验要求在课后习题中。如果只做一般性了解，可以理解实例含义，通过镜像文件运行实例学习。

（5）针对案例，一般先讲理论叙述，再搭建环境，接下来列举实例，然后结合视频学习，完成课后习题及实验，最后撰写实验报告并总结。

（6）教材使用中可能存在的问题及解决办法。

虽然镜像已经做了统一化的配置处理，方便过程复习和学习，但是难免每台机器环境会有细微差别，因此，可能出现环境搭建的微调，建议也鼓励读者通过查阅资料方式，解决配置运行上的一些问题，增强动手能力。本书强调用非图形化界面进行交互操作，主要考虑每台机器运行分布式环境的流畅度。同时，对真正学习大数据技术的群体，Linux 终端命令的操作方式也是必须掌握的技能，希望借此培养实操能力。如果对 Linux 系统

和命令不熟悉, 只想了解大数据的相关技术, 可跟随书中的章节学习, 做到能理解命令含义即可。

1.9 本章思维导图

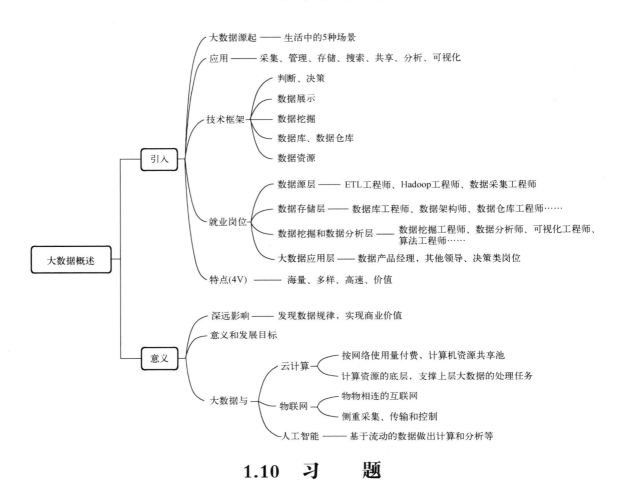

1.10 习 题

1. 大数据的数据特点是什么?
2. 云计算、大数据、物联网的区别和联系是什么?
3. 推荐系统的工作原理和过程是什么?
4. 大数据的知识背景有哪些, 每一层需要哪些基础知识?
5. 大数据技术框架从不同角度出发, 可以划分为哪几个组成部分?
6. 大数据框架中各组件的作用是什么?
7. 举例说明大数据技术的应用实例。
8. 大数据的应用给未来生活带来了哪些危机?
9. 大数据的岗位有哪些?
10. 大数据的意义是什么?
11. 现代生活中的哪些产业或服务是由大数据提供技术支持实现的?

第 2 章　数据采集和大数据

本章重点介绍数据采集和 ETL（Extract-Transform-Load，抽取-转换-存储）。大数据的采集过程不仅包括数据抓取，也包括数据迁移和数据导入等。在数据采集、整理和分析的过程中，本章及后续章节都会用到 Python 语言，它可用于数据分析、网站开发、可视化开发、网络爬虫开发等。因此，本章还对 Python 语言进行入门基础介绍。如果读者之前没有了解过 Python，或者需要进一步学习，可参阅相关书籍。

本章主要涉及以下知识点：

➢ 了解大数据采集和 ETL 概念
➢ 理解网络爬虫原理
➢ 掌握 Python 语言
➢ 熟悉 Python 集成开发环境
➢ 了解与大数据技术有关的 Python 库

2.1　数据采集和 ETL

在数据库建设过程中有 ETL 的操作。ETL 即在数据抽取过程中进行数据的加工转换，然后加载到存储器中，常用工具有 Kafka、Flume、Kettle 等。研究大数据、分析大数据的首要前提是拥有大数据。而拥有大数据的方式，要么是自己采集和汇聚数据，要么是获取别人采集、汇聚、整理之后的数据。银行、电商、搜索引擎等公司具备从事大数据分析的资源和条件，因为它们通过业务系统积累了大量的业务数据和用户行为数据，而普通的 IT 公司并不具备这样的天然条件。

现在，为了实现精准营销，很多公司已经开始从电商和搜索引擎公司购买客户数据、行为数据，以期通过算法精准地发现新客户。很多系统在使用过程中会留下"蛛丝马迹"，数据抓取就成为一种很好的获取数据辅助手段。有些数据是通过业务系统或互联网端的服务器自动汇聚起来的，如业务数据、单击流数据、用户行为数据；有些网站服务器会定期产生大量的日志数据，使用 Flume 可以将从多个服务器中获取的数据迅速移交给 Hadoop。而有些数据是通过卫星、摄像机和传感器等硬件设备自动汇聚的，如遥感数据、交通数据等；还有一些数据是通过半自动整理汇聚的，如税务数据、人口普查数据、政府统计数据。此种情况下，Kafka 就成为一种非常好的辅助工具，它能够实时收集反馈信息，并支撑较大的数据量。限于篇幅，本书不对 Kafka、Flume 和 Kettle 做过多讲述，有兴趣的读者可参阅相关书籍。

2.2　网　络　爬　虫

网络爬虫（又称网页蜘蛛、网络机器人），是一种按照一定规则，自动地抓取互联网信息的程序或者脚本。

网络爬虫按照系统结构和实现技术，大致可分为通用网络爬虫、聚焦网络爬虫、增量式网络爬虫、深层网络爬虫。在实际应用中的网络爬虫系统，通常是几种爬虫技术相结合实现的。本节介绍网络爬虫的目的是为后续数据分析提供一种有效的获取数据手段，如果从网站或数据库等数据资源中直接导入获得数据，就不用抓取数据。

2.2.1　通用网络爬虫与聚焦网络爬虫

随着网络的迅速发展，互联网成为大量信息的载体，如何有效地提取并利用这些信息成为一个巨大的挑战。搜索引擎（Search Engine），如传统的通用搜索引擎 Baidu 和 Google 等，作为一个辅助人们检索信息的工具成为用户访问互联网的入口和指南。但是，这些通用搜索引擎也存在着一定的局限性，如下所述。

（1）不同领域、不同背景的用户往往具有不同的检索目的和需求，搜索引擎返回的结果不具有个性化意义，包含大量当前用户不关心的网页。

（2）通用搜索引擎的目标是实现尽可能大的网络覆盖率，有限的搜索引擎服务器资源与无限的网络数据资源之间的矛盾将进一步加深。

（3）互联网数据形式的不断丰富和网络技术的不断发展，图像、数据库、音频、视频、多媒体等不同类型数据大量出现，通用搜索引擎往往对这些信息含量密集且具有一定结构的数据无能为力，不能很好地发现和获取它们。

（4）通用搜索引擎大多提供基于关键字的检索，难以支持根据语义信息实现的查询。

为了解决上述问题，定向抓取相关网页资源的聚焦网络爬虫应运而生。聚焦网络爬虫是一个自动下载网页的程序，它根据既定的抓取目标，有选择地访问互联网上的网页与相关链接，获取所需要的信息。与通用网络爬虫不同，聚焦网络爬虫并不追求大的覆盖，而将目标定为抓取与某一特定主题内容相关的网页，为面向主题的用户查询准备数据资源。

2.2.2　网络爬虫的工作过程

传统网络爬虫从一个或若干初始网页的统一资源定位符（Uniform Resource Locator，URL）处获得初始网页的 URL。在抓取网页的过程中，不断从当前页面上抽取新的 URL 放入队列，直至满足系统的一定停止条件。聚焦网络爬虫的工作流程较为复杂，先根据一定的网页分析算法过滤与主题无关的链接，保留有用的链接并将其放入等待抓取的 URL 队列，再根据一定的搜索策略从队列中选择下一步要抓取的网页 URL，并重复上述过程，直到达到系统的某一条件时停止。另外，所有被网络爬虫抓取的网页将会被系统存储，进行一定的分析、过滤，并建立索引，以便之后的查询和检索。对聚焦网络爬虫来说，这一过程所得到的分析结果还可能给以后的抓取过程提供反馈和指导。

相对于通用网络爬虫，聚焦网络爬虫还需要解决以下三个主要问题：

（1）对抓取目标的描述或定义；

（2）对网页或数据的分析与过滤；

（3）对 URL 的搜索策略。

2.3　Python 常用开发工具简介

本章简要介绍 Python 语言的特点和开发环境。大数据学习过程中涉及的语言众多，本书主要用 Python 和 Java 两种语言，尽量减轻开发者的学习负担。虽然本书依然使用 Python

做数据分析的相关工作，但是与传统的单机版数据分析有本质区别，大数据技术更多强调的是海量分布式数据的实时分析，需要强有力的大数据平台和技术框架支撑。

　　Python 是一门面向对象的解释型高级程序设计语言，是当前应用最为广泛的计算机语言之一。Python 具有开源、简单易学、易维护、面向对象、跨平台、类库丰富、扩展性好等特点。Python 构建在大数据框架上，大数据框架给该语言的应用场景赋予新的内涵。Python 提供了高效的高级数据结构，可以简单高效地面向对象编程。Python 语法和动态类型，以及解释型语言的本质，使它成为平台上应用最广泛的编写脚本和快速开发应用的编程语言之一。随着版本的不断更新和新功能的添加，Python 逐渐被用于独立的、大型项目的开发。Python 解释器易于扩展，可以使用 C、C++（或者其他可以通过 C 调用的语言）扩展新的功能和数据类型。

　　下面概括性描述 Python 开发环境的配置过程，详细的步骤及相关配置命令，可查看配套的在线配置文档。

2.3.1　Python 开发环境搭建

　　Python 适用于 Windows、UNIX、Linux 和 macOS 等操作系统。Linux 和 mac OS 一般都自带 Python 解释器，其他操作系统用户需要根据自己操作系统的型号、版本，到 Python 官网选择并下载合适的安装包。本书采用的是 Python 3.7，Windows x86-64 版本。开发环境搭建的主要步骤如下。

　　（1）进入 Python 官网，下载对应版本的安装包。

　　（2）安装程序下载完成后，直接双击它运行安装。安装程序将在操作系统中安装与 Python 开发相关的程序，最核心的是命令行环境和集成开发环境（Python's Integrated Development Environment，IDLE）。

　　（3）验证是否安装成功：按 Win+R 组合键进入"运行"对话框，输入 cmd 并按回车键，进入 Windows 的命令行界面，在命令行输入 python37 可以进入 Python 3.7.3 的命令行模式，测试成功说明 Python 3.7.3 安装成功。

　　在 IDLE 开发界面下，可通过文件的方式来组织 Python 程序，文件扩展名为 py。程序编辑完成后可执行 Run 菜单下的 Run Module 命令（或按 F5 功能键）运行程序。IDLE 是一个集成开发环境，可完成中小规模 Python 程序的编写与调试。若读者需要面对大规模 Python 项目开发，可以选择其他开发工具，如 PyCharm、Sublime Text、PyDev 等。

2.3.2　开发工具 PyCharm

　　PyCharm 是一种 Python IDE，带有一整套可以帮助用户在使用 Python 语言开发时提高效率的工具，如调试、语法高亮、Project 管理、代码跳转、智能提示、自动完成、单元测试、版本控制等。此外，还提供了一些高级功能，用于支持 Django 框架下的专业 Web 开发。PyCharm 是由 JetBrains 打造的，VS2010 的重构插件 ReSharper 就出自 JetBrains 之手。同时支持 Google App Engine 和 IronPython。在这些功能的支持下，PyCharm 成为 Python 专业开发人员和刚入门学习人员广泛使用的工具。

　　我们推荐安装专业版 PyCharm，安装步骤详见在线配置文档。

2.3.3　开发工具 Jupyter Notebook

　　如果想使用 Python 学习数据分析或数据挖掘，那么 Jupyter Notebook 是一个很好的工具。它容易上手，使用方便，对新手非常友好。在数据挖掘平台 Kaggle 上，Python 的数据爱好者大多使用 Jupyter Notebook 来实现分析和建模的过程。第 11 章会结合大数据 Spark 框架进一步介绍该工具。

Jupyter Notebook 是一种 Web 应用，能让用户将说明文本、数学方程、代码和可视化内容全部组合到一个易于共享的文档中，方便研究和教学。在原始的 Python Shell 与 IPython 中，可视化在单独的窗口中进行，而文字资料及各种函数和类脚本包含在独立的文档中。Jupyter Notebook 能将这一切集中到一处，方便用户使用。

Jupyter 这个名字源自它要服务的三种语言的缩写：Julia、Python 和 R。

Jupyter Notebook 特别适合做数据处理，其用途包括数据清理和探索、可视化、机器学习和大数据分析，安装步骤详见在线配置文档。

2.4　Python 语言简介

一种语言功能的强大除与自身语法的简洁、便利、执行效率高等因素相关外，还取决于它的库，也就是说，标注库函数的丰富程度决定该语言扩展的使用场景和用途。本节介绍 Python 语言的扩展库和数据类型，特别是和大数据技术相关的库。Python 正是"站在巨人（扩展库）的肩膀上"，才有了长足的发展，数据分析的很多功能正是基于这些库的。

（1）TensorFlow：使用数据流图进行数值计算的开源软件库。这种灵活的体系结构使用户可以将计算部署到桌面、服务器或移动设备中的一个或多个 CPU/GPU 上。

（2）pandas：Python 包，提供快速、灵活和富有表现力的数据结构，旨在让"关系"或"标记"数据的使用既简单又直观。它是真实数据分析的基础。

（3）scikit-learn：基于 NumPy、SciPy 和 Matplotlib 的机器学习 Python 模块。它为数据挖掘和数据分析提供了简单而有效的接口。

（4）PyTorch：Python 包，具有强大的 GPU 加速度的计算和自动编程系统构建的深度神经网络。

（5）Matplotlib：Python 2D 绘图库，可以生成各种达到印刷品质的硬拷贝格式和跨平台交互式环境数据。用于 Python 脚本、Web 应用程序服务器和各种图形用户界面工具包。

（6）NumPy：使用 Python 进行科学计算所需的基础包。它提供了强大的 n 维数组对象，集成 C / C ++ 和 FORTRAN 代码的工具及有用的线性代数、傅里叶变换和随机数功能。

（7）SciPy：是数学、科学和工程方向的开源软件，包含统计、优化、集成、线性代数、傅立叶变换、信号和图像处理等模块。

（8）Scrapy：快速的高级 Web 爬行和 Web 抓取框架，用于抓取网站并从其页面中提取结构化数据，还可用于从数据挖掘到监控和自动化测试的各种用途。

2.4.1　Python 常见的数据类型

Python 3 版本中有 6 个标准的数据类型，分别为 Number（数值）、String（字符串）、List（列表）、Tuple（元组）、Set（集合）和 Dictionary（字典）。其中，不可变数据有 3 个，为 Number、String 和 Tuple；可变数据也有 3 个，为 List、Set 和 Dictionary。

1．Number 类型

Python 3 支持 int、float、bool、complex（复数）。在 Python 3 里，只有一种整数类型

int，表示长整型，取代了 Python 2 中的 Long。像大多数语言一样，数值类型的赋值和计算都是很直观的。内置的 type() 函数可用来查询变量所指的对象类型。

 实例 2-1

分别给变量 a、b、c、d 赋予不同的数据类型，并通过 type() 函数获取当前对象的类型，代码如下：

```
>>> a, b, c, d = 20, 5.5, True, 4+3j
>>> print(type(a), type(b), type(c), type(d))
<class 'int'> <class 'float'> <class 'bool'> <class 'complex'>
```

此外，还可以用 isinstance() 来判断，代码如下：

```
>>> a = 111
>>> isinstance(a, int)
True
```

isinstance() 和 type() 的区别在于：

（1）type() 不会认为子类是一种父类类型；

（2）isinstance() 会认为子类是一种父类类型。

2．String 类型

Python 中的字符串用单引号（'）或双引号（"）括起来，同时使用反斜杠（\）转义特殊字符。字符串的截取的语法格式为：变量[头下标:尾下标]。索引值以 0 为开始值，−1 为末尾的开始位置。加号（+）是字符串连接运算符，星号（*）表示重复操作。

 实例 2-2

```
#!/usr/bin/python
# -*- coding: UTF-8 -*-

str = 'Hello World!'
print （str）              # 输出完整字符串
print （str[0]）           # 输出字符串中的第一个字符
print （str[2:5]）         # 输出字符串中第三个至第六个的字符串
print （str[2:]）          # 输出从第三个字符开始的字符串
print （str * 2）          # 输出字符串两次
print （str + "TEST"）     # 输出连接的字符串
```

输出的结果如下：

```
Hello World!
H
llo
llo World!
Hello World!Hello World!
Hello World!TEST
```

 实例 2-3

Python 使用反斜杠（\）转义特殊字符，如果不想让反斜杠发生转义，可以在字符串前添加一个 r，表示原始字符串，代码如下：

```
>>> print('Ru\noob')   # 字符串中的\n 代表换行
```

```
Ru
oob
>>> print(r'Ru\noob')
Ru\noob
```

另外，反斜杠可以作为续行符，表示下一行是上一行的延续。也可以使用 """..."" 或者 '...' 跨越多行。注意，Python 没有单独的字符类型，一个字符就是长度为 1 的字符串。

3．List 类型

List（列表） 是 Python 中使用最频繁的数据类型。列表可以实现大多数集合类的数据结构。列表中元素的类型可以不相同，它支持数字、字符串甚至可以包含列表（嵌套）。列表是写在方括号（[]）之间、用逗号分隔开的元素列表。

与字符串一样，列表同样可以被索引和截取，列表被截取后返回一个包含所需元素的新列表。列表截取的语法格式为：变量[头下标:尾下标]。索引值以 0 为开始值，-1 为末尾的开始位置。列表中值的切割也可以用到"变量[头下标:尾下标]"，截取相应的列表，从左到右索引默认 0 开始，从右到左索引默认-1 开始，下标为空表示取到头或尾。加号（+）是列表连接运算符，星号（*）表示重复操作。

实例 2-4

```
#!/usr/bin/python
# -*- coding: UTF-8 -*-
list = [ 'runoob', 786 , 2.23, 'john', 70.2 ]
tinylist = [113, 'john']
print list                    # 输出完整列表
print list[0]                 # 输出列表的第一个元素
print list[1:3]               # 输出第二个和第三个元素
print list[2:]                # 输出从第三个开始至列表末尾的所有元素
print tinylist * 2            # 输出列表两次
print list + tinylist         # 打印组合的列表
```

输出的结果如下：

```
['runoob', 786, 2.23, 'john', 70.2]
runoob
[786, 2.23]
[2.23, 'john', 70.2]
[113, 'john', 113, 'john']
['runoob', 786, 2.23, 'john', 70.2, 113, 'john']
```

4．Tuple 类型

Tuple（元组）是一种数据类型，类似 List（列表）。元组用()标识，内部元素用逗号分隔开。但是元组不能二次赋值，相当于只读列表。

实例 2-5

```
#!/usr/bin/python
# -*- coding: UTF-8 -*-
tuple = ( 'runoob', 786 , 2.23, 'john', 70.2 )
tinytuple = (113, 'john')

print tuple                   # 输出完整元组
```

```
print tuple[0]                    # 输出元组的第一个元素
print tuple[1:3]                  # 输出第二个至第四个（不包含）的元素
print tuple[2:]                   # 输出从第三个开始至列表末尾的所有元素
print tinytuple * 2               # 输出元组两次
print tuple + tinytuple           # 打印组合的元组
```

输出的结果如下：

```
('runoob', 786, 2.23, 'john', 70.2)
runoob
(786, 2.23)
(2.23, 'john', 70.2)
(113, 'john', 113, 'john')
('runoob', 786, 2.23, 'john', 70.2, 113, 'john')
```

以下元组是无效的，因为元组不允许更新。而列表是允许更新的，代码如下：

```
#!/usr/bin/python
# -*- coding: UTF-8 -*-

tuple = ( 'runoob', 786 , 2.23, 'john', 70.2 )
list = [ 'runoob', 786 , 2.23, 'john', 70.2 ]
tuple[2] = 1000          # 元组中是非法应用
list[2] = 1000           # 列表中是合法应用
```

5．Set 类型

Set（集合）是由一个或数个形态各异的大小整体组成的，构成集合的事物或对象称为元素或成员。基本功能是测试成员关系和删除重复元素。可以使用大括号（{}）或者 set() 函数创建集合。注意，创建一个空集合必须用 set() 而不是 {}，因为 {} 用来创建一个空字典。创建格式为 parame = {value01,value02,…} 或者 set(value)。

实例 2-6

```
#!/usr/bin/python3
sites = {'Google', 'Taobao', 'Runoob', 'Facebook', 'Zhihu', 'Baidu'}
print(sites)                    # 输出集合，重复的元素被自动删除
# 成员测试
if 'Runoob' in sites :
    print('Runoob 在集合中')
else :
    print('Runoob 不在集合中')
# set 可以进行集合运算
a = set('abracadabra')
b = set('alacazam')
print(a)
print(a - b)                    # a 和 b 的差集
print(a | b)                    # a 和 b 的并集
print(a & b)                    # a 和 b 的交集
print(a ^ b)                    # a 和 b 中不同时存在的元素
```

输出的结果如下：

```
{'Zhihu', 'Baidu', 'Taobao', 'Runoob', 'Google', 'Facebook'}
Runoob 在集合中
{'b', 'c', 'a', 'r', 'd'}
```

```
{'r', 'b', 'd'}
{'b', 'c', 'a', 'z', 'm', 'r', 'l', 'd'}
{'c', 'a'}
{'z', 'b', 'm', 'r', 'l', 'd'}
```

6. Dictionary 类型

Dictionary（字典）是 Python 中一种非常有用的内置数据类型。列表是有序的对象集合，字典是无序的对象集合。两者的区别在于，字典中的元素是通过键来存取的，而不是通过偏移存取的。字典是一种映射类型，字典用 { } 标识，它是一个无序的<键(key)：值(value)>的集合。键（key）必须使用不可变类型。在同一个字典中，键（key）必须是唯一的。

 实例 2-7

```
#!/usr/bin/python3
dict = {}
tinydict = {'name': 'runoob','code':1, 'site': 'www.runoob.com'}
print (tinydict)                # 输出完整的字典
print (tinydict.keys())         # 输出所有键
print (tinydict.values())       # 输出所有值
```

输出的结果如下：

```
{'name': 'runoob', 'code': 1, 'site': 'www.runoob.com'}
dict_keys(['name', 'code', 'site'])
dict_values(['runoob', 1, 'www.runoob.com'])
```

构造函数 dict()可以直接从键值对序列中构建字典，代码如下：

```
>>> dict([('Runoob', 1), ('Google', 2), ('Taobao', 3)])
{'Runoob': 1, 'Google': 2, 'Taobao': 3}
>>> {x: x**2 for x in (2, 4, 6)}
{2: 4, 4: 16, 6: 36}
>>> dict(Runoob=1, Google=2, Taobao=3)
{'Runoob': 1, 'Google': 2, 'Taobao': 3}
```

2.4.2 NumPy 库

NumPy 库是 Python 中科学计算的基础包，也是一个 Python 库，提供多维数组对象、各种派生对象（如掩码数组和矩阵），以及用于数组快速操作的各种 API。还包括数学、逻辑、形状操作、排序、选择、输入/输出、离散傅立叶变换、基本线性代数、基本统计运算和随机模拟等。

NumPy 库的核心是 ndarray 对象。它封装了 Python 原生的同数据类型的 n 维数组，为了保证其性能优良，其中有许多操作都是代码在本地进行编译后执行的，矢量化描述代码，代码中没有任何显式循环，这使 NumPy 的运算速度更快。

Numpy 库不是 Python 自带的库，因此在使用前需要下载，命令如下：

```
pip3 install numpy
```

使用时一般将 Numpy 库取别称为"np"，命令为 import numpy as np。

1. 创建数组

（1）np.array(object, dtype=None)：根据 object 创建数组（一般使用相同元素的列表创

建数组），可定义元素数据类型为 dtype。注意，数组中存储的数据元素类型必须是统一的。

（2）np.ones(shape, dtype=None)：根据 shape 创建值全为 1 的数组，创建多维数组可以将 shape 用元组定义。

（3）np.zeros(shape, dtype=None)：根据 shape 创建值全为 0 的数组，创建多维数组可以将 shape 用元组定义。

 实例 2-8

```
>>> a1 = np.array([1, 2, 3], dtype=np.int8)
>>> a1
array([1, 2, 3], dtype=int8)
```

注意，Numpy 对整型数组默认的数据类型都为 int32。

```
>>> a2 = np.ones((2,3))
>>> a2
array([[1., 1., 1.],
       [1., 1., 1.]])
>>> a3 = np.zeros((1,3))
>>> a3
array([[0., 0., 0.]])
```

注意，np.ones()和 np.zeros()默认产生的数据类型都为 float64。

（4）np.linspace(start, stop, num=50)以相同的步长对区间[start, stop)划分出 50 个端点的一维数组。

（5）np.arange()与 Python 自带的 range()方法功能类似。

 实例 2-9

```
>>> import matplotlib.pyplot as plt
>>> x = np.linspace(-np.pi, np.pi, num=50)
>>> y = np.sin(x)
>>> plt.plot(x, y, 'r-')
>>> plt.show()
```

运行结果如图 2-1 所示。

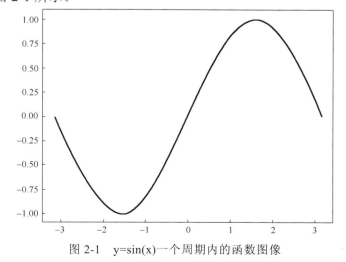

图 2-1　y=sin(x)一个周期内的函数图像

取[0, 10)内的偶数，代码如下：

```
>>> a4 = np.arange(0, 10, 2)
>>> a4
array([0, 2, 4, 6, 8])
```

2．常用属性

（1）shape 返回数组形状。

（2）ndim 返回数组维度。

（3）size 返回数组元素的个数。

（4）dtype 返回数组元素的类型。

实例 2-10

```
>>> arr1 = np.array([[1, 2, 3], [2, 3, 4]])
>>> arr1.shape
(2, 3)
>>> arr1.ndim
2
>>> arr1.size
6
>>> arr1.dtype
dtype('int32')
```

3．NumPy 的索引和切片

与列表数据类型的使用类似。

4．数组的广播机制

广播机制描述了 NumPy 在算术运算期间处理具有不同形状的数组的过程。受某些约束的影响，较小的数组在较大的数组上"广播"，以便它们具有兼容的形状。广播提供了一种矢量化数组操作的方法，以便在 C 而不是 Python 中循环。它可以在不制作冗余数据副本的情况下实现这一点，通常产生高效的算法实现。然而，有些情况下广播也不是一个好方法，因为它会导致内存使用效率低，从而减慢计算速度。

上面使用到的数组 arr1 的形状为(2, 3)，将其与形状为(3,)的数组 arr2 相加，便会触发广播机制，将 arr2 的数组复制成两行与 arr1 的形状匹配后再相加。两个不同数组发生计算，若维度不同则在维度位置补 1，成为相同维度的数组。同一维度数组进行计算触发广播机制的条件为，两个数组其中一个在该维度上的形状为 1。

5．np.random 模块

NumPy 的随机数例程使用 BitGenerator 和 Generator 的组合来生成伪随机数以创建序列，并使用这些序列从不同的统计分布中采样。

（1）np.random.seed()，用于指定随机数生成的种子，输入种子的数据类型为 int64，若不设置则系统根据时间戳选择。

（2）np.random.rand()，用于产生 0 与 1 之间的随机数。

（3）np.random.randn()，用于产生标准正态分布的随机数。

（4）np.random.randint()，用于产生指定范围内的随机整数。

（5）np.random.shuffle(ndarray)，用于直接将数组打乱。

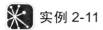 **实例 2-11**

```
>>> arr1 = np.random.rand(2, 3)
>>> arr1
array([[0.13098625, 0.60055244, 0.55331658],
       [0.51395143, 0.68920914, 0.78970061]])
>>> arr2 = np.random.randn(2, 3)
>>> arr2
array([[ 1.54427377, -1.00757869, -0.5785222 ],
       [-0.95713678,  0.12167642,  0.49146833]])
# 产生[1, 10)的随机整数
>>> arr3 = np.random.randint(1, 10, size=(2, 3))
>>> arr3
array([[5, 4, 1],
       [8, 3, 9]])
>>> np.random.shuffle(arr3)
>>> arr3
array([[8, 3, 9],
       [5, 4, 1]])
```

2.5　基于 Python 的网络爬虫应用实例

2.5.1　Urllib 库介绍

Urllib 库是 Python 内置的 HTTP 请求库，使用时不需要额外安装，包含以下 4 个模块。

（1）request 模块。它是基本的 HTTP 请求模块，用来模拟发送请求，就像在浏览器里输入网址然后按回车键一样，只需给库方法传入 URL 及额外的参数，就可以模拟实现这个过程了。

（2）error 模块。即异常处理模块，如果出现请求错误，就可以捕获这些异常，然后重试或进行其他操作，以保证程序不会意外终止。

（3）parse 模块。它是一个工具模块，提供了许多 URL 处理方法，如拆分、解析、合并等。

（4）robotparser 模块。用来识别网站的 robots.txt 文件，然后判断哪些网站可以爬，哪些网站不可以爬，这个模块用得比较少。

下面重点介绍 request 模块。使用 Urllib 库的 request 模块可以方便地实现请求的发送并得到响应。

1. urlopen()

urllib.request 模块提供了基本的构造 HTTP 请求的方法，利用它可以模拟浏览器的一个请求发起过程，同时它还带有 authenticaton（授权验证）、redirections（重定向）、cookies（浏览器 Cookies）及其他内容。

以 Python 官网首页为例，编写实例把这个网页爬取下来并分析返回结果包含哪些信息。

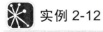 **实例 2-12**

```
import urllib.request
response = urllib.request.urlopen('https://www.python.org')
print(type(response))
```

输出的结果如下：

```
<class 'http.client.HTTPResponse'>
```

通过输出结果可以发现，它是一个 HTTPResposne 类型的对象。它主要包含 read()、readinto()、getheader(name)、getheaders()、fileno()等方法和 msg、version、status、reason、debuglevel、closed 等属性。

得到这个对象后，把它赋值为 response 变量，然后就可以调用这些方法和属性，得到返回结果的一系列信息。例如，调用 read()方法可以得到返回的网页内容；调用 status 属性可以得到返回结果的状态码，如 200 代表请求成功，404 代表网页未找到等。

 实例 2-13

```
import urllib.request
response = urllib.request.urlopen('https://www.python.org')
print(response.status)
print(response.getheaders())
print(response.getheader('Server'))
```

输出的结果如下：

```
200
[('Server', 'nginx'), ('Content-Type', 'text/html; charset=utf-8'), ('X-Frame-Options', 'SAMEORIGIN'),
('X-Clacks-Overhead', 'GNU Terry Pratchett'), ('Content-Length', '47397'), ('Accept-Ranges', 'bytes'), ('Date',
'Mon, 01 Aug 2016 09:57:31 GMT'), ('Via', '1.1 varnish'), ('Age', '2473'), ('Connection', 'close'), ('X-Served-By',
'cache-lcy1115-LCY'), ('X-Cache', 'HIT'), ('X-Cache- Hits', '23'), ('Vary', 'Cookie'), ('Strict-Transport-Security',
'max-age= 63072000; includeSubDomains')]
        nginx
```

由此可见，三个输出分别是响应的状态码、响应的头信息，以及通过调用 getheader() 方法并传递一个参数 Server 获取的 headers 中的 Server 值，结果是 nginx，指服务器是 nginx 搭建的。

利用 urlopen()方法，可以完成基本的简单网页的 GET 请求抓取。如果想给链接传递一些参数该怎么实现呢？先看 urlopen()方法的 API，格式为

```
urllib.request.urlopen(url, data=None, [timeout, ]*, cafile=None, capath=None, cadefault=False,
context=None)
```

其中，除第一个参数可以传递 URL 外，还可以传递其他内容，如 data（附加数据）、timeout（超时时间）等。下面详细说明这几个参数的用法。

（1）data 参数

data 参数是可选的，如果添加 data，它须是字节流编码格式的内容，即 bytes 类型，通过 bytes()方法可以转化。另外，如果传递了这个 data 参数，它的请求方式就不再是 GET，而是 POST。下面用一个实例说明。

 实例 2-14

```
import urllib.parse
import urllib.request
data = bytes(urllib.parse.urlencode({'word': 'hello'}), encoding='utf8')
response = urllib.request.urlopen('http://httpbin.org/post', data=data)
```

```
print(response.read())
```

在这里传递了一个键值对，键是 word，值是 hello。它需要被转码成 bytes（字节流）类型。其中，转字节流采用了 bytes()方法，第一个参数是 str（字符串）类型，需要用 urllib.parse 模块中的 urlencode()方法将参数字典转化为字符串；第二个参数指定编码格式，此处指定为 utf8。

（2）timeout 参数

timeout 参数可以设置超时时间，单位为秒（s）。如果请求超出了设置的这个时间还没有得到响应，就会抛出异常；如果不指定，就会使用全局默认时间。它支持 HTTP、HTTPS、FTP 请求。

因此，可以设置超时时间来控制一个网页。如果长时间未响应，就跳过它的抓取，利用 try…except 语句就可以实现这样的操作，实例如下。

 实例 2-15

```
import socket
import urllib.request
import urllib.error
try:
    response = urllib.request.urlopen('http://httpbin.org/get', timeout=0.1)
except urllib.error.URLError as e:
    if isinstance(e.reason, socket.timeout):
        print('TIME OUT')
```

（3）其他参数

context 参数必须是 ssl.SSLContext 类型，用来指定 SSL 设置。

cafile 和 capath 两个参数用于指定 CA 证书和它的路径，这个在请求 HTTPS 链接时较为有用。

cadefault 参数现在已经弃用了，默认为 False。

2．Request()

利用 urlopen()方法可以实现基本请求的发起，但这几个简单的参数并不足以构建一个完整的请求。如果请求中需加入 Headers 等信息，就要利用更强大的 Request 类型来构建一个请求。

 实例 2-16

```
import urllib.request
request = urllib.request.Request('https://python.org')
response = urllib.request.urlopen(request)
print(response.read().decode('utf-8'))
```

这个实例中依然使用 urlopen()方法来发送这个请求，只不过这个 urlopen()方法的参数不再是一个 URL，而是一个 Request 类型的对象。通过构造这个数据结构，一方面可以将请求独立成一个对象，另一方面可配置参数更加丰富和灵活。

构造 Request()方法的参数，API 格式为

```
class urllib.request.Request(url, data=None, headers={}, origin_req_ host=None, unverifiable=False, method=None)
```

（1）url 参数是请求 URL，这是必传参数，其他的都是可选参数。

（2）data 参数，如果要传则必须传 bytes（字节流）类型的；如果是一个字典，可以先用 urllib.parse 模块中的 urlencode()编码。

（3）headers 参数是一个字典，这个就是 Request Headers，可以在构造时通过 headers 参数直接构造，也可以通过调用 Request 实例的 add_header()方法来添加，Request Headers 的常见用法就是通过修改 User-Agent 来伪装浏览器，默认的 User-Agent 是 Python-urllib，可以修改这个参数值来伪装浏览器。

（4）origin_req_host 参数是指请求方的 host 名称或者 IP 地址。

（5）unverifiable 参数用于指定这个请求是否是无法验证的，默认是 False，即用户没有足够权限来选择接收这个请求的结果。例如，请求一个 HTML 文档中的图像，但是没有自动抓取图像的权限，unverifiable 的值就是 True。

（6）method 参数是一个字符串，用于指示请求使用的方法，如 GET、POST、PUT 等。

 实例 2-17

```
from urllib import request, parse
url = 'http://httpbin.org/post'
headers = {
    'User-Agent': 'Mozilla/4.0 (compatible; MSIE 5.5; Windows NT)',
    'Host': 'httpbin.org'
}
dict = {
    'name': 'Germey'
}
data = bytes(parse.urlencode(dict), encoding='utf8')
req = request.Request(url=url, data=data, headers=headers, method= 'POST')
response = request.urlopen(req)
print(response.read().decode('utf-8'))
```

通过 4 个参数构造了一个请求，url 即请求 URL，在 headers 中指定 User-Agent 和 Host，传递的参数 data 用 urlencode()和 bytes()方法来转成字节流，另外还指定了请求方式为 POST。通过观察结果可以发现，成功设置了 data、headers 及 method。headers 也可以用 add_header()方法来添加，例如：

```
req = request.Request(url=url, data=data, method='POST')
req.add_header('User-Agent', 'Mozilla/4.0 (compatible; MSIE 5.5; Windows NT)')
```

如此一来，更加方便地构造了一个请求，实现请求的发送。

2.5.2 数据采集和 ETL 实例

下面是一个完整的数据采集实例。此网络爬虫的功能需求是，爬取某天气预报网站，获取安徽省马鞍山未来七天的天气预报数据，并保存预测日期、天气情况、气温、风向及风速等信息。使用简易的 ETL 步骤，实现这些功能，考虑安全因素，对部分网址做了隐藏处理。

 实例 2-18

（1）访问某天气预报网站后，通过网页源代码分析目标数据的 HTML 结构，代码如下：

```
<div class="weather pull-left selected">
    <div class="weatherWrap" style="height:auto; line-height:normal;">
```

```
<div class="date"> 11/10 <br>周四 </div>
<div class="weathericon">
<img src="http://*/assets/img/w/40x40/4/0.png">
</div>
<div class="desc"> 晴 </div>
<div class="windd"> 东风 </div>
<div class="winds"> 3～4 级 </div>
<div class="tmp tmp_lte_30"> 27℃ </div>
<div class="tmp tmp_lte_20"> 17℃ </div>
<div class="weathericon">
<img src="http://*/assets/img/w/40x40/4/1.png">
</div>
<div class="desc"> 多云 </div>
<div class="windd"> 东风 </div>
<div class="winds"> 3～4 级 </div>
</div>
</div>
<div class="weather pull-left">
<div class="weatherWrap" style="height:auto; line-height:normal;">
<div class="date"> 11/11 <br>周五 </div>
<div class="weathericon">
<img src="http://*/img/w/40x40/4/7.png">
</div>
<div class="desc"> 小雨 </div>
<div class="windd"> 东风 </div>
<div class="winds"> 3～4 级 </div>
<div class="tmp tmp_lte_25"> 24℃ </div>
<div class="tmp tmp_lte_20"> 19℃ </div>
<div class="weathericon">
<img src="http://*/assets/img/w/40x40/4/1.png">
</div>
<div class="desc"> 多云 </div>
<div class="windd"> 东南风 </div>
<div class="winds"> 3～4 级 </div>
</div>
</div>
```

　　不难发现，目标数据都是由以上代码的 HTML 结构组成的，下面就可以先把该页面的所有数据获取下来，再根据 HTML 结构来获取数据。

　　（2）导入相关的库，并编写获取列表数据的函数 extract_data()，代码如下：

```
import requests
import csv
from bs4 import BeautifulSoup

# 获取列表数据
def extract_data():
    headers = {"User-Agent": "Mozilla/5.0 (Windows NT 10.0; Win64; x64; rv:93.0) Gecko/20100101 Firefox/93.0"}
    # 设置目标网址（网址用*代替）
    url = "http://*/publish/forecast/AAH/maanshan.html"
    # 获取网页内容
```

```
webpage_html_data = requests.get(url, headers=headers)
# 设置网页编码为 UTF-8
webpage_html_data.encoding = "UTF-8"
# 初始化 Soup
soup = BeautifulSoup(webpage_html_data.text, features="html.parser")
# 获取天气预报数据，此处获取所有 class 值为 weather 的 div 控件
data_lists = soup.findAll("div", attrs={"class": "weather"})
# print(data_lists)
return data_lists
```

上面代码可以取消倒数第二行的注释符号#，而将 data_lists 打印出来，看看获取到的数据内容，结果如下：

```
D:\Anaconda\envs\BigData\python.exe P:/Python/BigData/Exp_1/spider.py
[<div class="weather pull-left selected">
    <div class="weatherWrap" style="height:auto; line-height:normal;">
        <div class="date"> 11/10 <br>周四 </div>
        <div class="weathericon">
        <img src="http://*/assets/img/w/40x40/4/0.png">
        </div>
        <div class="desc"> 晴 </div>
        <div class="windd"> 东风 </div>
        <div class="winds"> 3～4 级 </div>
        <div class="tmp tmp_lte_30"> 27℃ </div>
        <div class="tmp tmp_lte_20"> 17℃ </div>
        <div class="weathericon">
        <img src="http://*/assets/img/w/40x40/4/1.png">
        </div>
        <div class="desc"> 多云 </div>
        <div class="windd"> 东风 </div>
        <div class="winds"> 3～4 级 </div>
    </div>
</div>
...
```

可以看到，获取到的数据和在浏览器中看到的源代码相同，说明已经完成了 ETL 中的第一个步骤——抽取（Extract）数据。

（3）观察源代码发现，在爬取的数据中，有些数据是不需要采集的。现在编写转换函数 transform_data()对"脏"数据进行清洗、筛选，以获取想要的数据，代码如下：

```
# 数据清洗与转换
def transform_data(data_lists):
    # 将清洗后的数据，保存到 cleaned_data 列表中，便于查看与存储
    cleaned_data = []
    # 根据 HTML 的层次关系，逐层获取目标数据
    for data_list in data_lists:
        # 日期
        date = data_list.contents[0].contents[0].text.strip().split(" ")[0]
        # 星期
        week = data_list.contents[0].contents[0].text.strip().split(" ")[1]
        # 天气情况
        desc = data_list.contents[0].contents[2].text.strip()
```

```
                # 风向
                windd = data_list.contents[0].contents[3].text.strip()
                # 风速
                winds = data_list.contents[0].contents[4].text.strip()
                # 最高气温
                day_temp = data_list.contents[0].contents[5].text.strip()
                # 最低气温
                night_temp = data_list.contents[0].contents[6].text.strip()
                # 添加需要的数据到 cleaned_data 中
                cleaned_data.append([date, week, desc, windd, winds, day_temp, night_temp])
        # print(cleaned_data)
        return cleaned_data
```

transform_data()函数代码的解释是，根据 HTML 结构的层次关系，一层一层地去获取数据。读者可以尝试将 for 循环中的 contents[*]挨着打印出来，看看 data_list.contents[0]、data_list.contents[0].contents[0]等变量分别代表的是什么 HTML 节点。

现在可以将代码 "# print(cleaned_data)" 的注释符号#去掉，查看清洗后的数据是否为所期望的格式，结果如下：

```
D:\Anaconda\envs\BigData\python.exe P:/Python/BigData/Exp_1/spider.py
[['11/10', '周四', '晴', '东风', '3～4级', '27℃', '17℃'], ['11/11', '周五', '小雨', '东风', '3～4级', '24℃',
'19℃'],['11/12', '周六', '小雨', '西北风', '3～4级', '27℃', '11℃'],……
```

现在的数据已经满足了需求，这样就完成了 ETL 中的第二个步骤——转换（Transform）数据。

（4）现在数据已经准备好了，只需使用 CSV 库，编写加载函数 load_data()，将数据写入 CSV 文件中即可，代码如下：

```
        # 将数据存储在 CSV 文件中
        def load_data(data_lists):
            with open('weather.csv', 'w', encoding='gbk', newline='') as fp:
                writer = csv.writer(fp)
                writer.writerows(data_lists)
```

同时需要在入口函数中定义工作簿对象，以及调用刚刚编写的三个函数，代码如下：

```
        if __name__ == '__main__':
            dirty_data_lists = extract_data()                          # Extract
            cleaned_data_lists = transform_data(dirty_data_lists)  # Transform
            load_data(cleaned_data_lists)                              # Load
```

运行程序，运行完毕后，会在工作目录下创建 spider_data.xlsx 文件，打开该文件可以发现，已经获取到了想要的数据，结果如图 2-2 所示。

	A	B	C	D	E	F	G
1	11月10日	周四	晴	东风	3~4级	27℃	17℃
2	11月11日	周五	小雨	东风	3~4级	24℃	19℃
3	11月12日	周六	小雨	西北风	3~4级	27℃	11℃
4	11月13日	周日	小雨	北风	3~4级	12℃	10℃
5	11月14日	周一	小雨	北风	微风	12℃	7℃
6	11月15日	周二	晴	西风	微风	16℃	6℃
7	11月16日	周三	小雨	东风	3~4级	27℃	10℃

图 2-2　数据爬取结果

至此，完成了 ETL 中的第三个步骤——加载（Load）数据。

2.6 本章思维导图

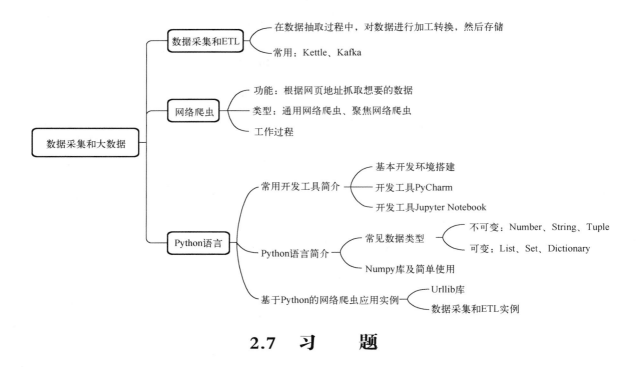

2.7 习 题

1．数据采集的步骤有哪些？

2．ETL 的作用是什么？

3．网络爬虫程序解决什么问题？

4．数据采集的常用工具有哪些？

5．学会常见数据采集工具的使用。

6．学习数据分析常用库 pandas 库的使用，总结 pandas 的两大数据结构 Series 和 DataFrame 的异同。

7．根据 Python 的列表数据类型的"截取"使用方法，练习 NumPy 数组的索引和切片。

8．结合 NumPy 库 np.linspace()函数及其实例，绘制标准正态分布的概率密度函数图。

9．掌握 Python 常用的一种编程工具，如 PyCharm、Jupyter Notebook、Spyder 等。

10．与大数据相关的 Python 库有哪些？描述这些 Python 库的主要功能，以及它们之间的关系。

11．了解 Requests 库、Beautifulsoup 库、Selenium 库等网络爬虫库。

第 3 章　大数据框架的安装和配置

大数据的分析处理过程都是在强大的分布式集群的计算环境下，基于磁盘或者内存完成的，而集群中的很多服务器支撑的大数据处理框架都是基于 Linux 操作系统的。采集、转换、存储很多数据源的工具及基本过程中，数据都会和 Linux 操作系统息息相关（如数据的迁移、清洗、存储等操作）。Linux 是程序员和计算资源交互的媒介，为基于大数据框架的分析提供一个交流的窗口。这就要求程序员必须熟练掌握 Linux 操作系统的命令来调度计算资源。

本章脱离图形界面束缚，通过终端命令的输入方式进行人机交互。本书使用的是分布式节点部署框架。考虑到用虚拟机执行多节点的流畅性和基于命令而非图像界面学习的必要性，大部分操作都是基于终端输入 Linux 命令方式进行的人机交互。实际学习阶段，一般在本地单台主机上仿真集群环境，这就要通过虚拟机的方式实现。因此，本章还会介绍虚拟机的使用。后续每章都保留实验镜像文件必要节点，以便初学者能够循序渐进地完成理论和实践相结合的学习。

本章主要涉及以下知识点：

➤ 了解 Linux 操作系统
➤ 掌握虚拟机的使用
➤ 掌握 Linux 终端常见命令
➤ 掌握 Hadoop 伪分布式安装过程
➤ 掌握远程登录工具

3.1　大数据框架配置环境

Linux 操作系统主要有虚拟机和双系统两种安装方式。由于初学者对 Windows 操作系统比较熟悉，所以本书采用的是虚拟机安装方式，但其对计算机硬件的要求较高。因此建议，计算机一定要具备 8GB 及以上的内存，硬盘配置最好在 100GB 以上，否则，运行速度可能会非常慢甚至运行不起来。

VMware 快照是虚拟机磁盘文件在某个时间点的副本。在实验过程中，可能会因某些操作失误而破坏实验环境，想要自行修复往往是十分费时费力的。这时，可以使用"快照"功能，回到上一步，即失误之前的实验环境中。鼓励初学者在实验过程中，能够细心且大胆地进行实验操作，不用担心自己的实验操作会失败。

快照的使用方法是，在虚拟机关机状态下，右击镜像名称，选择"快照"→"快照管理器"命令（如图 3-1 所示），选择想还原的快照点，单击"转到"按钮。这样，实验环境就可以恢复。另外，值得注意的是，恢复快照会丢失虚拟机的当前状态，所以要确保虚拟机中没有重要资料后再还原。

本书使用的镜像版本为 CentOS 6.5，虚拟机软件为 VMware 16。本章需要完成 2 个操作任务：第一个任务是"3.4 虚拟机的使用"，目的是介绍虚拟机软件的基本操作，包括镜像的导入和镜像的网络配置等，该任务的全部操作在镜像"ahut"上进行，使用的镜像还原点为"ahut-3"，如图 3-2 所示。第二个任务是"3.6 Hadoop 伪分布式安装和使用"，将在3.4 节的基础上，继续进行 SSH、JDK 及 Hadoop 的安装和配置。

所有虚拟机的账号均为 root，密码均为 hadoop。如果恢复到该快照后，无法通过 MobaXterm 软件连接虚拟机，可先检查 IP 地址是否正确。若 IP 地址已改变，则更改为正确的配置信息。

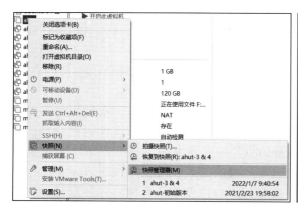

图 3-1 "快照"命令

图 3-2 初始镜像

3.2 Linux 操作系统介绍

与 Windows 不同的是，Linux 是一套开放源代码程序、可以自由传播的类 Unix 操作系统软件（Unix 是 Linux 的前身，具备很多优秀特性）。Linux 在设计之初基于 Intel x86 系列 CPU 架构，是一个基于 POSIX 的多用户、多任务、支持多线程和多 CPU 的操作系统。

Linux 是由世界各地成千上万的程序员设计和开发实现的操作系统。当初开发 Linux 操作系统的目的是建立不受任何商业化软件版权制约、全世界都能自由使用的类 Unix 操作系统兼容产品。在过去的 20 年里，Linux 操作系统主要应用于服务器端、嵌入式开发和个人 PC 桌面三大领域，其中在服务器端领域的应用最为广泛。

当前，大型、超大型互联网企业（如百度、新浪、淘宝等）都使用 Linux 操作系统作为其服务器端的程序运行平台，国内甚至全球排名前十的网站使用的主流操作系统几乎都是 Linux。

Linux 操作系统之所以如此流行，是因为它具有如下 4 个特点：

● 开发源代码的程序可自由修改；
● 与 Unix 操作系统兼容，具备 Unix 几乎所有优秀特性；
● 完全开源，可自由传播，无任何商业化版权制约；
● 适合 Intel 等 x86 CPU 系列架构的计算机。

3.2.1 Linux 的发展历史

Linux 操作系统最初诞生于芬兰赫尔辛基大学的一位计算机系学生 Torvalds 之手。在大学期间，他接触到了学校的 Unix 操作系统，但是当时的 Unix 操作系统仅为一台主机，且对应多个终端，使得用户与计算机的交互存在等待时间长等一些影响用户体验的问题，因此，萌生了自己开发一个 Unix 的想法。不久，他就找到了学校的 Andrew S. Tanenbaum 教授，他把 Andrew S. Tanenbaum 教授开发的用于教学的 Minix 操作系统安装到了他的 I386 个人计算机上。此后，Torvalds 开始陆续阅读了 Minix 操作系统的源代码，从 Minix 操作系统中学到了重要的系统核心程序设计理念和设计思想，逐步设计和开发出了 Linux 操作系统的雏形。

Linux 的发展历史具体如下所述。

（1）1984 年，Andrew S. Tanenbaum 开发了用于教学的 Unix 系统，命名为 Minix。

（2）1989 年，Andrew S. Tanenbaum 将 Minix 运行于 x86 的 PC 计算机平台。

（3）1990 年，芬兰赫尔辛基大学学生 Linus Torvalds 首次接触 Minix 操作系统。

（4）1991 年，Linus Torvalds 开始在 Minix 上编写各种驱动程序等操作系统内核组件。

（5）1991 年年底，Linus Torvalds 公开了 Linux 内核源代码。

（6）1993 年，Linux 1.0 版本发行，Linux 转向 GPL 版权协议。

（7）1994 年，Linux 的第一个商业发行版 Slackware 问世。

（8）1996 年，美国国家标准技术局的计算机系统实验室确认 Linux 1.2.13 版本（由 Open Linux 公司打包）符合 POSIX 标准。

（9）1999 年，Linux 的简体中文发行版问世。

（10）2000 年后，Linux 操作系统日趋成熟，大量基于 Linux 服务器平台的应用涌现出来，并广泛应用于基于 ARM 技术的嵌入式系统。

注意，Linux Torvalds 公开的 Linux 内核源代码并不是现在普遍使用的 Linux 操作系统的全部，而仅仅是 Linux 内核 kernel 部分的代码。

3.2.2　Linux 版本特点

Linux 的发行版本大体分为两类，一类是商业公司维护的发行版本 RedHat 系列，另一类是社区组织维护的发行版本 Debian 系列。

1. RedHat 系列

RedHat 是一个广受欢迎的 Linux 发行版，其商业版本 RHEL 也是企业常用的操作系统之一。由于 RedHat 广泛使用，很多 Linux 教程和资源都是以 RedHat 为例讲解的，这也方便了使用 RedHat 的用户进行学习和交流。RedHat 系列采用基于 RPM 包的 YUM 包管理方式，包分发方式是编译好的二进制文件。

RedHat 主要包括三个系列版本：RHEL（RedHat Enterprise Linux，收费版本）、Fedora Core（由原来的 RedHat 桌面版本发展而来，免费版本）、CentOS（RHEL 的社区克隆版本，免费版本）。

在稳定性方面，RHEL 和 CentOS 的稳定性较强，适合服务器使用；相比之下，Fedora Core 的稳定性较弱，一般只用于桌面应用。

2. Debian 系列

Debian 系列包括 Debian 和 Ubuntu 等。

Debian 最初由 Ian Murdock 于 1993 年创建，现在已经成为一个庞大的社区项目，拥有多个版本分支。Debian 的三个主要版本分支是 stable、testing 和 unstable，它们各有特点。其中，unstable，顾名思义，包括最新的软件包，但是也有较多 Bug，还不够稳定；testing 经过上一版的测试，较为稳定，也支持新技术；stable 一般只用于服务器，上面的软件包显然都经过长期的使用测试考验，版本比较成熟，其稳定性和安全性都非常强，其缺点是版本不一定是最新的。Debian 最具特色的是 APT-get/dpkg 包管理方式，实际上 RedHat 的 YUM 也在模仿 Debian 的 APT。

Ubuntu 是基于 Debian 构建的一个流行的 Linux 发行版，它的目标是为桌面用户提供一个易于使用、稳定且免费的操作系统。Ubuntu 由 Debian 的 unstable 版本加强而来，是一个拥有 Debian 所有优点及自己所加强的优点的近乎完美的 Linux 桌面系统。根据选择的桌面系统不同，有三个版本可供选择：基于 Gnome、基于 KDE、基于 Xfc。其特点是界面友好，对硬件的支持全面，支持大量的软件包和应用程序，可以轻松满足用户的需求。

3. Gentoo

Gentoo 是一个基于源代码分发的发行版本，使用 Portage 包管理系统。Gentoo 最初由 Daniel Robbins 创建，首个稳定版本发布于 2002 年。与其他二进制分发的包管理系统不同，Portage 包管理系统允许用户根据自己的需求定制软件包的编译参数。这使得 Gentoo 能够更好地适应特定硬件和应用场景，并达到更好的性能表现。此外，由于所有软件都是从源代码编译而来的，用户可以更好地控制软件包之间的依赖关系，避免冲突和不必要的依赖关系。尽管 Gentoo 在配置和安装方面需要更多的时间与精力，但它的灵活性和定制性使它成为很多高级用户和服务器管理员的选择。

4. FreeBSD

尽管 FreeBSD 与 Linux 具有相似之处，如有类似的软件和硬件支持，但它们的内核和系统结构是不同的。因此，将 FreeBSD 视为 Linux 的一个版本是不准确的。FreeBSD 拥有两个版本分支：stable 和 current。其中，stable 版本旨在提供最稳定和可靠的系统，适合用于生产环境和服务器；而 current 版本则用于测试新技术和功能，可能不够稳定，但可以让用户提前体验到最新的技术。FreeBSD 采用 Ports 包管理系统，必须在本地机器编译后才能运行，但是 Ports 包管理系统使用比 Portage 包管理系统稍复杂一些。FreeBSD 的最大特点是稳定和高效，它是服务器操作系统的最佳选择，但由于硬件支持的限制，它不太适合作为桌面系统。

3.2.3　Linux 版本选择

在选择 Linux 版本时，应该考虑不同版本的 Linux 有不同的用途，如服务器、桌面环境、嵌入式系统等，而稳定性是企业级应用的关键因素，用户需要选择经过长期稳定测试的版本。此外，有些版本有更好的社区支持，能够及时解决出现的问题。同时，还需要选择经过安全性测试和更新的版本，以确保系统安全。如果要选择一个桌面的 Linux 操作系统，比较经济的可以选择 Ubuntu；如果需要服务端的 Linux 操作系统，建议选择 CentOS 或者 RedHat；如果成本预算高，可以选择 RHEL；如果需要一个桌面系统，还想灵活定制自己的 Linux 操作系统，可以选择 Gentoo；如果对系统稳定性、安全性有更高的要求或者有特殊使用偏好，可以考虑 Debin 或 FreeBSD；如果追求最新的软件版本，可以选择 Fedora，但要容忍 Fedora 潜在的系统稳定性问题；如果喜欢中文环境支持，可以选择麒麟 Linux；如果想深入学习 Linux 的各个方面的知识或自己定制内容，可以使用 Gentoo。

3.3 Linux 终端常见命令

Linux 终端的命令非常丰富，本书主要起到引导入门的作用。本节主要介绍与大数据配置环境和编程相关的主要命令，更多内容可参考其他 Linux 书籍。

3.3.1 基本命令

虚拟机 ahut01 实际上是虚拟机 ahut 的复制版本，所以下面的操作任务可在 ahut 中进行，也可以在 ahut01 中进行。

1．关机和重启

（1）关机

```
[root@ahut01  ~]# shutdown -h now      立刻关机
[root@ahut01  ~]# shutdown -h 5        定时 5 分钟后关机
[root@ahut01  ~]# poweroff             立刻关机
```

（2）重启

```
[root@ahut01  ~]# shutdown -r now      立刻重启
[root@ahut01  ~]# shutdown -r 5        定时 5 分钟后重启
[root@ahut01  ~]# reboot               立刻重启
```

2．帮助命令

Linux 操作系统拥有大量操作命令，如果想了解某些命令的使用方式与作用，可以使用帮助命令查询，以获得详细信息。

（1）help 命令

help 命令能够在控制台上打印出需要的命令的帮助信息。

```
命令格式：help [命令]
```

例如，查看 help 命令本身的帮助命令，可以输入：

```
[root@ahut01  ~]# help help
```

（2）--help 选项

除了使用 help 命令查询帮助信息，还可以使用--help 选项来查询外部命令的帮助信息。

```
命令格式：[命令] --help
```

例如，查看外部命令 shutdown 的帮助信息，可以输入：

```
[root@ahut01  ~]# shutdown --help
```

查看查询网络信息的外部命令 ifconfig 的帮助信息，可以输入：

```
[root@ahut01  ~]# ifconfig --help
```

需要注意的是，以上两种形式的 help 并不完全等同。前一种通过执行内建的 help 命令查看帮助文档，后一种通过命令后携带参数 help 的方式来展示所查询命令的帮助文档。

（3）man 命令（命令说明书）

man 是 manual 的简写。与 help 命令和 --help 选项不同，使用 man 命令查询帮助信息时会进入 man page 界面，而非直接打印在控制台上。与 help 命令相比，man 命令的信息更全，help 命令显示的信息相对简洁。

命令格式：man [选项] [命令]

例如，打开 shutdown 命令的命令说明书，可以输入：

[root@ahut01 ~]# man shutdown

注意，执行 man 命令后，需要输入 q，然后按回车键退出命令说明书。

（4）info 命令

info 命令的功能与 man 命令基本相似，能够显示命令的相关资料和信息。

而与 man 命令稍有区别的是，一方面，info 命令可以获取所查询命令相关的更丰富的帮助信息；另一方面，info page 将文件数据进行段落拆分，并以"节点"的形式支撑整个页面框架。它将拆分的段落与节点对应，使用户在节点间跳转时可以方便地阅读每一个段落的内容。

命令格式：info [选项] [命令]

例如，打开 shutdown 命令的命令说明书，可以输入：

[root@ahut01 ~]# info shutdown

同样，执行 info 命令后，需要输入 q，然后按回车键退出命令说明书。

3.3.2 目录操作命令

1．文件/目录显示 ls

命令格式：ls [-选项][参数]

用法：如表 3-1 所示。

表 3-1　ls 相关选项

选项	作用
-a	all，显示所有文件，包括隐藏文件（以.开头的文件）
-l	long，长格式显示，可以后附 h 选项表示人性化显示
-d	directory，查看目录属性
-i	inode，显示文件的节点
/dir	查询指定目录的信息

例如，以长格式显示用户目录下的文件信息，命令及运行结果如下：

```
[root@ahut01 ~]# ls -l
total 28
-rw-------. 1   root   root    900 Feb 15   2021 anaconda-ks.cfg
-rw-r--r--. 1   root   root   8815 Feb 15   2021 install.log
-rw-r--r--. 1   root   root   3384 Feb 15   2021 install.log.syslog
drwxr-xr-x 3 uucp   143   4096 Apr 25   2021 jdk1.8.0_181
drwxr-xr-x 2 root   root   4096 Apr 25   2021 software
```

以长格式显示时包含文件的所有属性，如文件权限、所占空间、修改时间及文件名。

其中，文件权限主要包含 3 种类别：所有者权限、所属组权限、其他权限；每种类别包含 3 种操作：r（可读）、w（可写）、x（可执行）。注意，-表示没有权限。

输出信息中所占空间以字节（Byte）为单位显示，如果想以 KB 为单位显示，在-l 选项后添加参数 h 即可：

```
[root@ahut01 ~]# ls -lh
```

2．目录切换 cd

命令格式：cd [目录]

用法：cd 命令用于切换到绝对路径和相对路径。

示例：

```
[root@ahut01 ~] # cd /            切换到根目录
[root@ahut01 /]# cd /usr          切换到根目录下的 usr 目录
[root@ahut01 usr]# cd ..          切换到上一级目录
[root@ahut01 /]# cd ~             切换到用户目录
[root@ahut01 ~]# cd -             切换到上次访问的目录
/
[root@ahut01 /]#
```

参考终端显示框，可以看到，终端会提示当前所处的位置。同时，输入 pwd 也可以直接查询当前目录的绝对路径。pwd 命令查询结果如下：

```
[root@ahut01 usr]# pwd
/usr
```

3．目录操作

（1）创建目录 mkdir

命令格式：mkdir [-p][目录]

示例：

```
[root@ahut01 ~]# mkdir test              在当前目录下创建一个名为 test 的目录
[root@ahut01 ~]# mkdir /usr/test          在指定目录下创建一个名为 test 的目录
[root@ahut01 ~]# mkdir /usr/test1 /usr/test2    一次同时创建多个目录
```

在使用 mkdir 指令时，可以选择添加-p 选项，进行递归创建。例如：

```
[root@ahut01 ~]# mkdir -p /usr/test1/test2
```

如果/usr 目录下没有/test1 目录，可以使用递归创建的方法，直接完成多层目录的创建。同时创建 test1、test2 文件夹，命令及结果如下：

```
[root@ahut01 ~]# mkdir test1 test2
[root@ahut01 ~]# ls
anaconda-ks.cfg  install.log  install.log.syslog  jdk1.8.0_181  software  test1  test2
```

（2）删除目录或文件 rm

命令格式：rm [-rf][文件/目录]

用法：选项-r 表示删除目录，-f 表示强制执行。

示例：

删除文件：

[root@ahut01 ~]# rm test	删除当前目录下的 test 文件
[root@ahut01 ~]# rm -f test	删除当前目录下的 test 文件（不询问）

删除目录：

[root@ahut01 ~]# rm -r dirtest	递归删除当前目录下的 dirtest 目录
[root@ahut01 ~]# rm -rf dirtest	递归删除当前目录下的 dirtest 目录（不询问）

全部删除：

[root@ahut01 ~]# rm -rf *	将当前目录下的所有目录和文件都删除
[root@ahut01 ~]# rm -rf /*	将根目录下的所有文件都删除

提示：rm -rf /*命令会删除根目录下的所有文件与目录，需慎重使用。

命令及运行结果如下：

```
[root@ahut01 ~]# rm -rf test2
[root@ahut01 ~]# ls
anaconda-ks.cfg  install.log  install.log.syslog  jdk1.8.0_181  software  test1
```

注意：rm 不仅可以删除目录，也可以删除其他文件或压缩包。删除任何目录或文件，都直接使用"rm -rf 目录/文件/压缩包"。

（3）修改文件/目录 mv

① 重命名目录

命令格式：mv [旧目录名] [新目录名]

示例：

[root@ahut01 ~]# mv test1 test2	将目录 test1 改名为 test2

命令及运行结果如下：

```
[root@ahut01 ~]# ls
anaconda-ks.cfg  install.log  install.log.syslog  jdk1.8.0_181  software  test2
```

注意：mv 不仅可以对目录进行重命名，而且可以对各种文件、压缩包等（目录和压缩包本质上也属于特殊的文件）进行重命名。

② 目录移动剪切

命令格式：mv [旧目录名称] [新目录名称]

示例：

[root@ahut01 ~]# mv /usr/tmp/test /usr	将/usr/tmp 下的 test 剪切到/usr 下

注意：mv 不仅可以对目录进行剪切操作，而且可以对文件和压缩包等进行剪切操作。

（4）复制目录 cp

命令格式：cp -rp [目录名称] [目录拷贝的目标位置]

用法：-r 代表递归，保留文件属性（如时间属性等）。

示例：

```
[root@ahut01  ~]# cp /usr/tmp/test  /usr        将/usr/tmp 下的 test 复制到/usr 下
```

注意：cp 不仅可以复制目录，还可以复制文件、压缩包等，复制文件和压缩包时不用写-r 递归。

（5）搜索目录 find

命令格式：find [目录] [选项] [文件名称]

示例：

```
[root@ahut01  ~]# find /usr -name 'a*'        查找/usr 下所有以 a 开头的目录或文件
```

命令及结果如下：

```
[root@ahut01  ~]# find /usr -name 'a*'
/usr/libexec/awk
/usr/libexec/postfix/anvil
/usr/lib64/audit
/usr/lib64/perl5/attrs.pm
/usr/lib64/perl5/asm
/usr/lib64/perl5/asm-generic
/usr/lib64/perl5/auto
/usr/lib64/perl5/auto/Sys/Hostname/autosplit.ix
/usr/lib64/perl5/auto/attrs
/usr/lib64/perl5/auto/attrs/attrs.so
```

3.3.3　文件操作命令

1．文件操作命令

（1）新建文件 touch

命令格式：touch [选项] [文件名]

用法：如果只创建文件，使用"touch [文件名]"即可完成创建操作。除此之外，如果需要对文件的"读取时间""修改时间"进行修改，可参考表 3-2。

表 3-2　touch 相关选项

选项	作用
-a	修改"读取时间"
-m	修改"修改时间"
-d	修改"读取时间"与"修改时间"

示例：

```
[root@ahut01  ~]# touch test.txt        在当前目录下创建一个名为 test 的 txt 文件
[root@ahut01  ~]# touch -d "2021-11-16 18:30" test.txt        修改文件的读取时间、修改时间
```

（2）删除文件 rm

rm 命令可以对目录进行删除操作，也可以对文件进行删除操作，这里不再赘述。

（3）修改文件 vi / vim

命令格式：vi [文件名] 或 vim [文件名]

如同 Windows 操作系统内置记事本软件一样，所有的类 Unix 操作系统都内建 vi 文本编辑器，它是操作 Linux 终端必不可少的工具。

而 vim 是从 vi 发展出来的一个文本编辑器。它在代码补全、编译及错误跳转等方面的功能特别丰富,在程序员中被广泛使用。

注意:精简版的 CentOS 系统可能没有安装 vim 编辑器,可以在终端使用 yum install vim 命令安装。

下面简单介绍 vi/vim 编辑器的三种模式。

① 命令行模式(Command mode）

功能:控制屏幕光标的移动,用于字符、字或行的删除、查找,移动复制某区段,以及切换到编辑模式(Insert mode）或底行模式(Last line mode）。

命令行模式下的常用命令:

- 控制光标移动:　　　↑,↓,j
- 删除当前行:　　　　dd
- 查找:　　　　　　　/字符
- 进入编辑模式:　　　I,O,A
- 进入底行模式:　　　:

② 编辑模式

功能:只有在编辑模式下,才可以输入文字,按 Esc 键可回到命令行模式。

编辑模式下的常用命令:

- 退出编辑模式回到命令行模式:　　　Esc

③ 底行模式

功能:将文件保存或退出 vi,也可以设置编辑环境,如寻找字符串、列出行号等。

底行模式下的常用命令:

- 退出编辑:　　:q
- 强制退出:　　:q!
- 保存并退出:　:wq

了解 vi/vim 编辑器的三种模式后,下面介绍如何使用 vi/vim 编辑文件。

 实例 3-1 在用户根目录 ~/下创建文件 test,并写入下列文本内容:

This is a test file created by ahut01.

首先,在控制台输入 vim test,创建并使用 vim 编辑器打开文件 test:

```
[root@ahut01 ~]# vim test
```

进入 vim 编辑器后,默认模式为命令行模式,需要按 I 或 O 或 A 键进入编辑模式。切换模式后,左下角的模式状态会发生改变。

接着,输入如下文本信息:

```
This is a test file created by ahut01.
~
```

最后,按 Esc 键回到命令行模式,并输入 : 进入底行模式,再输入:wq,保存并退出,如下所示:

```
~
:wq
```

（4）文件查看命令

Linux 拥有多种文件查看命令，分别是 cat、more、less、head、tail，这些命令用于直接将文件内容显示在控制台上。用法与区别如下所述。

① cat 命令

命令格式：cat [选项][文件名]

用法：cat 命令用于查看内容较少的纯文本文件，可以通过添加参数-n，在显示内容时顺便显示行号。

示例：

```
[root@ahut01 ~]# cat test            使用 cat 查看 test 文件
```

② more 命令

命令格式：more [选项] [文件名]

用法：与 cat 命令相对，more 命令用于查看内容较多的文本文件，使用 more 命令查看文件内容时，可以按空格键或回车键向下翻页。同时，终端会使用百分比信息提示已阅内容的占比。在结束阅读后，需要输入 q 执行退出操作。

示例：

```
[root@ahut01 ~]# more test            使用 more 查看 test 文件
```

③ less 命令

命令格式：less [选项] [文件名]

用法：less 命令与 more 命令的用法几乎一致，两者不同点如下。

● 除空格键与回车键外，less 命令可以通过上下方向键或 Page Up、Page Down 键显示文本内容，more 命令则只能通过空格键或回车键向下翻页。
● less 命令在显示到相应内容之前，不会完全加载整个文件。
● less 命令不会显示已阅读百分比。
● 通过 less 命令完成阅读后，终端上不会留下文本内容；而通过 more 命令阅读，会在终端上留下已阅读的内容。

示例：

```
[root@ahut01 ~]# less test            使用 less 查看 test 文件
```

④ head 与 tail 命令

命令格式：head 与 tail [选项] [文件名]

用法：head 与 tail 命令用于查看文件的前 n 行或后 n 行。除此之外，如果想实时查看最新的日志文件等持续刷新的内容，可以通过 tail 命令添加-f 参数实现。

示例：使用 tail -10 查看/etc/sudo.conf 文件的后 10 行，按 Ctrl+C 组合键结束。

```
[root@ahut01 ~]# head -n 20 test      使用 head 查看 test 文件前 20 行内容
[root@ahut01 ~]# tail -n 20 test      使用 tail 查看 test 文件后 20 行内容
[root@ahut01 ~]# tail -f test.log     使用 tail 实时查看动态刷新的 test.log 文件
```

实例 3-2　分别使用 cat、more、head 命令输出/etc 目录下的 hosts 文件。其中，使用 cat 时要求输出行号，使用 head 时仅输出文件的前两行内容。

命令如下：

```
[root@ahut01 ～]# cat -n /etc/hosts
[root@ahut01 ～]# more /etc/hosts
[root@ahut01 ～]# head -n 2 /etc/hosts
```

命令及运行结果如下：

```
[root@ahut01 ～]# cat -n /etc/hosts
     1  127.0.0.1    localhost localhost.localdomain localhost4    localhost4.localdomain4
     2  ::1          localhost localhost.localdomain localhost6    localhost6.localdomain6
     3  192.168.42.101    ahut01
     4  192.168.42.102    ahut02
     5  192.168.42.103    ahut03
     6  192.168.42.104    ahut04
[root@ahut01 ～]# more /etc/hosts
127.0.0.1    localhost    localhost.localdomain    localhost4    localhost4.localdomain4
::1          localhost    localhost.localdomain    localhost6    localhost6.localdomain6
192.168.42.101    ahut01
192.168.42.102    ahut02
192.168.42.103    ahut03
192.168.42.104    ahut04
[root@ahut01 ～]# hard -n 2 /etc/hosts
127.0.0.1    localhost    localhost.localdomain    localhost4    localhost4.localdomain4
::1          localhost    localhost.localdomain    localhost6    localhost6.localdomain6
```

注意：/etc/hosts 是常用的系统文件之一，可用于建立 IP 地址与主机之间的映射。在后期需要检查 hosts 文件的内容是否有错时，可以直接通过这里的文件查看命令在控制台上快速查看，而不需要使用 vi/vim 编辑器打开再查看。

2．权限修改

（1）权限介绍

使用文件/目录显示命令 ls 时，添加-l 参数可以长格式输出文件、目录信息，输出的内容包括文件、目录所拥有的权限，分别为 r（可读）、w（可写）、x（可执行）。

下面以用 ls -l 命令查询/etc 目录下的 sudoers 文件与 ssh 文件夹的结果为例，对文件权限进行说明：

```
drwxr-xr-x.    2 root root    4096 Feb 15    2021 ssh
-r--r-----.    1 root root    4002 Mar  2    2012 sudoers
```

如上所示，在每条命令对应输出的开头，就表明了文件拥有的具体权限。每条权限信息共有 10 个字符，其中，第一个字符 d 为 directory 的缩写，说明该地址对应的是一个文件夹；如果第一个字符为-，说明该地址对应的是一个文件。

除第一个字符外，另有 9 个字符，分为三组，分别是文件属主的权限、组内用户权限、其他用户权限。每组的顺序均为 rwx，如果在某个位置上出现的是字母，就说明对应的用户拥有对应的权限；相反地，如果出现的是-，说明对应的用户没有对应的权限。

例如，在 ssh 的输出内容中，第一个字符为 d，说明 ssh 是一个文件夹，后面的 rwxr-xr-x 表示文件属主拥有读、写、执行权限，而用户组内的用户及其他用户只拥有读、执行权限，不具备写权限。

同样地，对 sudoers 文件进行权限分析，第一个字符为-，说明 sudoers 是一个文件，r--r-----

表示对于该文件，只有文件属主及组内用户拥有读权限，其他权限均不开放。

（2）权限修改 chmod

下面介绍一种常用的修改权限的方法：用二进制表示权限。

命令格式：chmod [权限] [文件/目录]

用法：

具体的每组内的每个权限是用数字来表示的，表示方法如下：

● 读取的权限等于 4，用 r 表示；
● 写入的权限等于 2，用 w 表示；
● 执行的权限等于 1，用 x 表示。

通过 4、2、1 的组合，得到以下几种权限：0（没有权限），4（读取权限），5（4+1：读取+执行），6（4+2：读取+写入），7（4+2+1：读取+写入+执行）。

以最高权限 777 为例，数字 7 代表对应的用户组对该文件/目录拥有所有的权限。

示例：

```
[root@ahut01 ~]# chmod 777 test    给所有用户赋予 test 的所有权限
[root@ahut01 ~]# chmod 100 test    给 test 文件拥有者赋予 test 的读取权限
```

注意：在 Linux 操作系统中进行的所有操作实质上都是对文件进行的操作，因此，文件的权限是至关重要的。在后面的学习过程中，如果在执行命令时遇到了某些预期之外的错误，可以先检查文件权限是否正确。

3．文件打包与压缩 tar

Linux 操作系统和 Windows 操作系统一样，支持直接通过系统命令对文件进行打包、压缩、解压操作，但 Linux 操作系统中的后缀扩展名与 Windows 操作系统中的有些差别：

Windows 中的压缩文件扩展名：　　　　　　zip/rar

Linux 中的打包文件扩展名：　　　　　　　tar

Linux 中的压缩文件扩展名：　　　　　　　gz

Linux 中打包并压缩的文件扩展名：　　　　tar.gz

tar 命令有许多可用选项，如表 3-3 所示。

表 3-3　tar 命令相关选项

选项	作用
-z	是否同时具有 gz 属性
-j	是否同时具有 bz2 属性
-J	是否同时具有 xz 属性
-x	解压缩，提取打包的内容
-t	查看压缩包内容
-c	建立一个打包或压缩
-C	切换到指定目录，表示指定解压缩包的内容和打包的内容存储的目录
-v	显示压缩或打包的文件内容
-f	使用文件名，在 f 后面要接压缩后的文件的名字（必备参数）
-p	保留备份数据的原本权限与属性，常用于备份重要的配置文件
-P	保留绝对路径

表 3-3 中最常用的选项为-z、-x、-c、-C、-v、-f。其中，-z 指明要操作的压缩文件为

gz 文件；-x 指明该命令执行的是解压缩操作；-c 指明该命令执行的是压缩操作；-C 指明解压缩目录；-v 指明在解压缩、压缩时在终端显示压缩文件中的各个文件名；-f 为 tar 命令操作文件时的必备参数。

（1）打包与压缩

命令格式：tar [选项（-cf 必备）] [目标文件名] [源文件名]

用法：打包与压缩操作由于拥有相同的操作参数-c，所以经常放在一起进行。Linux 中的打包文件一般是以 tar 结尾的，压缩的命令一般是以 gz 结尾的，打包并压缩后的文件的后缀名一般为 tar.gz。当然，如果想要单独进行打包操作而不进行压缩操作，只需在目标文件名处将后缀指定为 tar 即可，命令及运行结果如下：

```
[root@ahut01 ~]# tar -zcvf test.tar.gz /usr/*        #打包并压缩/usr 目录下的所有文件
tar: Removing leading '/' from member names
/usr/bin/
/usr/bin/env
/usr/bin/pinky
/usr/bin/fipscheck
/usr/bin/grotty
/usr/bin/piconv
/usr/bin/nl
/usr/bin/i386
/usr/bin/sha256sum
/usr/bin/addr2line
/usr/bin/curl
/usr/bin/id
```

（2）解压缩

命令格式：tar [选项（-xf 必备）] [源文件名] [-C] [目标地址]

用法：解压缩操作与打包、压缩操作相似，但要注意命令选项由-c 变成了-x。除此之外，如果不添加-C 选项，系统将在命令操作位置进行解压缩操作；如果添加了-C 选项与目标地址，系统将在指定位置进行解压缩操作。

示例：

```
[root@ahut01 ~]# mkdir /usr/test                在/usr 目录下创建 test 文件夹
[root@ahut01 ~]# tar -zxvf test.tar -C /usr/test     将刚才打包并压缩的文件解压缩至 test 文件夹中
```

其中，-C 选项及后续添加的目录用于确定解压缩操作的目标文件夹。

命令及运行结果如下：

```
[root@ahut01 ~]# mkdir /usr/test
[root@ahut01 ~]# tar -zxvf test.tar.gz -C /usr/test       #将 test.tar.gz 解压缩至/usr/test 文件夹中
usr/bin/
usr/bin/env
usr/bin/pinky
usr/bin/fipscheck
usr/bin/grotty
usr/bin/piconv
usr/bin/nl
```

注意：在 Linux 操作系统中安装软件的方式与 Windows 中有所不同。在 Linux 操作系统中，多数软件安装包为 tar.gz 文件及压缩文件。想要进行安装，只需在指定的目录下进行解压缩操作即可，如果软件涉及环境变量，还需要在环境变量中进行相应的配置。这点在 2.3 节有所体现。

4．查找命令

（1）grep 命令

grep 命令是一个强大的文本搜索工具，用于在文本中执行关键词搜索，并显示相匹配的结果。

命令格式：grep [选项] [文件]

用法：grep 命令相关选项如表 3-4 所示。

表 3-4　grep 命令相关选项

选项	作用
-c	只在终端输出匹配到的行的计数
-i	在查找时忽略英文字母大小写限制
-n	输出结果时显示行号
-v	显示不包含匹配文本的行（反选）

命令及运行结果如下：

```
[root@ahut01 ～]# grep -r update /etc   #查找/etc 目录下所有包括 update 的文件
/etc/sudoers:# Cmnd_Alias LOCATE = /usr/bin/updatedb
/etc/rc.d/rc6.d/K30postfix:# Script to update chroot environment
/etc/rc.d/rc6.d/K30postfix:CHROOT_UPDATE=/etc/postfix/chroot-update
/etc/rc.d/rc.sys init:update_boot_stage RCkernelparam
/etc/rc.d/rc.sys init:update_boot_stage RChostname
/etc/rc.d/rc.sys init:update_boot_stage RCmountfs
/etc/rc.d/rc.sys init:update_boot_stage RCswap
/etc/rc.d/rc:    update_boot_stage "$subsys"
/etc/rc.d/rc5.d/S80postfix:# Script to update chroot environment
```

（2）find 命令

find 命令用于在目录结构中搜索文件，并对搜索结果执行指定的操作。

find 默认搜索当前目录及其子目录，并且不过滤任何结果（也就是返回所有文件），将它们全都显示在屏幕上。

命令格式：find [查找路径] [寻找条件] [操作]

用法：find 命令相关选项如表 3-5 所示。

表 3-5　find 命令相关选项

选项	作用
-name	匹配名称
-perm	匹配权限
-type	匹配文件类型
-size	匹配文件大小

命令及运行结果如下：

```
[root@ahut01 ～]# find . -name "*.log" –ls       #在当前目录下查找以 log 结尾的文件
```

```
1441794   12 -rw-r--r--   1 root     root
[root@ahut01  ~]# find /root/ -perm 600          #查找/root/目录下权限为 600 的文件
/root/.ssh/id_rsa
/root/.ssh/id_dsa
/root/.mysql_history
/root/anaconda-ks.cfg
/root/.viminfo
/root/.bash_history
[root@ahut01  ~]# find . -type f -name "*.log"   #查找当前目录下以 log 结尾的普通文件
./install.log
[root@ahut01  ~]# find . -type d | sort          #查找当前所有目录并排序
.
./jdk1.8.0_181
./jdk1.8.0_181/jre
./jdk1.8.0_181/jre/lib
./jdk1.8.0_181/jre/lib/amd64
./jdk1.8.0_181/jre/lib/amd64/server
./.oracle_jre_usage
./.pki
./.pki/nssdb
./software
./.ssh
[root@ahut01  ~]# find . -size +100M             #查找当前目录下大于 100MB 的文件
./software/hadoop-2.6.5.tar.gz
./software/spark-2.3.1-bin-hadoop2.6.tgz
./software/jdk-7u67-linux-x64.rpm
./software/jdk-8u181-linux-x64.tar.gz
```

（3）locate 命令

locate 命令用于查找目标目录或数据库内符合条件的文件。在查找数据库内文件时，locate 让使用者可以快速搜寻某个路径，默认每天自动更新一次。为了避免使用 locate 查不到最新变动过的文件，可以在使用 locate 前先使用 updatedb 命令，手动更新数据库。

注意：如果是精简版 CentOS 系统，需要手动安装 locate 命令，终端提示中出现 Complete 则说明安装成功。安装命令如下：

```
[root@ahut01  ~]# yum -y install mlocate
```

如果使用 locate 命令时出现如下错误，可以输入 updatedb 来解决：

```
[root@ahut01  ~]# locate /etc/sh
locate: can not stat () `/var/lib/mlocate/mlocate.db': No such file or directory
[root@ahut01  ~]# updatedb
```

命令格式：locate [选项] [文件名]

用法：locate 命令相关选项如表 3-6 所示。

表 3-6 locate 命令相关选项

选项	作用
-b	匹配基本名称
-c	输出匹配到的数量
-d	使用指定数据库
-i	忽略英文字母大小写限制

命令及运行结果如下：

```
[root@ahut01 ~]# locate /etc/sh          #搜索 etc 目录下所有以 sh 开头的文件
/etc/shadow
/etc/shadow-
/etc/shells
[root@ahut01 ~]# locate pwd              #查找与 pwd 命令相关的所有文件
/bin/pwd
/etc/.pwd.lock
/lib/modules/2.6.32-431.el6.x86_64/kernel/drivers/watchdog/hpwdt.ko
/sbin/unix_chkpwd
/usr/bin/pwdx
/usr/lib64/cracklib_dict.pwd
```

（4）whereis 命令

whereis 命令用于定位可执行文件、源代码文件、帮助文件在文件系统中的位置。这些文件的属性应属于原始代码、二进制文件或帮助文件。

命令格式：whereis [选项] [文件]

用法：whereis 命令相关选项如表 3-7 所示。

表 3-7　whereis 命令相关选项

选项	作用
-b	只查找二进制文件
-m	只查找帮助文件
-s	只查找原始代码文件

命令及运行结果如下：

```
[root@ahut01 ~]# whereis ls              #查找与 ls 命令相关的所有文件
ls: /bin/ls /usr/share/man/man1/ls.1.gz
[root@ahut01 ~]# whereis -m bash         #查找 bash 命令的帮助文件
bash: /usr/share/man/man1/bash.1.gz
```

（5）which 命令

which 命令的作用是在 path 变量指定的路径中，搜索某个系统命令的位置，并且返回第一个搜索结果。

命令格式：which [文件]

示例：

```
[root@ahut01 ~]# which pwd    查找 pwd 命令所在路径
[root@ahut01 ~]# which java   查找 path 中 java 的路径
```

5．实例操作

实例 3-3　在用户根目录 ~/下创建新文件夹 stu，在 stu 内创建文件夹 stu1 与 stu2，在 stu1 内新建文件 stu1_info.txt，并写入下列内容：

```
Name    Sex  Grade
Bill    M    A
```

```
Nancy    F    A+
Adam     M    B
Charly   M    B-
```

操作如下。

（1）使用 mkdir 命令新建文件夹：

```
[root@ahut01  ~]# mkdir stu
[root@ahut01  ~]# cd stu
[root@ahut01  ~]# mkdir stu1 stu2
[root@ahut01  ~]# ls
stu1 stu2
```

（2）创建文件并写入内容：

```
[root@ahut01 stu]# cd stu1
[root@ahut01 stu1]# touch stu1_info.txt
[root@ahut01 stu1]# vim stu1_info.txt
```

（3）使用 touch 命令创建 txt 文件，并使用 vim 编辑器进行编辑：

```
Name     Sex  Grade
Bill     M    A
Nancy    F    A+
Adam     M    B
Charly   M    B-
~
```

实例 3-4 先将 stu1_info.txt 复制到 stu2 目录下，并将其改名为 stu2_info.txt，再输出 stu1_info.txt 的内容。

操作如下。

（1）将写入完毕的文件复制到 stu2 目录下，并修改文件名：

```
[root@ahut01 stu1]# cp ./stu1_info.txt  ~/stu/stu2
[root@ahut01 stu1]# mv ~/stu/stu2/stu1_info.txt  ~/stu/stu2/stu2_info.txt
[root@ahut01 stu1]# cd ../stu2
[root@ahut01 stu1]# ls -l
total 4
-rw-r--r-- 1 root root 57 Nov 18 19:37 stu2_info.txt
```

（2）输出 stu1_info.txt 的内容，cat 命令及运行结果如下：

```
[root@ahut01 stu2]# cd ../stu1
[root@ahut01 stu1]# cat ./stu1_info.txt
Name     Sex  Grade
Bill     M         A
Nancy    F         A+
Adam     M         B
Charly   M         B-
```

实例 3-5 先将 stu1_info.txt 打包压缩到 ~/ 目录下并解压缩，再删除 stu 文件夹，对 stu1_info.txt 的权限进行修改。

操作如下。

（1）将 stu1_info.txt 打包压缩到～/目录下，并在该目录下解压缩，tar 命令及运行结果如下：

```
[root@ahut01 stu1]# tar -zcvf  ～/grade.tar.gz ./stu1_info.txt
./stu1_info.txt
[root@ahut01 stu1]# tar -zcvf  ～/grade.tar.gz -C  ～/
./stu1_info.txt
[root@ahut01 stu1]# cd  ～/p0
[root@ahut01  ～]# ls -l
total 40
-rw-------.        1 root      root        900   Feb   15   2021    anaconda-ks.cfg
-rw-r--r--         1 root      root        179   Nov   18   19:43   grade.tar.gz
-rw-r--r--.        1 root      root        8815  Feb   15   2021    install.log
-rw-r--r--.        1 root      root        3384  Feb   15   2021    install.log.syslog
drwxr-xr-x         3 uucp      143         4096  Apr   25   2021    jdk1.8.0_181
drwxr-xr-x         2 root      root        4096  Apr   25   2021    software
drwxr-xr-x         4 root      root        4096  Nov   18   19:35   stu
-rw-r--r--         1 root      root        57    Nov   18   19:36   stu1_info.txt
```

（2）删除 stu 文件夹，并修改 stu1_info.txt 的权限为 777：

```
[root@ahut01  ～]# rm -rf ./stu
[root@ahut01  ～]# ls -l
total 36
-rw-------.     1   root  root  900    Feb    15   2021    anaconda-ks.cfg
-rw-r--r--      1   root  root  179    Nov    18   19:34   grade.tar.gz
-rw-r--r--  .   1   root  root  8815   Feb    15   2021    install.log
-rw-r--r--  .   1   root  root  3384   Feb    15   2021    install.log.syslog
drwxr-xr-x      3   uucp  143   4096   Apr    25   2021    jdk1.8.0_181
drwxr-xr-x      2   root  root  4096   Apr    25   2021    software
-rw-r--r--      1   root  root  57     Nov    18   19:36   stu1_info.txt
[root@ahut01  ～]# chmod 777 ./stu1_info.txt
[root@ahut01  ～]# ls -l
total 36
-rw-------.     1   root  root  900    Feb   15   2021    anaconda-ks.cfg
-rw-r--r--      1   root  root  179    Nov   18   19:34   grade.tar.gz
-rw-r--r--      1   root  root  8815   Feb   15   2021    install.log
-rw-r--r--      1   root  root  3384   Feb   15   2021    install.log.syslog
drwxr-xr-x      3   uucp  143   4096   Apr   25   2021    jdk1.8.0_181
drwxr-xr-x      2   root  root  4096   Apr   25   2021    software
-rwxrwxrwx      1   root  root  57     Nov   18   19:36   stu1_info.txt
```

3.3.4　系统工作命令

1．su 与 sudo

在 Linux 操作系统中，权限是极为重要的。不同用户拥有的权限范围也不一样。在 Linux 操作系统中有一类超级用户（root），它拥有系统最高权限，所有操作都不受限制。下面介绍如何使用命令进行不同用户之间的切换，以及如何获得 root 用户权限。

（1）su 命令

su 命令用于用户之间的切换，切换前的用户依然保持登录状态。如果是 root 向普通或虚拟用户切换则不需要密码；反之，普通用户切换到其他任何用户都需要密码验证。

命令格式：su [选项] [用户名]

示例：

```
[root@ahut01  ~]# su test        切换到 test 用户，但路径还是/root 目录
[root@ahut01  ~]# su - test      切换到 test 用户，路径变成/home/test
[root@ahut01  ~]# su            切换到 root 用户，但路径还是原来的路径
[root@ahut01  ~]# su -          切换到 root 用户，并且路径是/root
[root@ahut01  ~]# exit          退出并返回之前的用户
```

（2）sudo 命令

sudo 命令是为所有想使用 root 权限的普通用户设计的,可以让普通用户临时具有 root 权限，只需输入自己账户的密码即可。密码有 5 分钟的有效期，超过期限必须重新输入密码。

命令格式：sudo [命令]

注意：想要使用 sudo 命令，必须通过编辑/etc/sudoers 文件赋予使用权限，而且只有 root 用户使用 visudo 编辑才可以修改它。使用 visudo 有两个原因，一是能够防止两个用户同时修改它；二是它也能进行有限的语法检查。

进入 sudo 配置文件的命令为

```
[root@ahut01  ~]# vi /etc/sudoer
```

或者

```
[root@ahut01  ~]# visudo
```

修改示例：

```
hadoop    ALL=(ALL)    ALL 允许 hadoop 用户以 root 身份执行各种应用命令
hadoop    ALL=NOPASSWD:  /bin/ls, /bin/cat
                只允许 hadoop 用户以 root 身份执行 ls 、cat 命令，并且执行时免输密码
```

2．系统服务

在 Linux 操作系统中，开启、关闭、重启系统服务的命令格式为

```
service [服务] start
service [服务] stop
service [服务] restart
```

示例：

```
[root@ahut01  ~]# service iptables status   查看 iptables（防火墙）服务的状态
[root@ahut01  ~]# service iptables start    开启 iptables（防火墙）服务
[root@ahut01  ~]# service iptables stop     停止 iptables（防火墙）服务
[root@ahut01  ~]# service iptables restart  重启 iptables（防火墙）服务
```

3．网络管理

（1）主机名配置

```
[root@ahut01  ~]# vi /etc/sysconfig/network
        NETWORKING=yes
        HOSTNAME=ahut01
```

修改/etc/sysconfig/network 文件，可以为每台主机设置对应的主机名，便于主机之间进行访问与连接。

（2）IP 地址配置

```
[root@ahut01 ～]# vi /etc/sysconfig/network-scripts/ifcfg-eth0
```

修改 ifcfg-eth0 文件，可以确保主机拥有正确的 IP 地址，以此来实现网络服务相关操作。

（3）域名映射

/etc/hosts 文件用于在通过主机名进行访问时做 IP 地址解析。如果想访问一个主机名，就需要把这个主机名和它对应的 IP 地址写入 hosts 文件中。命令如下：

```
[root@ahut01 ～]# vi /etc/hosts
```

后续介绍完全分布式配置 Hadoop 环境时，需要用到 4 台主机，并且主机之间需要能够相互访问。为了建立主机之间的连接，需要在每台主机的/etc/hosts 文件中添加每个主机名与它的 IP 地址之间的映射。添加内容如下：

```
#### 在最后加上 ####
192.168.159.101   ahut01
192.168.159.102   ahut02
192.168.159.103   ahut03
192.168.159.104   ahut04
```

4．定时任务 crontab

crontab 是 Unix 和 Linux 操作系统中用于设置定时任务的命令。crontab 命令用于在固定间隔时间执行指定的系统指令或 shell 脚本。时间间隔的单位可以是分钟、小时、日、月、周或以上的任意组合。

crontab 安装命令如下：

```
[root@ahut01 ～]# yum install crontabs
```

服务操作说明如下：

```
[root@ahut01 ～]# service crond start      启动服务
[root@ahut01 ～]# service crond stop       关闭服务
[root@ahut01 ～]# service crond restart    重启服务
```

（1）命令格式

```
crontab [-u user] file
crontab [-u user] [ -e | -l | -r ]
```

选项说明：

-u user：设定某个用户的 crontab 服务。

file：file 是命令文件的名字，表示将 file 作为 crontab 的任务列表文件并载入 crontab。

-e：编辑某个用户的 crontab 文件内容。如果不指定用户，则表示编辑当前用户的 crontab 文件。

-l：显示某个用户的 crontab 文件内容。如果不指定用户，则表示显示当前用户的 crontab 文件内容。

-r：删除定时任务配置，从/var/spool/cron 目录中删除某个用户的 crontab 文件，如果不指定用户，则默认删除当前用户的 crontab 文件。

示例：

[root@ahut01 ～]# crontab file -u root	用指定的文件替代 root 用户目前的 crontab 文件
[root@ahut01 ～]# crontab -l -u root	列出 root 用户目前的 crontab 文件内容
crontab -e -u root	编辑 root 用户目前的 crontab 文件内容

（2）配置说明、实例

crontab 文件配置格式：minute　　hour　　day　　month　　week　　command

其中：

minute 表示分钟，可以是 0 到 59 之间的任何整数；

hour 表示小时，可以是 0 到 23 之间的任何整数；

day 表示日期，可以是 1 到 31 之间的任何整数；

month 表示月份，可以是 1 到 12 之间的任何整数；

week 表示星期几，可以是 0 到 7 之间的任何整数，0 或 7 代表星期日。

command 是要执行的命令，可以是系统命令，也可以是自己编写的脚本文件。

在以上各个字段中，还可以使用以下特殊字符。

星号（*）：代表所有可能的值，例如，month 字段如果是星号，则表示在满足其他字段的制约条件后每月都执行该命令。

逗号（,）：用逗号隔开的值指定一个列表范围，如 1,2,5,7,8,9。

短横线（-）：整数之间的短横线表示一个整数范围，例如，2-6 表示 2,3,4,5,6。

正斜线（/）：用正斜线指定时间的间隔频率，例如，0-23/2 表示每两小时执行一次。同时，正斜线可以和星号一起使用，例如，*/10，如果用在 minute 字段中，表示每十分钟执行一次。

示例：

[root@ahut01 ～]# crontab -e	先打开定时任务所在的文件
*/1 * * * * date >> /root/date.txt	每分钟执行一次 date 命令
30 21 * * * service httpd restart	每晚的 21:30 重启 apache
45 4 1,10,22 * * service httpd restart	每月 1、10、22 日的 4:45 重启 apache
10 1 * * 6,0 service httpd restart	每周六、周日的 1:10 重启 apache
0,30 18-23 * * * service httpd restart	每天 18:00 到 23:00 之间每隔 30 分钟重启 apache
* 23-7/1 * * * service httpd restart	晚上 23 点到早上 7 点之间每隔一小时重启 apache

3.3.5　其他常见命令

1. 查看系统进程状态 ps

命令格式：ps [选项]

用法：ps 命令相关选项如表 3-8 所示。

示例：

[root@ahut01 ～]# ps -ef	查看所有正在运行的进程

后面会使用特定的进程、端口开启某些服务。在开启服务前，可以使用 ps 命令查看进程、端口是否被占用，以确保服务正常启动。

表 3-8　ps 命令相关选项

选项	作用
-a	显示所有进程
-u	显示用户及其他详细信息
-x	显示没有控制终端的进程
-e	与-a 相同
-f	显示 uid、pid、父 pid 和相关命令

2．结束进程 kill

命令格式：kill [选项] [进程 PID]

示例：

```
[root@ahut01 ～]# kill 3268              结束 PID 为 3268 的进程
[root@ahut01 ～]# kill -9 3268           强制结束 PID 为 3268 的进程
```

3．网络通信命令

（1）ifconfig：查看网卡信息

命令格式：ifconfig 或 ifconfig | more

示例：

```
[root@ahut01 ～]# ifconfig                    #使用 ifconfig 命令查看网卡信息
eth2      Link encap:Ethernet   HWaddr   00:0C:29:66:D3:27
          inet addr:192.168.43.101  Bcast:192.168.43.255  Mask:255.255.255.0
          inet6 addr: fe80::20c:29ff:fe66:d327/64 Scope:Link
          UP BROADCAST RUNNING MULTICAST   MTU:1500   Metric:1
          RX packets:193 errors:0 dropped:0 overruns:0 frame:0
          TX packets:152 errors:0 dropped:0 overruns:0 carrier:0
          collisions:0 txqueuelen:1000
          RX bytes:33955 (33.1 KiB)   TX   bytes:25332 (24.7 KiB)
lo        Link encap:Local Loopback
          inet addr:127.0.0.1   Mask:255.0.0.0
          inet6 addr: ::127.0.0.1   Scope:Host
          UP LOOPBACK RUNNING MTU:16436 Metric:1
          RX packets:0 errors:0 dropped:0 overruns:0 frame:0
          TX packets:0 errors:0 dropped:0 overruns:0 carrier:0
          collisions:0 txqueuelen:0
          RX bytes:0 (0.0b)   TX   bytes:0 (0.0b)
```

（2）ping：查看与某台机器的连接情况

命令格式：ping [地址]

后面会建立多台主机的连接。在完成每台主机的网络配置后，可以通过 ping 命令来检查各台主机之间能否相互连通。

（3）netstat -an：查看当前系统端口

命令格式：netstat -an

（4）搜索指定端口

命令格式：netstat -an | grep 8080

（5）配置网络

命令格式：setup

4．下载安装命令

（1）yum 软件仓库

在 Linux 操作系统中，有时需要安装系统未自带的软件（如 vim 文本编辑器）。这时可以使用 yum 命令，利用 yum 软件仓库快速安装。

命令格式：yum install [软件名]

示例：

```
[root@ahut01  ~]# yum install vim                    安装 vim
[root@ahut01  ~]# yum remove vim                     卸载 vim
```

yum 命令安装结果如下：

```
[root@ahut01  ~]# yum install vim                    #使用 yum 命令安装 vim
Setting up Install Process
Resolving Dependencies
--> Running transaction check
---> Package vim-enhanced.x86_64 2:7.4.629-5.el6_10.2 will be installed
--> Finished Dependency Resolution
Dependencies Resolved
===========================================================================
package                      Arch                              version
===========================================================================
Installing:
 vim-enhanced                 x86_64                 2:7.4.629-5.el6_10.2
Transacyion Summary
===========================================================================
Install        1   Package(s)
Total download size: 1.0 M
Installed size: 2.2 M
Is this ok [y/N]: y
Downloading Packages:
vim-enhanced-7.4.629-5.el6_10.2.x86_64.rpm
Running rpm_check_debug
Running Transaction Test
Transaction Test Succeeded
Running Transaction
  Installing : 2:vim-enhanced-7.4.629-5.el6_10.2.x86_64
  Verifying : 2:vim-enhanced-7.4.629-5.el6_10.2.x86_64
Installed:
  vim-enhanced.x86_64 2:7.4.629-5.el6_10.2
Complete!
```

（2）文件下载工具 wget

wget 命令用来从指定的 URL 下载文件。wget 非常稳定，即使带宽很窄或网络不稳定也有很强的适应性。如果是由于网络而下载失败，wget 会不断尝试，直至整个文件下载完毕。如果服务器打断下载过程，它会再次连接到服务器从被打断的地方继续下载。它可以轻松处理那些从限定连接时间的服务器上下载大文件的进程。

命令格式：wget [选项] [URL 地址]

3.4　虚拟机的使用

　　学习大数据，首先需要完成的是平台的搭建。而操作环境经常需要多台主机之间进行通信和切换。在个人学习过程中，很难有这么多主机。因此，虚拟机提供了一种在一台计算机上搭建多台主机进行分布式环境构建的条件。本书已经配置好了分布式的大数据技术框架环境资源，包括后续学习的 Hadoop、YARN、MySQL、ZooKeeper、Hive、HBase、Spark。建议第一遍学习的时候，先自己学习配置，完成每个环节过程。给出的镜像文件有快照还原点，随着学习的深入，后面可以直接导入镜像稍加修改，进行数据分析操作。

　　本节简单介绍 ahut 镜像文件的基本操作流程，主要包括虚拟镜像的导入、Linux 用户登录、网卡地址修改等，更加详细的步骤及相关配置命令可查看配套的在线文档。

　　（1）下载 ahut 镜像文件并解压缩。

　　（2）打开 VMware Workstation 软件，在菜单栏选择"文件"→"打开"命令（快捷键：Ctrl + O），选择要导入的虚拟机文件 ahut.vmx。

　　（3）若操作失败，可以使用扫描虚拟机的方式导入；若操作成功，则跳到步骤（4）。

　　（4）为了方便后续的实验操作，将固定虚拟机 IP 地址范围，具体步骤如下：

　　① 在菜单栏选择"编辑"→"虚拟网络编辑器"→"更改设置"命令（此处需提供管理员权限）；

　　② 单击"NAT 模式"选项卡的"VMnet8"按钮，修改子网 IP 地址为 192.168.159.100；

　　③ 单击"NAT 设置"选项卡，修改网关 IP 地址为 192.168.159.2，保存即可。

　　（5）开启此虚拟机，耐心等待启动，直至界面提示输入用户名和密码如下。

用户名：root

密码：hadoop

成功登录虚拟机，接着开始配置虚拟机的网络。

　　（6）输入 cd /etc/sysconfig/network-scripts/，进入网络配置目录。

　　（7）输入 vi ifcfg-eth0，编辑 IP 地址等信息。

　　（8）按 I 键，进入 vi 的编辑模式，修改 IPADDR=192.168.159.100，GATEWAY=192.168.159.2。

　　（9）修改完毕后，按 Esc 键并输入 :wq，按回车键保存修改并退出。

　　（10）输入 service network restart，重启网络服务，提示 OK 则为修改成功。

　　（11）若提示 Device eth0 does not seem to be present，则需要修改网卡名称；若没有提示信息，则跳过该步骤。

　　（12）输入 ping www.baidu.com，若成功 ping 通，则说明网络配置完成。

3.5　远程登录工具配置

　　MobaXterm 又名 MobaXVT，是 Windows 中的一款增强型终端。该软件支持 SSH、VNC、FTP 等连接方式，连接 SSH 终端后可使用 SFTP 传输文件，支持语法高亮。为简化实验过程中对各台主机的操作，本书将使用 MobaXterm 软件连接虚拟机进行管理维护。初学者可在 MobaXterm 官网下载软件，该软件有便携版（Portable Edition）和安装版（Installer

Edition），下载时可自由选择。在安装软件时，注意安装路径不要包含中文，避免软件运行时出现错误。通过 MobaXterm，我们可以实现在 Windows 操作系统内同时登录、操作多台虚拟机设备。主要安装与使用过程如下，更加详细的步骤及相关配置命令可查看配套的在线文档。

（1）下载并安装 MobaXterm，安装完成后打开软件。

（2）单击左上角"Session"按钮，在弹出的对话框中单击"SSH"选项卡，切换到 SSH 配置界面，输入远程主机 IP 地址。

（3）保存配置后，根据提示输入账号与密码，远程登录主机（确保主机处于开机状态）。

（4）登录成功后，输入相应的命令对虚拟机进行操作。使用远程工具能够同时建立与多台虚拟机的连接，方便完全分布式部署的实验操作，也可以便捷地使用鼠标完成 Windows 本地的文件和当前虚拟机的文件之间的上传、下载操作。

3.6 Hadoop 伪分布式安装和使用

3.6.1 环境配置

本节将要完成的 Hadoop 伪分布式环境配置如表 3-9 所示。

表 3-9 Hadoop 伪分布式环境配置

操作节点	ahut
SSH	使用 SSH 实现免密登录
JDK	版本为 1.7.0
Hadoop	版本为 2.6.5

3.6.2 配置 SSH 免密登录

（1）输入 ssh localhost，出现提示信息后输入 yes 并按回车键。

（2）根据提示输入密码 hadoop，出现"Last Login"信息表示登录成功。

（3）输入 ssh-keygen -t dsa -P " -f ～/.ssh/id_dsa，生成密码。

（4）输入 cat ～/.ssh/id_dsa.pub >> ～/.ssh/authorized_keys。

（5）输入 ssh localhost，此时不需要输入密码即可成功登录。

3.6.3 配置 JDK

从本节开始，所有的命令操作都在 MobaXterm 软件中进行。通过 MobaXterm 软件，将 jdk-7u67-linux-x64.rpm 安装包上传到虚拟机 ahut 的/root/software 文件夹中，步骤如下。

（1）输入 cd software，进入 JDK 安装包目录。

（2）输入 rpm -i jdk-7u67-linux-x64.rpm，安装 JDK。

（3）输入 vi + /etc/profile，配置环境变量。

（4）在文档末尾追加 export JAVA_HOME=/usr/java/jdk1.7.0_67 和 PATH=$PATH:$JAVA_HOME/bin，保存并退出。

（5）输入 source /etc/profile，更新配置文件。

（6）输入 jps，出现 JPS 进程说明 JDK 配置成功。

3.6.4　Hadoop 伪分布式配置

下面仅介绍大致的安装步骤与命令，更加详细的步骤及相关的配置内容，可查看配套的在线文档。

（1）输入 mkdir -p /opt/ahut，新建/opt/ahut 文件夹。

（2）输入 tar xf hadoop-2.6.5.tar.gz -C /opt/ahut/，解压缩 Hadoop 安装包。

（3）输入 vi + /etc/profile， 配置环境变量。

（4）在 export JAVA_HOME 这行下，添加 export HADOOP_HOME=/opt/ahut/hadoop-2.6.5，并在 PATH 后追加 :$HADOOP_HOME/bin:$HADOOP_HOME/sbin（不要忽略冒号）。

（5）输入 source /etc/profile，更新环境变量。

（6）输入 cd /opt/ahut/hadoop-2.6.5/etc/hadoop，进入 Hadoop 配置文件所在的目录。

（7）输入 vi hadoop-env.sh，修改 Hadoop 的环境配置。

（8）找到 export JAVA_HOME=${JAVA_HOME}，并修改为 export JAVA_HOME=/usr/java/jdk1.7.0_67，用同样的方法修改 mapred-env.sh 和 yarn-env.sh 中的 JAVA_HOME 为/usr/java/jdk1.7.0_67。

（9）输入 vi core-site.xml，修改 Hadoop 的核心参数。在<configuration>标签中间加入配置信息。

（10）输入 vi hdfs-site.xml，修改 HDFS 的环境配置，在<configuration>标签中间加入配置信息。

（11）输入 vi slaves，指定 DataNode 所在的节点，将 localhost 修改为 ahut。

（12）输入 hdfs namenode -format，执行 HDFS 格式化。

（13）若出现错误 Unable to determine address of the host-falling back to "localhost" address，是因为 hostname 不对应，解决方法如下。

① 输入 vi /etc/sysconfig/network，将文件中的 HOSTNAME 值修改为 ahut。

② 输入 vi /etc/hosts，在文件中添加 ahut 虚拟机的 IP 地址和主机名 192.168.159.100 ahut。

③ 输入 hdfs namenode -format，重新执行格式化。

（14）输入 start-dfs.sh，启动 HDFS，并按照提示输入 yes。

（15）输入 jps，查看当前的进程，出现 NameNode、DataNode 和 SecondaryNameNode 进程，说明 Hadoop 伪分布式配置成功。

启动 Hadoop 后出现了 DataNode、NameNode、SecondaryNameNode 三个结点进程。其中，DataNode 负责提供来自文件系统客户端读和写的请求，受客户端或 NameNode 的调度，并且定期向 NameNode 发送通过心跳机制存储的块的列表（每个从节点运行一个 DataNode，此处伪分布式配置中 ahut 既是主节点也是从节点）；NameNode 负责管理文件系统的命名空间，并记录每个文件中各个块所在的数据节点信息（每个主节点运行一个 NameNode）；为了避免 edits 文件过大，以及缩短 NameNode 启动时恢复元数据的时间，需要定期地将 edits 文件合并到 fsimage 文件中，该合并过程称为 checkpoint。由于 NameNode 的负担比较重，因此 Hadoop 引入了 SecondaryNameNode 来负责 I/O 密集型的文件合并操作。

（16）输入 stop-dfs.sh，关闭 HDFS 服务。

（17）如果输入 jps 后，发现进程中没有出现 DataNode 进程，解决方法如下。

① 输入 stop-dfs.sh，关闭 HDFS 服务。

② 查询 core-site.xml 中的 hadoop.tmp.dir 配置项，发现值为/var/ahut/hadoop/pseudo。

③ 输入 rm -rf /var/ahut/hadoop/pseudo，删除临时文件夹。

④ 输入 hdfs namenode -format，再次格式化 HDFS。

⑤ 输入 start-dfs.sh 和 jps，可以看到 DataNode 进程成功启动。

3.6.5 运行 WordCount 实例

本节涉及 HDFS 的 Shell 命令，关于 Shell 命令的详细介绍可参考 4.3 节。

（1）在 HDFS 中新建名为 input 的目录，命令如下：

```
[root@ahut ahut]# hdfs dfs -mkdir -p input
```

（2）将 etc/hadoop 下所有的 xml 类型文件上传到 HDFS 中的 input 目录下，命令如下：

```
[root@ahut ahut]# hdfs dfs -put /opt/ahut/hadoop-2.6.5/etc/hadoop/*.xml input
```

（3）查看 HDFS 中 input 目录下的文件，命令如下：

```
[root@ahut ahut]# hdfs dfs -ls input/
Found 8 items
-rw-r--r--   1 root supergruop      4436    2021-04-29   01:17   input/capacity-scheduler.xml
-rw-r--r--   1 root supergruop       977    2021-04-29   01:17   input/core-site.xml
-rw-r--r--   1 root supergruop      9683    2021-04-29   01:17   input/hadoop-policy.xml
-rw-r--r--   1 root supergruop       973    2021-04-29   01:17   input/hdfs-site.xml
-rw-r--r--   1 root supergruop       620    2021-04-29   01:17   input/httpfs-site.xml
-rw-r--r--   1 root supergruop      3523    2021-04-29   01:17   input/kms-acls.xml
-rw-r--r--   1 root supergruop      5511    2021-04-29   01:17   input/kms-site.xml
-rw-r--r--   1 root supergruop       690    2021-04-29   01:17   input/yarn-site.xml
```

（4）运行 WordCount 实例，并将结果保存至 output 文件夹，命令如下：

```
[root@ahut ahut]# hadoop jar
/opt/ahut/hadoop-2.6.5/share/hadoop/ mapreduce/hadoop-mapreduce-examples-2.6.5.jar wordcount
input output
```

部分运行结果如下：

```
22/04/18 04:29:27 INFO mapred.LocalJobRunner: reduce task executor complete.
22/04/18 04:29:28 INFO mapreduce.Job: map 100% reduce 100%
22/04/18 04:29:28 INFO mapreduce.Job: Job Job_local1397369570_0001 complete successfully
22/04/18 04:29:28 INFO mapreduce.Job: Counters: 38
         File System Counters
               FILE: Number of bytes read=2722251
               FILE: Number of bytes written=5167963
               FILE: Number of read operations=0
               FILE: Number of large read operations=0
               FILE: Number of write operations=0
               HDFS: Number of bytes read=195368
               HDFS: Number of bytes written 10234
               HDFS: Number of read operations=127
               HDFS: Number of large read operations=0
               HDFS: Number of write operations=11
```

（5）查看 output 目录下的文件，命令及结果如下：

```
[root@ahut ahut]# hdfs dfs -ls output/
```

```
Found 2 items
-rw-r--r--   1 root supergroup          0     2021-04-29 01:51 output/_SUCCESS
-rw-r--r--   1 root supergroup      10234     2021-04-29 01:51 output/part-r-00000
```

（6）查看输出结果，命令及结果如下：

```
[root@ahut ahut]# hdfs dfs -cat output/*
"*"        18
"AS        8
"License");        8
"alice,bob        18
&quot;kerberos&quot;.        1
&quot;simple&quot;;        1
'HTTP/'     1
'none'     1
'random'        1
```

3.7　本章思维导图

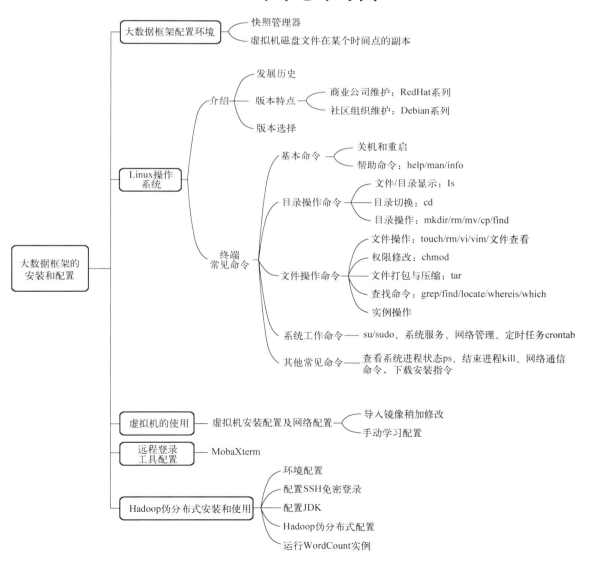

3.8 习　　题

1. 举例说明 Linux 终端常见命令。
2. 说明 cat、more、less、head、tail 文件查看命令的区别。
3. Linux 十位权限的每一位分别代表什么含义？
4. 举例说明常见的 Linux 文件权限种类。
5. vi/vim 编辑器的三种运行模式是什么？
6. 在 Linux 操作系统中，超级用户（root）与普通用户有什么区别？
7. 掌握虚拟机的使用。
8. 掌握 Hadoop 伪分布（单机版）配置过程和原理。
9. Hadoop 启动后，DataNode、NameNode、SecondaryNameNode 进程分别有什么作用？
10. 简述 Hadoop 环境的优点。
11. 掌握 MapReduce 的主要思想与工作原理。
12. 掌握用 Hadoop 执行 WordCount 实例的运行方法。
13. Linux 有哪些常用的不同版本？各版本的特点分别是什么？

第 2 篇　大数据管理篇

第 4 章　HDFS

随着互联网的发展，日常生活和工作中的数据量越来越大，越来越多的文件和数据需要存储到系统管理的磁盘中，而单机已经不能满足大量的文件存储需求；传统的单机版数据格式也不满足分布式大数据处理框架的要求。因此迫切需要一种允许多主机、多用户通过网络分享文件和存储空间的文件管理系统，这就是分布式文件系统。前面介绍的 Hadoop 伪分布式的配置和使用，为大数据分析使用提供了基础性的平台支撑。本章在 Hadoop 大数据框架搭建完成的基础上，介绍 HDFS 的文件操作。今后的很多数据分析过程都会先把数据文件迁移到 Hadoop 平台上，转为 HDFS 格式，再进行数据分析工作。

本章主要涉及以下知识点：

➢ HDFS 的运行模式
➢ HDFS 的特点和优缺点
➢ HDFS 的读写文件流程
➢ 基于 Shell 的 HDFS 操作
➢ 基于 Java API 的 HDFS 操作

4.1　引　　言

本章简单介绍 HDFS 的常用 Shell 命令及 Java API 的应用。其中，需要使用虚拟机镜像的有 4.3 节、4.4 节及 4.5 节，快照还原节为 ahut-4，如图 4-1 所示。本书后面编写的代码，基本是在 Windows 本地编程的，需要执行程序操作时，才把代码放到部署好的大数据集群环境中运行。本地和集群的交互通过 MobaXterm 软件连接虚拟机进行管理维护。

本章的所有实验操作内容，将在 ahut 节点上进行。本章的学习任务主要是熟悉掌握 HDFS 的基本操作，除了在学习 HDFS 的 Java API 时向虚拟机中上传了测试文件，镜像的实验环境并没有发生太大的改变。同时，初学者需要在本地环境中配置 Eclipse 软件。

图 4-1　快照还原点

4.2　HDFS 基础知识

Hadoop 是由 Apache 基金会开发的分布式系统基础架构，是利用集群对大量数据进行分布式处理和存储的软件框架。用户可以在不了解底层细节的情况下，在 Hadoop 集群上开发和运行处理海量数据。Hadoop 有高可靠、高扩展、高效性、高容错等优点。HDFS 为海量的数据提供了存储，MapReduce（一种分布式计算框架）为海量的数据提供了计算。Hadoop 的运行模式分为 3 种：本地模式、伪分布式模式、完全分布式模式。

1．本地模式

本地模式是指在单机上运行 MapReduce 程序，无须分布式文件系统，直接读写本地操作系统中的文件系统。在本地模式中，没有守护进程存在，所有进程都运行在同一个 JVM 中。本地模式主要适用于 MapReduce 程序的开发阶段，用于调试和运行。

2．伪分布式模式

伪分布式模式模拟 Hadoop 的完全分布模式，但是在单台服务器上进行，使用线程模拟分布式，它不是真正的分布式。在这种模式下，所有守护进程（NameNode、DataNode、ResourceManager、NodeManager、SecondaryNameNode）都在同一台机器上运行。因此，Hadoop 集群只有一个节点，HDFS 中的块复制将限制为单个副本，secondary-master 和 slave 也将在本地主机上运行。虽然这种模式并非真正的分布式，但程序执行逻辑与完全分布式模式相同，因此常用于开发人员测试程序。第 3 章的部署测试 WordCount 实验就采用在单台服务器上进行的伪分布式模式。

3．完全分布式模式

完全分布式模式通常在生产环境中使用，使用多台主机组成 Hadoop 集群，Hadoop 守护进程运行在每台主机上。在这种模式下，集群中会有运行 NameNode、DataNode 和 SecondaryNameNode 的不同主机。主节点和从节点会分开，以实现完全分布式环境。

当数据量达到一定程度时，单台机器的存储容量就不足以满足需求，因此需要使用分布式文件系统（Distributed File System，DFS）将数据存储在多台机器上。通常，分布式文件系统由多台服务器组成，为用户提供访问服务，并具有备份和容错功能。物理资源的管理可能不直接连接在本地节点上，而是通过计算机网络连接到节点上，而非文件系统管理的物理存储资源则直接连接到本地节点上。分布式文件系统是由计算机集群中的多个节点构成的，如图 4-2 所示。Hadoop 分布式文件系统的节点分为两类：主节点（MasterNode），也称名称节点（NameNode）；从节点（SlaveNode），也称数据节点（DataNode）。可以看出，完全分布式模式才是真正的集群处理环境，这种模式极大保证了数据处理的稳定性。

HDFS 是 Hadoop 内置的分布式文件系统，使用 Java 语言实现，可横向扩展。HDFS 由一个名称节点和多个数据节点组成，采用主从结构模型。数据块副本可以在存储于不同数据节点的不同副本之间进行负载平衡，这有助于提高系统的性能和可靠性。名称节点负责管理文件系统的命名空间和客户端对文件的访问，是中心服务器。数据节点在集群中分布，一般每个节点（即每台主机）运行一个数据节点进程。每个数据节点上的数据实际上保存在本地的 Linux 文件系统中。在名称节点的统一调度下，数据节点完成处理文件系统客户端的读写请求，以及删除、创建和复制数据块等操作。

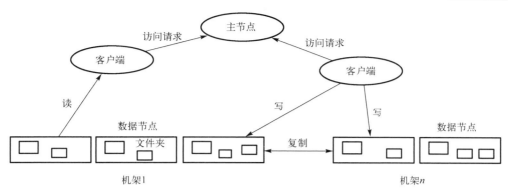

图 4-2　分布式文件系统结构图

4.2.1　HDFS 的特点

1．大数据集

HDFS 适合存储大量文件，总存储量可以达到 PB/EB 级别，单个文件大小一般在几百兆字节。

2．基于廉价硬件，容错率高

Hadoop 并不需要运行在价格昂贵且高可靠性的硬件上，可以直接运行在商用且价格实惠的硬件集群上。对庞大的集群来说，节点发生故障的概率还是非常高的。但是，由于 HDFS 有数据备份，它在遇到节点故障时能够在用户察觉不到明显中断的基础上继续运行，因此容错率比较高。

3．流式数据访问（一致性模型）

HDFS 的构建思路是，一次写入、多次读取是最高效的访问模式。数据集通常由数据源生成或从数据源复制而来。接着，长时间多次在此数据集上进行分析，每次分析都涉及该数据集的大部分甚至全部。

4．顺序访问数据

HDFS 适合处理批量数据，而不适合随机定位访问。

4.2.2　HDFS 的优缺点

1．HDFS 的优点

（1）高容错性：数据自动保存多个副本，副本丢失后自动恢复。

（2）适合批处理：对数据进行批量处理，对大量数据的处理而言效率较高。

（3）适合大数据处理：GB、TB 甚至 PB 级别数据，百万规模以上的文件数量，10k+ 节点。

（4）可构建在廉价机器上：通过增加副本提高可靠性，提供了容错和恢复机制。

2．HDFS 的缺点

（1）不适合低延时数据访问：寻址时间长，适合读取大文件，具备低延迟与高吞吐率。

（2）不适合小文件存取：占用 NameNode 大量内存，寻找时间超过读取时间。

（3）并发写入、文件随机修改：一个文件只能有一个写入者，仅支持 append（追加），不允许修改文件。

4.2.3　HDFS 的核心概念

1．数据块（Block）

每个磁盘都有默认的数据块大小，这是磁盘进行数据读/写的最小单位。HDFS 也有块的概念，在 HDFS 1.x 中默认数据块大小为 64MB，在 HDFS 2.x 中默认数据块大小为 128MB。与单一文件磁盘系统相似，HDFS 上的文件也被划分成相同块大小的多个分块（Chunk），作为独立的存储单元。但与面向单一文件磁盘系统不同的是，HDFS 中小于一个块大小的文件不会占据整个块的空间。

2．NameNode

NameNode 为 HDFS 集群的管理节点，一个集群通常只有一个 NameNode，它存储 HDFS 的元数据且一个集群只有一份元数据。NameNode 的主要功能是接收客户端的读写服务，NameNode 保存的 Metadata 信息包括文件 ownership、文件的 permissions，以及文件包括的 Block、Block 存储在哪个 DataNode 等信息。这些信息在启动后自动加载到内存中。

3．DataNode

DataNode 中文件的存储方式是按大小分成若干 Block，存储到不同的节点上，Block 的大小和副本数在客户端上传文件时设置，文件上传成功后副本数可以变更，Block 的大小不可变更。默认情况下每个 Block 都有 3 个副本。

4．SecondaryNameNode

SecondaryNameNode（简称 SNN），它的主要工作是帮助 NameNode 合并 edits，减少 NameNode 启动时间。SNN 执行合并时机如下：

- 根据配置文件设置的时间间隔 fs.checkpoint.period，默认 3600 秒；
- 根据配置文件设置 edits log 大小 fs.checkpoint.size，规定 edits 文件的最大值默认是 64MB。

5．元数据

元数据保存在 NameNode 的内存中，以便快速查询，主要包括 fsimage 和 edits。

- fsimage：元数据镜像文件（保存文件系统的目录树）。
- edits：元数据操作日志（针对目录树的修改操作）被写入共享存储系统中，如 NFS、JournalNode，内存中保存一份最新的元数据镜像（fsimage+edits）。

4.2.4　HDFS 执行流程

1．HDFS 读文件流程

主要步骤如下。

（1）客户端通过调用 Filesystem 对象的 open()方法打开要读取的文件，对 HDFS 来说，这个对象是 Distributed File System 的一个实例。

（2）Distributed File System 通过使用远程过程调用（RPC）来调用 NameNode。

（3）对每个块，NameNode 返回到存有该块副本的 DataNode 地址。如果该客户端本身是一个 DataNode，该客户端将会从包含相应数据块副本的本地 DataNode 读取数据。

（4）Distributedfilesystem 类返回一个 FSDataInputStream 对象给客户端并读取数据，FSDataInputStream 转而封装 DFSInputStream 对象，该对象管理着 DataNode 和 NameNode 的 I/O 接口，客户端对这个输入流调用 read()方法。

（5）存储文件起始几个块的 DataNode 地址的 DFSInputStream，接着会连接距离最近的文件中第一个块所在的 DataNode。通过反复调用数据流的 read()方法，实现将数据从 DataNode 传输到客户端。

（6）当快到达块的末端时，DFSInputStream 会关闭与该 DataNode 的连接，然后寻找下一个块最佳的 DataNode。

（7）当客户端从流中读取数据时，块是按照打开的 DFSInputStream 与 DataNode 新建连接的顺序读取的。它也会根据需要询问 NameNode，从而检索下一批数据块的 DataNode 的位置。一旦客户端完成读取，就调用 close()方法，如图 4-3 所示。

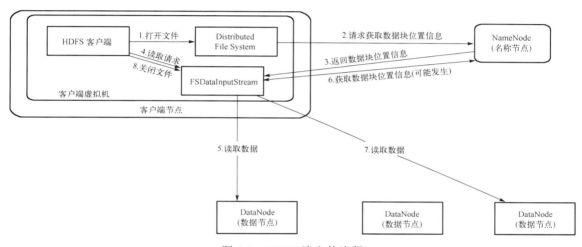

图 4-3　HDFS 读文件流程

2．HDFS 写文件流程

主要步骤如下。

（1）客户端调用 Distributed File System 对象的 create()方法创建文件。

（2）Distributed File System 会对 NameNode 创建一个 RPC 调用，在文件系统的命名空间中创建一个新文件。需要注意的是，此时该文件中还没有相应的数据块。

（3）NameNode 通过执行不同的检查来确保文件不存在且客户端有创建该文件的权限。如果检查都通过了，NameNode 就会为创建新文件写下一条记录；反之，抛出一个 I/O 异常。

（4）Distributed File System 向客户端返回一个 FSDataOutputStream 对象，这样客户端就可以写入数据了。与读取事件类似，FSDataOutputStream 封装一个 DFSOutputStream 对象，该对象负责处理 DataNode 和 NameNode 之间的通信。在客户端写入数据时，DFSOutputStream 将它分成一个个数据包，并且写入内部队列。

（5）DataStream 处理数据队列，它的任务是选出适合用来存储数据副本的一组 DataNode，并要求 NameNode 分配新的数据块。DataStream 会先将数据包流式传输到管线中的第一个 DataNode，再依次存储并发送给下一个 DataNode，直至存储完成。

（6）DFSOutputStream 维护着一个称为"确认队列"（ask queue）的内部数据包来等待 DataNode 的确认回执。

（7）客户端完成数据写入后，关闭数据流（文件），将剩余数据包刷入 DataNode 中并且等待回执，如图 4-4 所示。

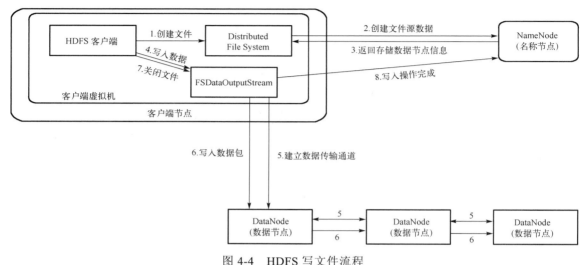

图 4-4　HDFS 写文件流程

4.3　HDFS 的常用 Shell 命令

 实例 4-1　HDFS 的常用 Shell 命令

（1）启动 HDFS，命令如下：

```
[root@ahut ~]# start-dfs.sh
Starting namenodes on [ahut]
ahut: starting namenode,logging to /opt/ahut/hadoop-2.6.5/logs/ hadoop-root-namenode-ahut.out
ahut: starting datanode,logging to /opt/ahut/hadoop-2.6.5/logs/ hadoop-root-datanode-ahut.out
Starting secondary namenodes [ahut]
ahut: starting secondarynamenode,logging to /opt/ahut/hadoop-2.6.5/ logs/hadoop-root-secondarynamenode-ahut.out
...
```

（2）查看 HDFS 支持的操作，命令如下：

```
[root@ahut ~]# hdfs dfs
Usage:hadoop fs [generic options]
        [-appendToFile<localsrc> ... <dst>]
        [-cat [-ignoreCrc] <src> ...]
        [-checksum <src> ...]
        [-chgrp [-R] GROUP PATH...]
        [-chmod [-R] <MODE[,MODE]... | 0CTALMODE> PATH...]
        [-chown [-R] [OWNER][:[GROUP]] PATH...]
```

```
[-copyFromlocal [-f] [-p] [-l] <localsrc> ... <dst>]
[-copyTolocal [-p] [-ignoreCrc] [-crc] <src> ... <localdst>]
[-count [-q] [-h] <path> ...]
[-cp [-f] [-p | -p[topax]] <src> ... <dst>]
[-createSnapshot <snapshotDir> [<snapshotNmae>]]
[-deleteSnapshot <snapshotDir> <snapshotNmae>]
[-df [-h] [<path> ...]]
[-du [-s] [-h] <path> ...]
```

（3）查看 HDFS 文件目录，命令如下：

```
[root@ahut ~]# hdfs dfs -ls /
Found 1 items
drwxr-xr-x   - root supergruop        0 2022-03-20 04:22 /user
```

（4）在这个根目录创建一个文件或目录，命令如下：

```
[root@ahut ~]# hdfs dfs -mkdir /myuser                #创建目录
[root@ahut ~]# hdfs dfs -ls /
Found 2 items
drwxr-xr-x   - root supergruop        0 2022-04-18 05:08 /myuser
drwxr-xr-x   - root supergruop        0 2022-03-20 04:22 /user
```

创建目录错误示例：

```
[root@ahut ~]# hdfs dfs -mkdir /myuser/hadoop/cmd
mkdir: `/myuser/hadoop/cmd': No such file or directory
[root@ahut ~]# hdfs dfs -mkdir -p /myuser/hadoop/cmd
[root@ahut ~]# hdfs dfs -ls /myuser/
Found 1 items
drwxr-xr-x - root supergroup        0 2022-04-18 05:09 /myuser/hadoop
[root@ahut ~]# hdfs dfs -ls /myuser/hadoop
Found 1 items
drwxr-xr-x - root supergroup        0 2022-04-18 05:09 /myuser/hadoop/cmd
```

（5）把本地文件 README.txt 上传到 HDFS 中，命令如下：

```
[root@ahut ~]# cd /opt/ahut/hadoop-2.6.5/
[root@ahut hadoop-2.6.5]# ls
bin  include  libexec      logs        README.txt  share
etc  lib      LICENSE.txt  NOTICE.txt sbin
[root@ahut hadoop-2.6.5]# hdfs dfs -copyFromLocal README.txt /myuser
[root@ahut hadoop-2.6.5]# hdfs dfs -ls /myuser
Found 2 items
-rw-r--r-- 1 root supergroup    1366 2022-04-18 05:11 /myuser/README.txt
drwxr-xr-x - root supergroup       0 2022-04-18 05:09 /myuser/hadoop
```

上传文件错误示例：

```
[root@ahut hadoop-2.6.5]# hdfs dfs -copyFromLocal README.txt /myuser
copyFromLocal: `/myuser/README.txt': File exists
[root@ahut hadoop-2.6.5]# hdfs dfs -copyFromLocal -f README.txt /myuser
```

（6）查看文件内容，命令如下：

```
[root@ahut hadoop-2.6.5]# hdfs dfs -cat /myuser/README.txt
```

```
For the latest information about hadoop, please visit our website at:
    http://hadoop.apache.org/core/
and our wiki, at:
    http://wiki.apache.org/hadoop/
This distribution includes cryptographic software. The country in
which you currentlyreside may have restrictions on the import,
...
if this is permitted. See<http://www.wassenaar.org/> for more information.
```

（7）用 put 方式代替 copyFromlocal 方式上传文件，命令如下：

```
[root@ahut hadoop-2.6.5]# hdfs dfs -put -f DEADME.txt /myuser
```

同时上传两个文件，命令如下：

```
[root@ahut hadoop-2.6.5]# hdfs dfs -put LICENSE.txt NOTICE.txt /myuser
[root@ahut hadoop-2.6.5]# hdfs dfs -ls /myuser
Found 4 items
-rw-r--r--   1 root supergroup   84853 2022-04-18 05:14 /myuser/LICENSE.txt
-rw-r--r--   1 root supergroup   14978 2022-04-18 05:14 /myuser/NOTICE.txt
-rw-r--r--   1 root supergroup   1366  2022-04-18 05:13 /myuser/README.txt
drwxr-xr-x   - root supergroup   0     2022-04-18 05:09 /myuser/hadoop
```

写入文件流，命令如下：

```
[root@ahut hadoop-2.6.5]# hdfs dfs -put - /myuser/put.txt
hello ahut
[root@ahut hadoop-2.6.5]# hdfs dfs -cat /myuser/put.txt
hello ahut
```

使用文件流的方式时，内容输入完成后按 Ctrl+D 组合键结束输入。

（8）下载 put.txt 文件，命令如下：

```
[root@ahut hadoop-2.6.5]# ls
bin   include  libexec       logs     README.txt  share
etc   lib      LICENSE.txt   NOTICE.txt  sbin
[root@ahut hadoop-2.6.5]# hdfs dfs -get /myuser/put.txt ./
[root@ahut hadoop-2.6.5]# ls
bin   include  libexec       logs     put.txt  sbin
etc   lib      LICENSE.txt   NOTICE.txt README.txt share
```

（9）创建文件，命令如下：

```
[root@ahut hadoop-2.6.5]# hdfs dfs -touchz /myuser/flag.txt
[root@ahut hadoop-2.6.5]# hdfs dfs -ls /myuser
Found 6 items
-rw-r--r-- 1 root supergroup   84853 2022-04-18 05:14 /myuser/LICENSE.txt
-rw-r--r-- 1 root supergroup   14978 2022-04-18 05:14 /myuser/NOTICE.txt
-rw-r--r-- 1 root supergroup   1366  2022-04-18 05:13 /myuser/README.txt
-rw-r--r-- 1 root supergroup   0     2022-04-18 05:17 /myuser/flag.txt
drwxr-xr-x - root supergroup   0     2022-04-18 05:09 /myuser/hadoop
-rw-r--r-- 1 root supergroup   11    2022-04-18 05:15 /myuser/put.txt
```

（10）将 flag.txt 文件移动到/myuser/hadoop 目录下，命令如下：

```
[root@ahut hadoop-2.6.5]# hdfs dfs -mv /myuser/flag.txt /myuser/hadoop
[root@ahut hadoop-2.6.5]# hdfs dfs -ls /myuser
Found 5 items
-rw-r--r-- 1 root supergroup    84853 2022-04-18 05:14 /myuser/LICENSE.txt
-rw-r--r-- 1 root supergroup    14978 2022-04-18 05:14 /myuser/NOTICE.txt
-rw-r--r-- 1 root supergroup    1366    2022-04-18 05:13 /myuser/README.txt
drwxr-xr-x - root supergroup    0       2022-04-18 05:18 /myuser/hadoop
-rw-r--r-- 1 root supergroup    11      2022-04-18 05:15 /myuser/put.txt
[root@ahut hadoop-2.6.5]# hdfs dfs -ls /myuser/hadoop
Found 2 items
drwxr-xr-x - root supergroup    0 2022 -04 -18 05:09 /myuser/hadoop/cmd
-rw-r--r-- 1 root supergroup    0 2022 -04 -18 05:17 /myuser/hadoop/flag.txt
```

（11）将 put.txt 文件权限改成 744，命令如下：

```
[root@ahut hadoop-2.6.5]# hdfs dfs -ls /myuser
Found 5 items
-rw-r--r-- 1 root supergroup    84853 2022-04-18 05:14 /myuser/LICENSE.txt
-rw-r--r-- 1 root supergroup    14978 2022-04-18 05:14 /myuser/NOTICE.txt
-rw-r--r-- 1 root supergroup    1366    2022-04-18 05:13 /myuser/README.txt
drwxr-xr-x - root supergroup    0       2022-04-18 05:18 /myuser/hadoop
-rw-r--r-- 1 root supergroup    11      2022-04-18 05:15 /myuser/put.txt/
[root@ahut hadoop-2.6.5]# hdfs dfs -chmod 744 /myuser/put.txt
[root@ahut hadoop-2.6.5]# hdfs dfs -ls /myuser
Found 5 items
-rw-r--r-- 1 root supergroup    84853 2022-04-18 05:14 /myuser/LICENSE.txt
-rw-r--r-- 1 root supergroup    14978 2022-04-18 05:14 /myuser/NOTICE.txt
-rw-r--r-- 1 root supergroup    1366    2022-04-18 05:13 /myuser/README.txt
drwxr-xr-x - root supergroup    0       2022-04-18 05:18 /myuser/hadoop
-rwxr--r-- 1 root supergroup    11      2022-04-18 05:15 /myuser/put.txt/
```

将文件夹权限修改为 777，命令如下：

```
[root@ahut hadoop-2.6.5]# hdfs dfs -ls /myuser/hadoop
Found 2 items
drwxr-xr-x - root supergroup    0 2022 -04 -18 05:09 /myuser/hadoop/cmd
-rw-r--r-- 1 root supergroup    0 2022 -04 -18 05:17 /myuser/hadoop/flag.txt
[root@ahut hadoop-2.6.5]# hdfs dfs -chmod -R 777 /myuser/hadoop/cmd
[root@ahut hadoop-2.6.5]# hdfs dfs -ls /myuser/hadoop
Found 2 items
drwxrwxrwx - root supergroup    0 2022 -04 -18 05:09 /myuser/hadoop/cmd
-rw-r--r-- 1 root supergroup    0 2022 -04 -18 05:17 /myuser/hadoop/flag.txt
```

（12）尝试列出文件命令的异同，命令如下：

```
[root@ahut hadoop-2.6.5]# hdfs dfs -ls /myuser/hadoop
Found 2 items
drwxrwxrwx - root supergroup    0 2022 -04 -18 05:09 /myuser/hadoop/cmd
-rw-r--r-- 1 root supergroup    0 2022 -04 -18 05:17 /myuser/hadoop/flag.txt
[root@ahut hadoop-2.6.5]# hdfs dfs -ls -h /myuser/hadoop
Found 2 items
drwxrwxrwx - root supergroup    0 2022 -04 -18 05:09 /myuser/hadoop/cmd
-rw-r--r-- 1 root supergroup    0 2022 -04 -18 05:17 /myuser/hadoop/flag.txt
[root@ahut hadoop-2.6.5]# hdfs dfs -ls -d /myuser/hadoop
drwxr-xr-x - root supergroup    0 2022-04-18 05:18 /myuser/hadoop
```

（13）查看文件大小，命令如下：

```
[root@ahut hadoop-2.6.5]# hdfs dfs -du /myuser
84853 /myuser/LICENSE.txt
14978 /myuser/NOTICE.txt
1366   /myuser/README.txt
0      /myuser/hadoop
11     /myuser/put.txt
[root@ahut hadoop-2.6.5]# hdfs dfs -du -h /myuser
82.9k /myuser/LICENSE.txt
14.6k /myuser/NOTICE.txt
1.3k   /myuser/README.txt
 0     /myuser/hadoop
11     /myuser/put.txt
[root@ahut hadoop-2.6.5]# hdfs dfs -du -h -s /myuser
98.8k /myuser
```

（14）查看 HDFS 的文件大小，命令如下：

```
[root@ahut hadoop-2.6.5]#hdfs dfs -df
Filesystem          Size        Used      Available    Use%
hdfs://ahut:8020    124504879104   266240 116543918080   0%
[root@ahut hadoop-2.6.5]#hdfs dfs -df -h
Filesystem          Size     Used     Available    Use%
hdfs://ahut:8020    116.0 G  260 k    108.5 G      0%
```

通过对比可以发现，HDFS 的命令与 Linux 命令相似，且文件目录结构都是目录树的结构。

4.4　Hadoop 中 HDFS 的 Web 管理界面

启动 ahut 虚拟机上的 HDFS 后，可以在本地浏览器中输入http://192.168.159.100:50070，访问 HDFS 的 Web 管理界面。为了实验过程更加直观，现将虚拟机的 IP 地址和其主机名添加到 Windows 下的 host 映射文件中，添加方法如下。

（1）在 Windows 主机中，进入 C:\Windows\System32\drivers\etc 目录，使用记事本打开 hosts 文件，并添加以下映射内容（其中各虚拟机 IP 地址根据终端命令#ifconfig 自行查看）：

```
# 伪分布式
192.168.159.100 ahut
# 完全分布式
192.168.159.101 ahut01
192.168.159.102 ahut02
192.168.159.103 ahut03
192.168.159.104 ahut04
```

若修改时遇到图 4-5 所示的问题（原系统文件不能修改文件保存类型为 txt 文件，单击"否"按钮），解决办法是，先把 hosts 文件复制到桌面上，用记事本打开它并进行修改，再将其剪切到 C:\Windows\System32\drivers\etc 目录下，使用管理员权限替换原有 hosts 文件即可，如图 4-6 所示。

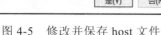

图 4-5　修改并保存 host 文件

图 4-6　替换 host 文件

（2）修改完毕后，按 Crtl+S 组合键保存并退出即可。在 CMD 命令行里运行 ping ahut，可以明显看到当前 ahut 代表的 IP 地址就是设置的 192.168.159.100。

设置好 hosts 文件后，便可以直接使用http://ahut:50070访问 ahut 上 HDFS 的 Web 管理界面，如图 4-7 所示。

Overview：信息总览页，可以查看主机的状态及集群的容量信息等。

Datanodes：节点信息页，可以浏览当前集群中各个节点的状态与信息。

Snapshot：快照信息页，可以浏览当前 HDFS 创建的快照备份。

Startup Progress：启动信息页，可以浏览 HDFS 的启动信息及其消耗时间。

Utilities/Browse the file system：文件系统页，可以查看 HDFS 中的文件夹和文件。

Utilities/Logs：日志详情页，可以快捷查询日志文件。

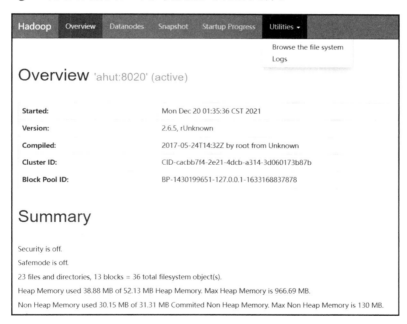

图 4-7　HDFS 的 Web 管理页面

4.5　基于 Java API 的 HDFS 操作

下面介绍如何使用 HDFS 的 Java API 实现如下操作：

● 在 HDFS 中创建文件夹；

● 上传本地文件到指定的 HDFS 文件夹中；
● 下载文件到本地。

4.5.1 实验环境配置

本节所涉及的环境配置信息如表 4-1 所示。

表 4-1　环境配置信息

镜像	CentOS 6.5
虚拟机	VMware16
JDK	1.7.0
Hadoop	2.6.5
Eclipse	Oxygen

前提：完成实例 3-3 或者转到图 3-2 所示的镜像处。

（1）开启 ahut 虚拟机后，输入 service iptables stop，关闭防火墙。关闭以后，可以输入 service iptables status，查看防火墙状态，结果如下。

```
[root@ahut ～]# service iptables status
iptables: Firewall is not running.
```

（2）输入 start-dfs.sh，启动 HDFS。

（3）通过 HDFS 的 Web 管理界面（http://ahut:50070），可以查询到端口号为 8020。

（4）将本书配套资源中的 hadoop-2.6.0.rar 文件解压缩到 Windows 主机的目录 D:\hadoop 下，并增加 Windows 系统变量 HADOOP_HOME，变量值为解压缩文件所在的 D:\hadoop，然后追加 %HADOOP_HOME%bin 到 Path 变量中。

（5）复制 D:\hadoop\bin 目录下的 hadoop.dll 和 winutils.exe 两个文件，到 C:\Windows\System32 目录下。

（6）打开 Eclipse 的安装目录，将 hadoop-eclipse-plugin-2.6.0.jar 复制到 Eclipse 安装目录（解压缩目录）中的 dropins 文件夹下。

（7）打开 Eclipse，依次选择"Windows"→"Preferences"→"Hadoop Map/Reduce"命令，选择 Hadoop 文件的解压缩位置。

（8）依次选择"Windows"→"Show Views"→"Other"命令，选择"Map/Reduce Locations"选项卡，右击"Map/Reduce Locations"选项卡，选择"New Hadoop location"命令，如图 4-8 所示。

（9）置好 ahut 的 IP 地址和 HDFS 的端口，如图 4-9 所示。

图 4-8　"New Hadoop location"命令

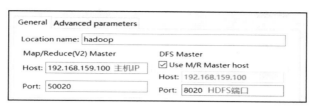

图 4-9　端口配置

（10）创建自定义包。

① 在 Windows 本地将 hadoop-2.6.5.tar.gz 解压缩到任一英文路径下。

② 在同一目录下新建 hadoop_jars 文件夹。

③ 进入目录 hadoop-2.6.5\share\hadoop，将除 httpfs 和 kms 文件外的所有文件夹下的 jar 包复制到 hadoop_jars 目录下。

④ 在 Eclipse 中顶部的工具栏依次选择"Window"→"Preference"命令，打开 "Preferences"对话框，如图 4-10 所示。单击"Add External JARs"按钮，将 hadoop_jars 下的所有 jar 包导入。

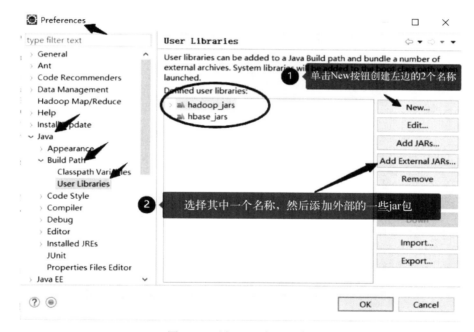

图 4-10　导入 jar 包对话框

⑤ 在 Eclipse 中创建一个新的项目，命名为 HDFS，导入相应的 jar 包。

⑥ 在 Windows 的 hosts 文件中增加以下内容，如已修改可忽略。

```
# 伪分布式
192.168.159.100 ahut
# 完全分布式
192.168.159.101 ahut01
192.168.159.102 ahut02
192.168.159.103 ahut03
192.168.159.104 ahut04
```

4.5.2 案例实现

 实例4-2 HDFS 的 Java API 操作

（1）初始化配置。创建包 team.ahut.hdfs，并创建类 HDFSHelper.java，导入需要的所有包，命令如下：

```
package team.ahut.hdfs;
import java.io.IOException;
public class HDFSHelper {
    //全局变量
    Configuration conf = null;
    FileSystem fs = null;
    /**
     * 初始化操作
     * @throws IOException
     */
    HDFSHelper() throws IOException {
        conf = new Configuration();
        conf.set("fs.defaultFS","hdfs://192.168.159.100:8020");
        System.setProperty("HADOOP_USER_NAME", "root");
        fs = FileSystem.get(conf);
    }
```

创建 HDFSHelper 文件的内容，命令如下：

```
    // 在 HDFS 中创建文件夹
    public boolean Mkdirs(String path) throws IOException {
        Path p = new Path(path);
        return fs.mkdirs(p);
    }

    // 上传文件到 HDFS 指定文件夹
    public boolean UploadFileToDFS(String src, String path) throws IOException {
        Path p = new Path(path);
        fs.copyFromLocalFile(new Path(src), new Path(path)); //通过 fs 上传
        return true;
    }

    //下载 HDFS 文件到本地
    public boolean DownloadFileFromDFS(String src, String dst) throws IOException {
        if(fs.exists(new Path(src))){
            fs.copyToLocalFile(false, new Path(src), new Path(dst), true);
            return true;
        }
        return false;
    }
}
```

（2）创建测试类 HDFSDemo.java，命令如下：

```
package team.ahut.hdfs；
public class HDFSDemo {
    public static void main(String[] args）throws Exception{
        //TODO Auto-generated method stub
        //创建 0p2DFS 对象
        HDFSHelper dfs = new HDFSHelper();
        //测试在 DFS 中创建文件夹
        String path = "/tmp";
        if(dfs.Mkdirs(path)){
            System.out.println("创建文件夹成功！");            }
        // 测试上传文件
        String src = "P:/BigData/uploadData.txt";
        if(dfs.UploadFileToDFS(src,path)){
            System.out.println("上传文件成功！");
        }else{
            System.out.println("上传文件失败！");
        }
        //测试下载文件
        if(dfs.DownloadFileFromDFS(path+"/uploadData.txt","P:/BigData/downloadData.txt")){
            System.out.println("下载文件成功！");
        }else{
            System.out.println("下载文件失败！");
        }
    }
}
```

（3）运行结果如图 4-11 所示。

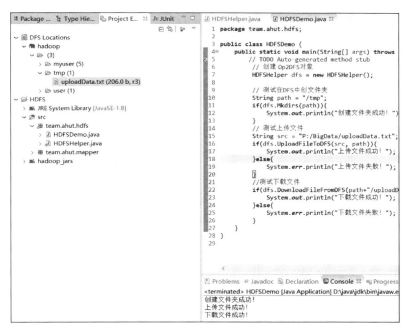

图 4-11　文件上传与下载结果

（4）如果在运行过程中出现错误"Call From */* to ahut:8020 failed on connection exception"，可增加以下内容到 ahut 的/etc/hosts 文件中：

| 192.168.159.100 | ahut |

保存修改后，重启 Hadoop 即可。

4.6 本章思维导图

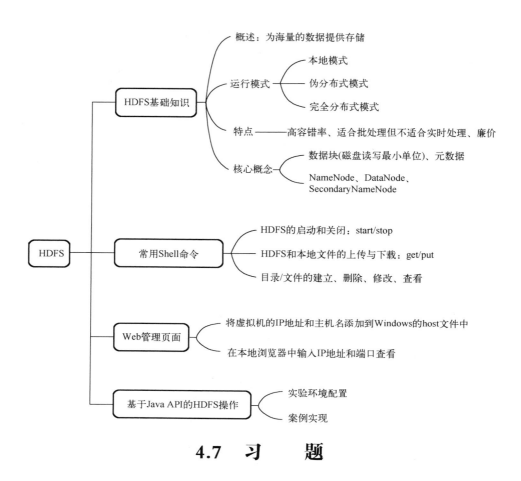

4.7 习 题

1. Hadoop 的优势是什么？
2. Hadoop 生态体系中，其他软件的作用分别是什么？
3. Hadoop 启动后，终端输入 JPS 命令，能看到哪些进程，各自作用是什么？
4. Hadoop 安装配置有哪几种模式？
5. Hadoop 伪分布式安装需要配置哪几个文件？
6. 使用 HDFS 的 Java API 前，需要进行哪些准备工作？
7. Hadoop 的常见 Shell 命令有哪些？
8. 描述 Hadoop 的文件读取过程。
9. 举例说明 Hadoop 的应用场景。

第 5 章　Hadoop 分布式计算模型

在实际大数据应用过程中，使用的是完全分布式的集群工作方式。本章主要介绍多节点分布式 Hadoop 的配置过程，尽量让读者有一个真实的应用环境。后续章节均在分布式环境下介绍应用，读者在实验时可以根据自己的能力选择性地搭建伪分布式或分布式操作环境。考虑到分布式的健壮性、可靠性，第 6、7 章还会介绍 ZooKeeper 和 YARN。对初学者来说，如果分布式搭建有困难，可以先把精力集中在后续的框架学习和数据分析上，等有了一定基础再学习搭建分布式环境。本章希望读者能把握 MapReduce 编程模型的思想和了解 Eclipse 开发环境的使用，后续很多编程工作都要用到此开发工具。本章最后给出一个 MapReduce 的编程综合实例，让读者体会大数据框架编程和传统编程的异同。

MapReduce 的编程模型受限于自身特点，近些年已有被 Hive、Spark 等技术取代的趋势。从演变和发展的过程来看，MapReduce 作为重要的技术底层原理，值得花费时间学习，但是可以不作为重点。

本章主要涉及以下知识点：
➤ Hadoop 完全分布式各节点的部署步骤
➤ Hadoop 分布式和伪分布式的区别
➤ MapReduce 编程模型原理
➤ 使用 Eclipse 编写 MapReduce 实例过程

5.1　完全分布式环境配置

前面使用的都是 Hadoop 伪分布式部署，在实际应用中，由于数据量非常庞大，光靠单节点的伪分布式部署模式，无法完全胜任这项任务。因此，实际应用中要将多个节点的计算能力集合在一起，这就是本章要完成的操作任务：完全分布式部署模式。

开始本章的操作任务前，需要准备 ahut01、ahut02、ahut03、ahut04 四个虚拟机镜像。在 5.2 节中，将从 ahut01 的快照还原点"ahut01-5"（如图 5-1 所示）及 ahut02、ahut03、ahut04 的快照还原点 ahut0X-5（X=1,2,3,4）开始，配置各虚拟机 IP 地址以建立通信，在 ahut01 上对 Hadoop 进行配置，然后分发给剩余节点。

在完成本章的操作任务后，将会得到一个 Hadoop 集群。其中，ahut01 为主节点，其余三个节点为从节点，所以大多数的操作只需要在 ahut01 上进行，然后将配置文件分发给各从节点即可。Hadoop 集群部署好后，将分别保存为各节点的快照还原点"ahut0X-6"，方便读者参考学习。如果读者在自行配置过程中遇到困难，可以直接还原到"ahut0X-6"，进入已经配置好的 Hadoop 集群实验环境中。

本章集群中各节点将会启动的进程如表 5-1 所示。

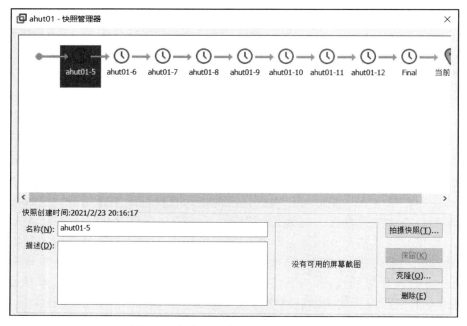

图 5-1　完全分布式部署的快照还原点

表 5-1　集群进程

节点	NameNode	DataNode	SecondaryNameNode
ahut01	√		
ahut02		√	√
ahut03		√	
ahut04		√	

表 5-1 中各进程的作用如下所述。

NameNode：是 HDFS 的管理节点，维护着整个系统的文件目录树及对应的元信息。

DataNode：提供对数据或文件的存储服务。

SecondaryNameNode：定期备份 fsimage，定期合并 fsimage 与 edit logs。

5.2　完全分布式配置步骤

本章使用四个节点来搭建集群环境，分别是 ahut01、ahut02、ahut03 和 ahut04，使用"一个主节点 NameNode+多个从节点 DataNode"的模式，步骤如下。

（1）虚拟机的导入。

打开 VMware WorkStation 软件，依次导入 ahut01、ahut02、ahot03、ahut04 四个虚拟机。在导入过程中，如果提示找不到文件，如图 5-2 所示，则单击"浏览"按钮，在打开的对话框中找到 Windows 本地存储的 ahut.vmx 文件并打开。

（2）集群 IP 地址的修改。

① 启动 ahut01 节点，使用 vi 编辑器打开/etc/sysconfig/network-scripts/ifcfg-eth0 文件。

② 修改 DEVICE 为 eth1，修改 IPADDR=192.168.159.101，GATEWAY= 192.168.159.2。

③ 输入 service network restart，保存并退出 vi 编辑器，重启网络服务使配置生效。

④ 输入 ifconfig，查看 ahut01 的 IP 地址，inet addr 显示为刚才配置的可通信的 IP 地址，即为成功。

⑤ 重复步骤①～步骤④，在 ahut02、ahut03、ahut04 上修改对应的 IP 地址，如果运行截图中的 IP 地址和表 5-2 中的不一样，以表 5-2 为准。

图 5-2　导入虚拟机错误提示信息

表 5-2　各节点的 IP 地址

节点名称	IP 地址
ahut01	192.168.159.101
ahut02	192.168.159.102
ahut03	192.168.159.103
ahut04	192.168.159.104

（3）用 MobaXterm 软件连接 ahut01、ahut02、ahut03、ahut04，操作界面如图 5-3 所示。

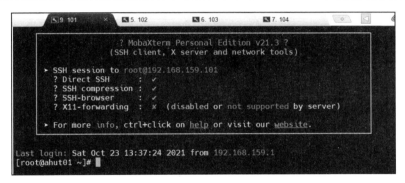

图 5-3　MobaXterm 软件操作界面

（4）输入 date -s "2022-02-22 22:22:22"，同步虚拟机时间（利用 MobaXterm 软件工具栏的 MultiExec 功能，在任一台虚拟机中输入命令，其余三台虚拟机可同步输入相同的命令）。

（5）输入 vi /etc/sysconfig/network，查看 HOSTNAME 的值是否与虚拟机主机名对应，若不同则需修正。

（6）输入 vi /etc/hosts，修改每个虚拟机的 hosts 文件，在 hosts 文件末尾追加四台虚拟机各自的 IP 地址。

（7）输入 vi /etc/sysconfig/selinux，将 SELINUX 的值设置为 disabled，修改 Linux 的权限管理机制。

（8）为每个节点配置 SSH 免密登录，以具体操作详见 3.6.2 节。配置完毕后，分别在四台虚拟机中运行 ssh localhost 命令，若不需要密码则配置成功。

（9）本集群以 ahut01 作为主节点，以其余三个节点作为从节点，为了命令的执行更加方便快捷，需要使 ahut01 能够免密登录其余三个节点，下面是为 ahut01 免密登录 ahut02 的配置步骤。

① 进入 ahut01 的 ssh 目录，生成密钥并将 id_dsa.pub 分发给 ahut02 节点。如果提示 "No such file or directory"，则需要到 ahut02 主机上创建 ssh 文件夹。

② 在 ahut02 中输入 ll .ssh/，查看密钥是否分发成功。

③ 密钥分发成功后，需要在 ahut02 中将 ahut01.pub 追加到 authorized_keys 中。内容追加后，即可在 ahut01 上远程免密登录 ahut02。

执行 ssh ahut02 命令后，命令行中的主机名从 ahut01 变为 ahut02，此时表示登录成功。若想退出 ahut02，返回 ahut01，可以使用 exit 命令退出 ahut02。

④ 重复执行步骤①～③，对 ahut03 和 ahut04 两个节点进行相同的配置。配置完毕后，只需要在 ahut01 主节点运行操作命令，就可实现对各个从节点的命令操作。注意，也要配置好 ahut01 免密登录本机。

（10）参考 3.6.3 节，在 ahut01、ahut02、ahut03 及 ahut04 上配置好 JDK。

（11）参考 3.6.4 节中的步骤（1）～步骤（8），在 ahut01 配置好 Hadoop 的伪分布式。

（12）Hadoop 的分布式安装不只是解压缩文件、运行启动命令这么简单，还需要将虚拟机的相关信息写入配置文件 core-site.xml、hdfs-site.xml、slaves 中，Hadoop 才能正常启动。下面修改配置文件。

① 进入 Hadoop 配置文件夹，修改 core-site.xml 配置文件。

② 修改 hdfs-site.xml 配置文件。

③ 修改 slaves 配置文件，将从节点设置为 ahut02、ahut03、ahut04。

（13）在 ahut01 中将 ahut 目录、profile 文件分发给其余三个节点。

（14）在四台虚拟机中更新 profile 文件使其生效（可使用 MultiExec 功能）。

（15）在 ahut01 节点对 HDFS 进行格式化。

（16）在保证前面的步骤没有出错后，输入 start-dfs.sh，就可以启动 Hadoop。

（17）这时可以在四个虚拟机中使用 jps 命令查看该节点的进程是否启动成功。

（18）可能出现的问题及解决方法如下。

问题：启动 HDFS 后，在 ahut02、ahut03、ahut04 中输入 jps 都没有 DataNode 进程。

原因：在启动 Hadoop 前，进行了多次格式化，导致 DataNode 的 ID 发生了变化。

解决方法：

① 删除 ahut02、ahut03、ahut04 中所有的 DataNode 信息，重新格式化再启动。

② 重复步骤（15），格式化后启动 HDFS，问题解决。

（19）快照保存。

实验完成后，保存快照并对四台主从机的快照分别命名为 ahut0X-6（X= 1,2,3,4）。对 ahut01 而言，快照保存如图 5-4 所示。

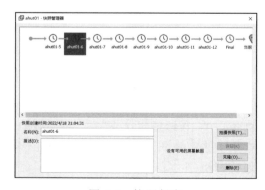

图 5-4　快照保存

5.3　MapReduce 计算模型

MapReduce 计算模型主要由三个阶段构成：Map、Shuffle、Reduce。Map 和 Reduce 操作需要自己定义相应 Map 类和 Reduce 类；Shuffle 是 MapReduce 的"心脏"，由系统自动实现，如图 5-5 所示，实例图如图 5-6 所示。

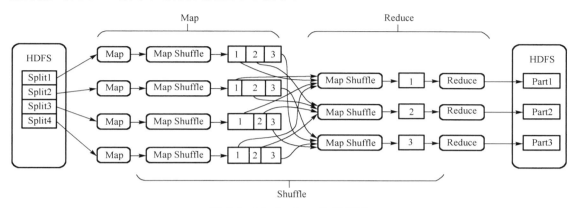

图 5-5　MapReduce 计算模型

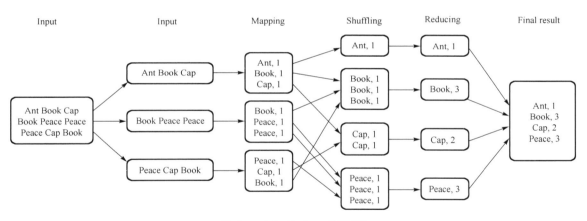

图 5-6　MapReduce 实例图

1．Map 任务处理

（1）读取输入文件内容，将输入文件的每一行解析成一个元素；

（2）执行自己定义的函数逻辑，对输入进行处理，转换成新的输出；

（3）对输出内容进行分区（对应不同的 Reduce 任务节点）；

（4）对不同分区的数据，按照 key 进行排序、分组，相同 key 的 value 放到一个集合中；

（5）（可选）对分组后的数据进行归约。

2．Reduce 任务处理

（1）对多个 Map 任务的输出，按照不同的分区，通过网络复制到不同的 Reduce 节点；

（2）对多个 Map 任务的输出进行合并、排序，根据自己定义的 Reduce 函数逻辑，对输入进行处理，转换成新的输出；

（3）把 Reduce 的输出保存到文件中。

5.4　Mapper-Reducer 实例

本节通过 Mapper-Reducer 来实现以下三项任务，详细介绍 MapReduce 基础编程方法。

（1）实现 WordCount 功能；

（2）统计每门课程的参加考试人数和每门课程第一次考试的平均分；

（3）统计每门课程参加考试学生的平均分，并且按课程存入不同的结果文件中，要求一门课程生成一个结果文件，文件名为课程名，并且按平均分从高到低排序，分数保留一位小数。

5.4.1　实验准备

本节实验的前期准备与第 4 章的实验环境配置基本一致，具体细节参照 4.5.1 节。

实验环境配置完成后，即可在 Eclipse 中创建一个新的项目，命名为 HDFS，接着导入相应的 jar 包，并创建相应的 class 文件，项目目录如图 5-7 所示。

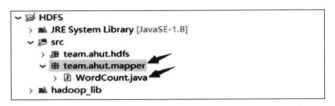

图 5-7　项目目录

下面需要使用 DFS Locations 工具。在此之前，需要确保 HDFS 中不为空。如果 HDFS 为空，可运行以下命令创建一个实验目录：

```
[root@ahut01 ~]# hdfs dfs -mkdir /tmp
```

同时，需要使用到上传文件、删除文件或文件夹等功能，这时需要在 Windows 本地增加环境变量，变量名为 HADOOP_USER_NAME，变量值为 root。

5.4.2　案例实现

在第 4 章的 Java API 实例中，已经完成了向伪分布式主机 ahut 中的 HDFS 上传 uploadData.txt 文件。本章开始，将使用完全分布式的部署模式来进行实验。在本案例中，需要统计 uploadData.txt 文件中的文本出现次数，可以选择使用 4.5.2 节中编写的 API 将该文件上传到 ahut01 的 HDFS 中（需要修改为相应的配置），也可以使用 Eclipse 中提供的工具对 ahut01 的 HDFS 直接进行管理。例如，右击图 5-8 中左侧的 tmp 文件夹，即可选择创建文件夹或者上传文件（需要添加 HOST 为 192.168.159.101 的 Hadoop Location，具体方法参考 4.5.1 节）。

图 5-8　uploadData 文件内容

实例 5-1　WordCount

统计文本中各单词出现的次数，具体步骤如下。

（1）编写 Mapper 函数，命令如下：

```
//Mapper 类
public static class TokenizerMapper extends Mapper<Object, Text, Text,IntWrit
able>{
        // new 一个值为 1 的整数对象
        private final static IntWritable one = new IntWritable(1);
        // new 一个空的 Text 对象
        private Text word = new Text();
        // 实现 map 函数
        public void map(Object key, Text value, Context context）throwsIOException,
InterruptedException {
            String temp = value.toString();
            word.set(temp);
            context.write(word, one);
            System.out.println(temp);
        }
}
```

（2）编写 Reducer 函数，命令如下：

```
// Reducer 类
public static class IntSumReducer extends Reducer<Text,IntWritable,Text,IntWri
table> {
        // new 一个值为空的整数对象
        private IntWritable result = new IntWritable();
        // 实现 reduce 函数
        public void reduce(Text key, Iterable<IntWritable> values, Context context)
            throws IOException, InterruptedException {
            int sum = 0;
            for (IntWritable val : values）{
                sum += val.get();
            }
```

```
            // 得到本次计算的单词的频数
            result.set(sum);
            // 输出 reduce 结果
            context.write(key, result);
        }
    }
```

（3）运行结果如图 5-9 所示。

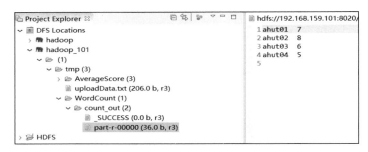

图 5-9　运行结果

 实例 5-2　考试人数和平均分统计

统计各课程的考试人数和每门课程的第一次考试平均分。现有某学校的学生成绩文件，包含学生课程名称、学生姓名、学生成绩等字段，其中学生成绩为本学期 5 次考试成绩，该数据的结构如下：课程名称，姓名，第一次考试成绩，第二次考试成绩，第三次考试成绩，第四次考试成绩，第五次考试成绩。

读者需要在 HDFS 中创建 /tmp/AverageScore 文件夹，并上传 score.txt 文件到 AverageScore 文件夹下。score 文件内容如下：

```
1Chinese,ahut_stu_001,85,86,88,90,84
2Chinese,ahut_stu_002,78,74,72,76,83
3Chinese,ahut_stu_003,89,83,95,89,79
4Math,ahut_stu_001,95,98,96,94,98
5Math,ahut_stu_002,54,58,61,68,72
6Math,ahut_stu_003,75,79,72,80,81
7English,ahut_stu_001,78,84,81,79,86
8English,ahut_stu_002,65,69,70,75,71
9English,ahut_stu_003,86,85,89,94,92
```

（1）课程分组，命令如下：

```
//Mapper
public static class AnalysisDataMapper extends Mapper<LongWritable, Text, Text, Text> {
    Text kout = new Text();
    Text valueout = new Text();
    public void map(LongWritable ikey, Text ivalue, Context context)
                    throws IOException, InterruptedException {
        //切割数据
        String[] lines = ivalue.toString().split(",");
        //统计参加考试人数和第一次考试的平均分
        context.write(new Text(lines[0]), new Text(lines[2]));
```

```
        }
    }
```

（2）求考试人数与平均分，命令如下：

```
//Reducer
public static class AnalysisDataReducer extends Reducer<Text, Text, Text, Text> {
    Text kout = new Text();
    Text valueout = new Text();
    public void reduce(Text _key, Iterable<Text> values, Context context)
                    throws IOException, InterruptedException {
        //考试人数计数器
        int count = 0;
        //得分累加器
        int totalScore = 0;
        // process values
        for (Text t : values）{
            count++;
            totalScore += Integer.parseInt(t.toString());
        }
        //求平均分
        float avg = totalScore * 1.0f /count;
        System.out.println(_key.toString() +"\t"+ count +"\t"+ avg);
        context.write(_key, new Text(count + "\t" +avg));
    }
}
```

（3）运行结果如图 5-10 所示。

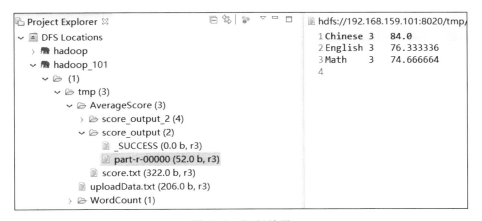

图 5-10　运行结果

实例 5-3　平均分统计（进阶版）

统计每门课程参加考试学生的平均分，并且按课程存入不同的结果文件中，要求一门课程生成一个结果文件，并且按平均分从高到低排序，分数保留一位小数。

（1）求每门课程参加考试学生的平均分，命令如下：

```
//Mapper
public  static  class  AnalysisDataMapper  extends  Mapper<LongWritable,  Text,  Student,
```

```
NullWritable> {
            Text kout = new Text();
            Text valueout = new Text();
            Student stu = new Student();
            public void map(LongWritable ikey, Text ivalue, Context context) throws IOException,
InterruptedException {
                String [] reads = ivalue.toString().trim().split(",");
                String kk = reads[0];
                int sum = 0;
                int count = 0;
                double avg = 0;
                for(int i = 2; i < reads.length; i++){
                    sum += Integer.parseInt(reads[i]);
                    count++;
                }
                avg = 1.0 * sum / count;
                stu.setCourse(kk);
                stu.setName(reads[1]);
                stu.setScore(avg);
                context.write(stu, NullWritable.get());
            }
        }
```

（2）按照课程种类保存不同结果文件，命令如下：

```
//Reducer
public static class AnalysisDataReducer extends Reducer< Student,NullWritable,
  Student, NullWritable> {
        Text kout = new Text();
        Text valueout = new Text();
        public void reduce(Student _key,Iterable<NullWritable>values, Context context)
                throws IOException, InterruptedException {
            System.out.println("key: "+_key.toString());
            context.write(_key, NullWritable.get());
        }
    }
}
```

（3）运行结果（以 Chinese 为例）如图 5-11 所示。

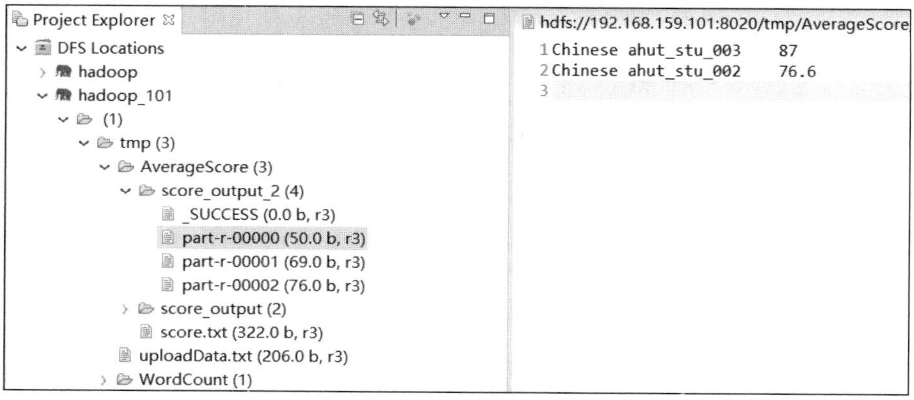

图 5-11　运行结果（部分）

本节只截取了实例的部分代码，如果需要获取完整的学习实例，可参考配套资源中的代码。

5.5　本章思维导图

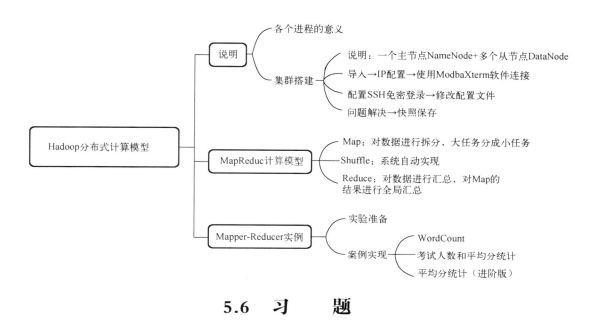

5.6　习　　题

1．Hadoop 的 MapReduce 计算模型是什么？

2．阐述 MapReduce 计算模型的主要步骤。

3．编写 Mapreduce 计算模型时，需要自定义哪些类？

4．Hadoop 完全分布式安装步骤有哪些？

5．Hadoop 完全分布式的特点是什么？

6．Hadoop 的伪分布式环境和完全分布式环境有什么区别？

7．NameNode、DataNode、NodeManager 进程的作用分别是什么？

8．MapReduce 的"心脏"是什么？

9．Map 与 Reduce 任务处理分别完成什么任务？

第 6 章 分布式协调服务 ZooKeeper

ZooKeeper，英文直译为"动物园管理员"。它在实际应用中充当管理协调各种大数据框架的角色，在分布式应用中起着统一命名服务、配置管理和分布式锁的作用，是一种高效、稳健的分布式协调服务。它犹如一个协调各处 Hadoop 正常工作的"管家"，使得当某些节点出现问题的时候，系统依然能保持正常工作，甚至让普通用户对这些问题毫无察觉。好比一个单位，当某个领导或员工偶尔请假时，有备用的副手去完成对应工作，这样各个部门就一直能够有效运作，井然有序。也就是离开"谁"（节点），单位（系统）都可以正常运转。因此，它保证了分布式系统的健壮性、稳定性、可用性。

本章主要涉及以下知识点：
➢ 掌握 ZooKeeper 的基本概念
➢ 掌握 ZooKeeper 的安装与运行
➢ 理解 ZooKeeper 和其他大数据框架的关系

6.1 高可靠性大数据框架配置

本章将使用 ahut02、ahut03、ahut04 三台虚拟机来安装 ZooKeeper，实现集群的高可用功能。

读者可以在 ahut02 上编辑好配置文档，再分发给 ahut03、ahut04，这样能够减少因配置文档不正确而导致的错误。ZooKeeper 部署并成功运行后，这三台虚拟机将扮演两个角色，其中一台虚拟机为"leader"角色，另两台为"follower"角色。至于哪台主机扮演哪个角色，读者可以在三台虚拟机上启动 ZooKeeper 后，运行相关命令查看。

在本章的操作任务完成后，将三台虚拟机的实验环境保存为快照"ahut0X-7"。读者如果有兴趣，可以从快照"ahut0X-6"开始，自己动手搭建 ZooKeeper，如果实验过程中遇到无法解决的问题，可以直接还原到快照"ahut0X-7"，完成本章的其他操作任务。

本章集群中各节点将会启动的进程如表 6-1 所示。

表 6-1 集群进程表

节点	NameNode	DataNode	JournalNode	QuorumPeerMain	DFZKFailoverController
ahut01	√		√		√
ahut02	√	√	√	√	√
ahut03		√	√	√	
ahut04		√		√	

其中，新增进程的作用如下。

JournalNode：提供主备 NameNode 之间共享数据的能力。

QuorumPeerMain：是 ZooKeeper 集群的启动入口类，用于加载、配置和启动 QuorumPeer 线程。

DFSZKFailoverController：在高可用中，负责监控 NameNode 的状态，并及时将状态信息写入 ZooKeeper。

6.2　ZooKeeper 简介

在分布式系统构建的集群中，每台机器都有自己的角色定位。其中最典型的是 Master/Slave 模式。在这种模式中，所有写操作的机器都可以称为 Master 机器，所有通过异步复制方式获取最新数据并提供读服务的机器都可以称为 Slave 机器。在 ZooKeeper 中引入了全新的 Leader、Follower 和 Observer 三种角色概念，如表 6-2 所示。ZooKeeper 会通过选举选定一个节点作为 Leader 机器，这个节点将为客户端提供读写服务。除 Leader 外，其他节点包括 Follower 和 Observer 都能够提供读服务。唯一不同的是，Leader 选举的过程和写操作的"过半写功能"策略，Observer 都是不参与的。因此，在不影响写性能的情况下，Observer 可以提升集群的读性能。在 ZooKeeper 中，一个客户端连接是指客户端和服务器之间的一个 TCP 长连接。

表 6-2　ZooKeeper 中各个角色

角度	描述
领导者（Leader）	负责投票的发起和决议，更新系统状态
跟随者（Follower）	用于接收客户请求并向客户端返回结果，在选主过程中参与投票
观察者（Observer）	可以接收客户端连接，将写请求转发给 Leader 节点。但不参加投票过程，只同步 Leader 的状态。目的是扩展系统，提高读取速度

ZooKeeper 对外的服务端口默认是 2181，当客户端启动时，新建立的 TCP 连接也将第一次启动。它能通过心跳检测与服务器保持有效会话，同时还会向 ZooKeeper 发送请求并接收响应，另外能够接收来自服务器的 Watch 事件通知。SessionTimeout 用来设置一个客户端会话的超时时间。当出现故障而又想要保存之前创建的会话时，只需在 SessionTimeout 规定的时间内重新连接上集群的任意一台服务器即可。ZooKeeper 的权限控制系统类似于 Unix 文件系统，它采用的是 ACL（Access Control Lists）策略。

如图 6-1 所示，左边的 NameNode Active 初始为激活状态，右边的 NameNode Standby 为备用状态。一旦左边的 NameNode 出问题，在 ZooKeeper 的各进程工作下会自动切换右边的 NameNode 以保证集群正常工作。

ZooKeeper 定义了以下 5 种权限。

（1）CREATE：创建子节点的权限。

（2）READ：获取节点数据和子节点的权限。

（3）WRITE：更新节点数据的权限。

（4）DELETE：删除子节点的权限。

（5）ADMIN：设置节点 ACL 的权限。

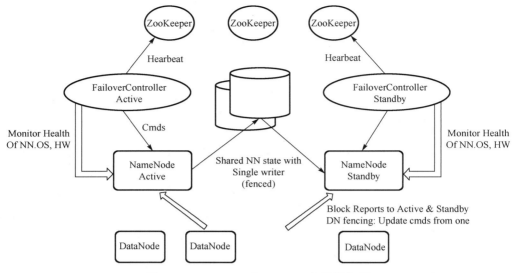

图 6-1　ZooKeeper 和 Hadoop 部署框架图

6.3　ZooKeeper 的常用命令

本节将介绍 ZooKeeper 常用的几种命令，包括启动服务、查看服务状态、停止服务和重启服务等。

1. 启动 ZooKeeper 服务

在 ZooKeeper 安装完成后，需要进入 zookeeper/bin 文件夹启动 ZooKeeper，启动成功后会提示服务已经 STARTED，命令如下：

```
[root@ahut02 bin]# ./zkServer.sh start
JMX enabled by default
Using config: /opt/ahut/zookeeper-3.4.6/bin/../conf/zoo.cfg
Starting zookeeper ... STARTED
```

2. 查看 ZooKeeper 服务状态

可以查看当前虚拟机在 ZooKeeper 中扮演的角色，是 Leader 还是 Follower，命令如下：

```
[root@ahut02 bin]# ./zkServer.sh status
JMX enabled by default
Using config: /opt/ahut/zookeeper-3.4.6/bin/../conf/zoo.cfg
Mode: follower
```

3. 停止 ZooKeeper 服务

若想停止 ZooKeeper 服务，可直接运行以下命令：

```
[root@ahut02 bin]# ./zkServer.sh stop
JMX enabled by default
Using config: /opt/ahut/zookeeper-3.4.6/bin/../conf/zoo.cfg
Stopping zookeeper ... STOPPED
```

4．重启 ZooKeeper 服务

若想重新启动 ZooKeeper 服务，可直接运行以下命令：

```
[root@ahut02 bin]# ./zkServer.sh restart
JMX enabled by default
Using config: /opt/ahut/zookeeper-3.4.6/bin/../conf/zoo.cfg
JMX enabled by default
Using config: /opt/ahut/zookeeper-3.4.6/bin/../conf/zoo.cfg
Stopping zookeeper ... STOPPED
JMX enabled by default
Using config: /opt/ahut/zookeeper-3.4.6/bin/../conf/zoo.cfg
Starting zookeeper ... STARTED
```

6.4　ZooKeeper 的安装与运行

1．安装

下面将详细介绍 ZooKeeper 的安装步骤。由于 ZooKeeper 集群的运行需要 JDK 的支持，因此在安装 ZooKeeper 前需要配置好 JDK。安装 ZooKeeper 的大致步骤如下：

- 从 Apache 网站下载 ZooKeeper 压缩包，本书使用的 ZooKeeper 版本是 3.4.6。
- 通过 MobaXterm 软件，将下载好的文件上传到虚拟机中，并解压缩到/opt/ahut 下。
- 进入 zookeeper/conf 文件夹，创建配置文件 zoo.cfg。
- 分发 ZooKeeper 文件夹到其余三个节点。
- 创建 myid 文件。
- 修改环境变量。
- 启动 ZooKeeper 服务。
- 使用 ZooKeeper 客户端。

详细的步骤及配置命令，可查看配套的在线文档。

2．运行

（1）在 ahut01 中输入 vi hdfs-site.xml 与 vi core-site.xml，修改 HDFS 的环境配置与 Hadoop 核心参数，并将 hdfs-site.xml 和 core-site.xml 分发到其余节点。

（2）在 ahut02 中输入 tar xf zookeeper-3.4.6.tar.gz -C /opt/ahut/，解压缩并安装 ZooKeeper。

（3）在 ahut02 中输入 vi zoo.cfg，修改 ZooKeeper 的配置文件 zoo.cfg。

（4）在 ahut02 中输入 scp -r zookeeper-3.4.6/ ahut03:'pwd'与 scp -r zookeeper-3.4.6/ ahut04:'pwd'，将 ZooKeeper 文件夹分发给 ahut03 和 ahut04。

（5）分别在 ahut02、ahut03、ahut04 中输入 mkdir -p /var/ahut/zk 与 echo 1 > /var/ahut/zk/myid、echo 2 > /var/ahut/zk/myid、echo 3 > /var/ahut/zk/myid，分别在 ahut02、ahut03、ahut04 中创建 zk 文件夹并配置对应的 myid。

（6）在 ahut02 中输入 vi /etc/profile，在 ahut02 的节点中修改/etc/profile 文件，并添加 ZooKeeper 的配置信息。

（7）在 ahut02 中输入 scp /etc/profile ahut03:/etc/与 scp /etc/profile ahut04:/etc/，将/etc/profile 文件分发给 ahut03、ahut04 的节点。

（8）分别在 ahut02、ahut03、ahut04 中输入 source /etc/profile，更新环境变量，使其生效。

（9）分别在 ahut02、ahut03、ahut04 中输入 zkServer.sh start、zkServer.sh status、jps 与 zkServer.sh stop，启动 ZooKeeper，并查看启动状态和相应的进程，然后关闭 ZooKeeper 服务。

（10）再次启动 ZooKeeper，在 ahut01、ahut02、ahut03 中输入 hadoop-daemon.sh start journalnode 启动 JournalNode，查看 JournalNode 进程。

（11）在 ahut02、ahut03、ahut04 中输入 rm -rf /var/ahut/hadoop/full，删除相关文件夹，接着在 ahut01 中输入 hdfs namenode -format 与 hadoop-daemon.sh start namenode，格式化 HDFS，并启动 NameNode。

（12）在 ahut02 中输入 hdfs namenode -bootstrapStandby，将主节点的信息复制过来。

（13）在 ahut02 中输入 zkCli.sh，查看 ZooKeeper 客户端。

（14）在 ahut01 中输入 hdfs zkfc -formatZK，使 HDFS 集群在 ZooKeeper 中初始化。

（15）在 ahut01 中输入 start-dfs.sh 启动 HDFS。

（16）在 ahut02 的 ZooKeeper 客户端查看 mycluster，并使用 quit 命令退出 ZooKeeper 的客户端。

至此就已经配置好了 Hadoop HA（High Availablity）。可以输入 hadoop-daemon.sh stop namenode，手动停止 Active NameNode（Active 节点可能为 ahut01，也可能为 ahut02，需通过 HDFS 的网页界面判断）来模拟 NameNode 节点宕机。可以发现，Standby NameNode 通过 HA 机制自动转换为 Active NameNode，实现了 Hadoop 的高可用。

如果主备节点无法自行切换，修复思路如下：

（1）确保 ahut01 与 ahut02 都能够互相免密登录；

（2）确保 ahut01 与 ahut02 都能够免密登录自己的主机。

具体配置免密登录的步骤，可以参考 3.6.2 节和 5.2 节中的配置过程。

实验完成后，保存快照并对 4 个主从机的快照分别命名为 ahut0X-7（X=1,2,3,4），如图 6-2 所示。

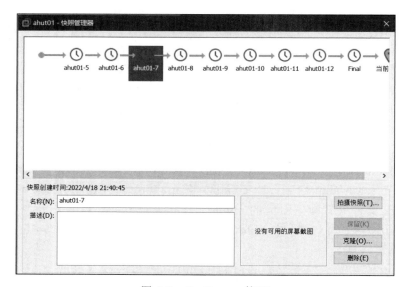

图 6-2　ZooKeeper 快照

6.5　本章思维导图

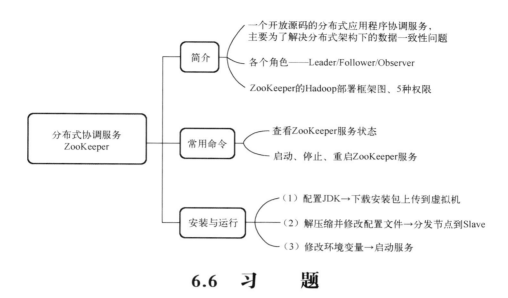

6.6　习　　题

1．简述 ZooKeeper 的作用。
2．简述 ZooKeeper 的启动步骤。
3．简述 ZooKeeper 的主要角色，并说出它们之间的区别。
4．ZooKeeper 的常用命令有哪些？
5．ZooKeeper 的主要配置流程是什么？
6．ZooKeeper 中，一个客户端连接指的是什么？
7．ZooKeeper 有哪几种权限？
8．使用什么命令可以使 HDFS 集群在 ZooKeeper 中初始化？
9．使用什么命令可以查看某个节点上的 mycluster？

第 7 章　Hadoop 的集群资源管理系统 YARN

在旧版 Hadoop 中，MapReduce 的 JobTracker 在可扩展性、内存消耗、可靠性和线程模型方面存在很多问题，开发使用不便捷。后来，为了从根本上解决旧版 MapReduce 存在的问题，同时也为了保障 Hadoop 框架后续能够健康发展，Hadoop 的开发者对这些问题进行了修复，开发出了新的 Hadoop MapReduce 框架，名为 YARN。原有版本中，JobTracker 被安排了太多任务，超过自身所能承担的负荷，工作效率就会降低，甚至自身彻底崩溃。改良的新版本，真正做到了"各司其职，各行其是"。专业的事由专业的全局资源管理器 ResourceManager 完成。同时，YARN 作为一种统一的资源管理框架，解决了不同大数据框架在同一计算集群节点中资源调度的统一协调和高效执行问题。ZooKeeper 和 YARN 好比 Hadoop 的"左膀右臂"，使得系统的运行更加稳定。第 10 章还会介绍 YARN 和 Spark 的结合使用。在 YARN 的引领下，Hadoop 和 Spark 也可以"和谐相处"，统一协调分配资源执行计算。

本章主要涉及以下知识点：
➢ YARN 的基本使用和基本架构
➢ 掌握 YARN 的环境搭建
➢ 掌握 YARN 的工作流程

7.1　Hadoop 资源管理配置

本章的操作任务比较简单，只需更改相关的配置文档，就可以将 YARN 成功地部署到集群中。

YARN 需要部署到 ahut01、ahut02、ahut03 和 ahut04 四台虚拟机中，即在虚拟机 ahut01 中修改好配置文档，通过 scp 命令快速分发配置文档给其余三台虚拟机。建议从第 6 章保存的快照"ahut0X-7"开始操作，如果在本章的配置过程中遇到难以解决的问题，也可以还原到快照"ahut0X-8"，跳过本章的环境配置步骤，直接学习后续章节内容，如图 7-1 所示。

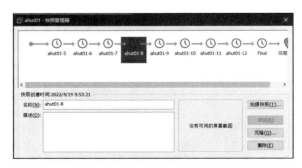

图 7-1　YARN 快照

同时，本章集群中各节点将会启动的进程如表 7-1 所示。

表 7-1　集群进程

节点	NameNode	DataNode	JournalNode	Quorum-PeerMain	DFZKFailover-Controller	NodeManager	ResourceManager
ahut01	√		√		√		
ahut02	√	√	√	√	√	√	
ahut03		√	√	√		√	√
ahut04		√		√		√	√

其中，新增进程的作用如下。

NodeManager：管理集群中单个计算节点，追踪节点健康状况，与 ResourceManager 保持通信等。

ResourceManager：是 YARN 集群的主要控制节点，负责协调和管理整个集群的资源。

7.2　YARN 简介

YARN 采用了一种分层的集群框架，具有以下几个优势。

● 解决了 NameNode 的单点故障问题，可以通过配置 NameNode 高可用（HA）来解决。

● 通过 HDFS 联邦使多个 NameNode 分别管理不同目录，从而实现访问隔离及横向扩展。

● 将资源管理和应用程序管理分离，由 ResouceManager 和 ApplicationMaster 负责。

● 具有向后兼容的特点,运行在 MR1 上的作业不需要做任何修改就可以运行在 YARN 上。

● 用户可以将各种计算框架移植到 YARN 上，统一由 YARN 进行管理和资源调度。

目前支持的计算框架有 Storm、Spark 和 Flink 等。YARN 的核心思想是将不同的功能分开。在 MR1 中，JobTracker 有两个功能：资源管理和作业调用。在 YARN 中则分别由 ResourceManager 和 ApplicationMaster 进程来实现。其中，ResourceManager 进程负责整个集群的资源管理和调度，而 ApplicationMaster 进程则负责应用程序的相关事务，如任务调度、容错和任务监控等。系统中所有应用资源调度的最终决定权属于 ResourceManager。每个 ApplicationMaster 实际上是框架指定的库，其从 ResourceManager 调度资源并和 NodeManeger 共同执行监控任务，NodeManager 会定时向 ResourceManager 汇报所在节点的资源使用情况，如图 7-2 所示。

1. ResourceManager 进程

ResourceManager 进程包含两个主要内容： Scheduler 和 ApplicationManager。

根据容量和队列等限制条件，Scheduler 将资源分配给不同的应用程序。Scheduler 是一个纯粹的调度器，不会监控或跟踪应用程序的状态，也不会确保重新启动因应用程序或硬件故障而导致的失败任务。Scheduler 根据应用程序的资源需求来进行调度，将内存、CPU、硬盘和网络等资源分配给 Container。

2. ApplicationManager 和 NodeManager

ApplicationManager 进程负责接收作业提交，协商首个 Container 的执行，提供重启失败的 Container 的服务。每台机器上的 NodeManager 作为框架代理，监控 Container 资源并提供类似 ResourceManager 或 Scheduler 的报告。每个应用的 ApplicationMaster 进程协调 Scheduler 上合适的资源容器，跟踪容器状态和监控执行。

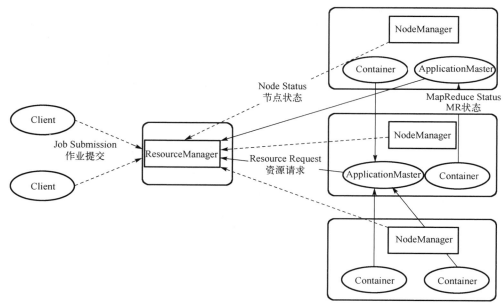

图 7-2　执行和监控过程图

7.3　YARN 的工作流程

YARN 的工作流程如图 7-3 所示。

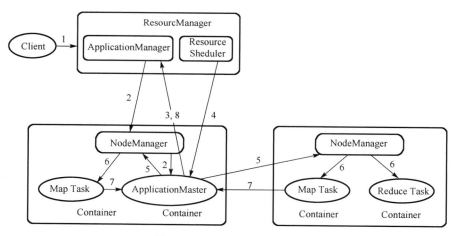

图 7-3　YARN 的工作流程

YARN 的工作流程主要分为以下几个步骤。

（1）用户向 YARN 中的 ResourceManager 提交应用程序，包括用户程序、启动 ApplicationMaster 命令和 ApplicationMaster 程序等。

（2）ResourceManager 为应用程序分配 Container，随后与 Container 所在的 NodeManager

通信，并且由 NodeManager 在 Container 中启动对应的 ApplicationMaster。

（3）ApplicationMaster 会在 ResourceManager 中注册，这样用户就能够通过 ResourceManager 查看应用程序运行情况，为这个应用程序各项任务申请资源直至结束。

（4）ApplicationMaster 采用的是轮询方式，基于 RPC 协议向 ResourceManager 申请和获取所需要的资源。

（5）在 ApplicationMaster 申请到资源后，它会和申请到的 Container 所对应的 NodeManager 交互通信，同时要求在该 Container 中启动任务。

（6）NodeManager 为要启动的任务准备好运行环境，并且将启动命令写在一个脚本中，通过该脚本来运行任务。

（7）每个任务基于 RPC 协议向对应的 ApplicationMaster 汇报自己的运行状态与进度，让 ApplicationMaster 掌握各个任务的运行状态，这样就可以在任务运行失败时重启任务。

（8）在应用程序运行完后，其对应的 ApplicationMaster 会与 ResourceManager 通信来要求注销和关闭自己。

ResourceManager 基于应用程序对资源的需求进行调度，每个应用程序需要不同类型的资源，因此就需要不同的容器。ResourceManager 是一个中心服务，它做的事情是调度、启动每个 Job 所属的 ApplicationMaster、监控 ApplicationMaster 的情况。

NodeManager 是每台机器框架的代理，是执行应用程序的容器，监控应用程序的 CPU、内存、硬盘、网络资源使用情况，并且向调度器 ResourceManager 汇报。

ApplicationMaster 向调度器索要适当的资源容器，运行任务，跟踪应用程序的状态和监控它们的进程，并处理任务的失败原因。

7.4　YARN 的安装与运行

1．安装

安装 YARN 的大致步骤如下：

- 修改配置文件 mapred-site.xml；
- 修改配置文件 yarn-site.xml；
- 将 mapred-site.xml 和 yarn-site.xml 分发给 Slave 节点；
- 启动 HDFS；
- 启动 YARN。

详细的步骤及配置命令，可查看配套的在线文档。

2．运行

（1）修改配置文件。

① 在 ahut01 中输入 mv mapred-site.xml.template mapred-site.xml 与 vi mapred-site.xml，将 mapred-site.xml.template 重命名为 mapred-site.xml，并修改配置文件 mapred-site.xml。

② 在 ahut01 中输入 vi yarn-site.xml，修改 yarn-site.xml。

（2）在 ahut01 中输入 scp mapred-site.xml yarn-site.xml ahut02:'pwd'，将 mapred-site.xml 和 yarn-site.xml 分别分发到 ahut02 节点，并按照同样的方法分发到 ahut03 和 ahut04 节点。

（3）启动 ZooKeeper 和 HDFS 服务。

① 在 ahut02、ahut03、ahut04 中输入 zkServer.sh start，分别启动 ZooKeeper。

② 在 ahut01 中输入 start-dfs.sh，启动 HDFS。

③ 在 ahut01 中输入 start-yarn.sh，启动 NodeManager。

④ 在 ahut03、ahut04 中输入 yarn-daemon.sh start resourcemanager，启动 Resource-Manager。

（4）此时 YARN 已经成功启动，可以通过浏览器访问 http://ahut03:8088 查看 YARN 的一些信息。

（5）各种服务的停止命令。

① 在 ahut03、ahut04 中输入 yarn-daemon.sh stop resourcemanager，分别停止 Resource-Manager。

② 在 ahut01 中输入 stop-yarn.sh，停止 YARN 服务。

③ 在 ahut01 中输入 stop-dfs.sh，停止 Hadoop 服务。

④ 在 ahut02、ahut03、ahut04 中输入 zkServer.sh stop，分别停止 ZooKeeper 服务。

（6）如果 DataNode 服务启动失败，可参考以下解决方法。

① 在各个节点上运行 date 命令查看四个节点的时间是否统一。如果不统一（相差几秒不影响），则需要同步集群内各服务器时间。

② 在 ahut01 中查看 HDFS 的配置文件 core-site.xml，找到配置项 hadoop.tmp.dir 对应的文件夹路径（这里为/var/ahut/hadoop/full），输入 rm -rf /var/ahut/hadoop/full，直接删除该目录。

③ 在 ahut01 中输入 hadoop namenode -format，重新格式化 NameNode。

④ 在 ahut01 中输入 start-dfs.sh，重新启动 HDFS。

7.5　本章思维导图

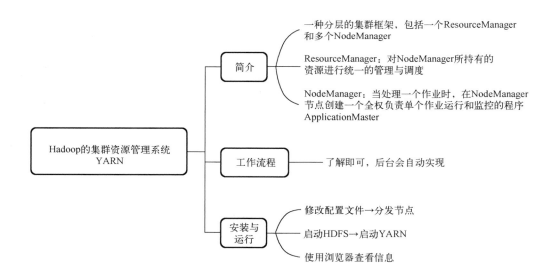

7.6　习　　题

1．简述 YARN 的作用。

2．简述 YARN 的工作流程。

3．以命令的方式描述 YARN 的启动步骤。

4．熟悉 YARN 的配置步骤。

5．YARN 的分层集群框架有什么优势？

6．ResourceManager 进程包含什么内容？

7．ApplicationMaster 的作用是什么？

8．YARN 的核心思想是什么？是通过什么方法实现的？

9．NodeManager 在 YARN 工作流程中的主要任务是什么？

第 3 篇　大数据分析篇

第 8 章　数据库 MySQL 和数据仓库 Hive

本章主要介绍数据库 MySQL 和数据仓库 Hive。Hive 是在 Facebook 每天产生海量数据、产生更多管理需求的背景下产生和发展的，是一个构建在 Hadoop 上的数据仓库框架。Hive 的部分元数据会存储在 MySQL 中，MySQL 也是存储数据的重要关系型数据库。数据库应用于大数据的很多处理场景中。基于上述原因，本章先简要介绍数据库，以便掌握 Hive。Hive 作为数据仓库，主要负责数据查询分析接口，数据一般存储在数据库或 HDFS 的文件中。本章最后给出综合实例，介绍如何分析电商用户购买行为，以便电商平台进行产品的精准营销。

本章主要涉及以下知识点：

➢ MySQL 数据库的配置和使用
➢ Hive 的应用和运行架构及执行原理
➢ Hive 的安装过程
➢ 内部表、外部表及区别
➢ Hive 的 HQL 分析语句
➢ 数据库和数据仓库的异同

8.1　基于 Hive 的大数据分析配置

本章的操作任务，主要包括数据仓库 Hive 的基本介绍，MySQL、Hive 的安装和部署，以及 Hive 的基本操作。

MySQL 的安装可以在虚拟机 ahut 上进行，如果想要使用集群，则需要在 ahut01 上安装 MySQL 再分发给其他节点。在 ahut 上安装，可以从快照"ahut-4"开始操作；在 ahut01 上安装，则从快照"ahut0X-8"开始。下面将在 ahut01 上演示 MySQL 和 Hive 的安装过程。本章实验结束后，将实验环境保存为快照"ahut0X-9"，如图 8-1 所示。根据实际情况，可选择自行安装或直接还原到已经安装好的实验环境。

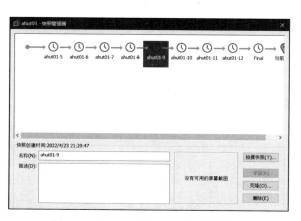

图 8-1　MySQL 和 Hive 安装的快照

本章集群中各节点将会启动的进程如表 8-1 所示。

表 8-1　集群进程

节点	NameNode	DataNode	JournalNode	QuorumPeerMain	DFSZKFailover-Controller	Node-Manager	Resource-Manager
ahut01	√		√		√		
ahut02	√	√	√	√	√	√	
ahut03		√	√	√		√	√
ahut04		√		√		√	√

本章无新增进程。

8.2　Hive 的意义和应用

　　Hive 是一个基于 Hadoop 的数据仓库系统，它的主要作用是支持大规模的数据分析和处理。与传统的关系型数据库系统不同，Hive 可以处理结构化和半结构化数据，同时支持 SQL 查询语言，使得用户可以使用熟悉的 SQL 语言进行数据分析和查询。而数据仓库则是用来做查询分析的数据库，通常不会用来做单条数据的插入、修改和删除。

　　Hive 还具有高度的可扩展性和容错性，可以处理数百亿条记录的数据，并能够在大规模集群上进行分布式计算。此外，Hive 还支持多种数据存储格式，如文本文件、JSON、ORC、Parquet 等，可以根据不同的应用场景选择不同的存储格式，以优化性能和存储空间。Hive 构建在基于静态批处理的 Hadoop 之上，更适合对数据进行存储离线分析，适用于因延迟高而不能进行分析的场景。

　　Hive 作为一个数据仓库工具，非常适合进行数据的统计分析，它可以把 HDFS 中结构化的数据映射成表格，通过 HiveSQL 解析和转换，最终生成一系列在 Hadoop 上运行的 MapReduce 任务，通过执行这些任务完成数据分析与处理。因此，使用 Hive 可以大幅提高开发效率。和传统的数据仓库一样，Hive 主要用来访问和管理数据。与传统数据仓库的不同之处在于，Hive 可以处理超大规模的数据，可扩展性和容错性非常强。

　　随着社会的发展进步及数据来源方式的多样化，数据产生之后，就需要一定的载体来承接这些海量数据，具有大规模数据存储和分析能力的数据仓库就此诞生。用户使用企业的业务系统之后，会产生大量的数据堆积在业务数据库中，数据过多就会对业务数据库产生一定的压力，这些数据大多是冷数据。因此，如果将冷数据都存储到数据仓库中，要用时再调到业务数据库，可以解决历史数据的积存问题。另外，企业分析数据，以历史数据积存为导向，可以帮助管理层决策。若没有数据仓库，各个部门在从业务数据库中抽取数据进行分析时，因抽取时间不一致会导致分析结果出现偏差；每个部门都建立自己的数据抽取系统，资源浪费比较严重；抽取数据时，数据库管理员需要给各个部门发放权限，这种权限管理方式会给数据库带来极大的风险。因此，建立数据仓库之后，会有专门的数据抽取系统定时从数据仓库抽取数据。这样，数据仓库就为各个部门建立了一个统一的数据视图，直接解决了分析结果不一致的问题。而且，数据仓库可以开放访问接口，业务数据库和数据仓库的权限管控分开，各自的权限管控就更有针对性。

8.3 Hive 和数据库的异同

有些初学者会将 Hive 与关系型数据库混淆，认为 Hive 就是关系型数据库，主要原因是 Hive 采用了类 SQL 的查询语言 HQL（Hive Query Language）。其实，HQL 的引入仅仅是为了降低学习成本，底层还是 MapReduce。Hive 本身是数据仓库，并不是数据库系统。Hive 和关系型数据库的主要区别如表 8-2 所示。

表 8-2 Hive 和关系型数据库的主要区别

项目	Hive	关系型数据库
查询语言	HQL	SQL
数据存储位置	HDFS	Raw Device 或者 Local FS
数据格式	用户定义	系统决定
数据更新	支持	不支持
索引	无	有
执行	MapReduce	Executor
执行延迟	高	低
可扩展性	高	低
数据格式	用户定义	系统决定
数据规模	大	小

从结构上看，Hive 和数据库除拥有类似的查询语言外再无类似之处，具体如下所述。

1．查询语言

前面提到过，HQL 可以使熟悉 SQL 的开发人员很快上手，使其方便地使用 Hive 进行开发。SQL 和 HQL 的具体差别有以下几点：

（1）SQL 基于关系型数据库模型，HQL 是对象关系模型的查询语言；

（2）SQL 处理存储在表中的数据并修改其行和列，HQL 关注对象及其属性；

（3）SQL 和 HQL 在语法上仍然有一些差异。

2．数据存储位置

在数据存储位置方面，关系型数据库将数据主要存储在本地文件系统中；而 Hive 一般将数据存储在 HDFS 中，并且部署在 Hadoop 的分布式集群中。

3．数据格式

在 Hive 中，数据格式可以由用户指定，系统没有定义特有的数据格式。用户可以通过定义数据的属性，如空格、制表符、行分隔符等，来确定数据格式。在数据加载过程中，Hive 只是将数据内容直接复制到相应的 HDFS 目录中。相比之下，传统的关系型数据库通常会使用自己的存储引擎，不同的数据库通常有不同的数据格式和组织方式。因此，在加载数据时，数据库通常需要将数据从原始格式转换为数据库支持的格式，并按照一定的组织结构存储数据。这个过程可能会比较耗时，特别对大数据量的数据集来说是一种负担。

4．数据更新

在数据仓库 Hive 中，往往需要对大量的数据进行查询和分析，而写入操作相对较少。

因此，Hive 没有设计用于修改和增加数据的功能，所有数据都是在加载数据的过程中生成的。这样做可以提高查询和分析的效率，并降低数据存储的成本。

5. 索引

Hive 在加载数据的过程中不会对数据进行扫描和处理，因此也没有在数据中创建索引。这使得当需要进行满足某些条件的数据访问时，Hive 需要扫描全部数据，由此造成较高的访问延迟。然而，Hive 底层是基于 MapReduce 的，因此可以并行访问数据，这也使得 Hive 在处理大规模数据时能够表现出一定优势。传统的关系型数据库通常会针对某些列或者某几列创建索引，以提高数据查询的效率。这些索引可以大大加快满足特定条件的数据访问的速度，但是创建和维护索引的代价也非常高。

6. 执行

Hive 查询执行是通过转化成 MapReduce 分布式方式运行实现的，而数据库则按照自己的引擎运行。

7. 执行延迟

Hive 是建立在 Hadoop 上的数据仓库工具，因为它并没有索引来提高查询速度。这意味着在数据量较大时，会影响 Hive 的查询性能。然而，Hive 的并行计算能力可以在处理大规模数据时发挥作用。通过将数据分成多个块，同时在多个节点上并行处理，从而提高查询速度。因此，在数据规模较小的情况下，可能更适合使用传统的关系型数据库。

8. 可扩展性

Hive 可以利用 Hadoop 的分布式计算能力来处理大规模数据。数据库的可扩展性比较有限，它基于 ACID（原子性、一致性、隔离性和持久性）语义，有严格限制。

9. 处理数据规模

Hive 通过基于 MapReduce 的并行计算来支撑大规模的数据分析。相比之下，数据库更适合处理小规模数据，并且主要提供增、删、改、查等数据操作功能。

数据库是面向事务的，数据库通常用于存储具体的业务数据，用于满足传统数据库系统中的增、删、改、查操作，一般数据规模不会太大，这些数据需要满足一定的范式结构，同时也需要具备实时性和可操作性。相对而言，Hive 数据仓库更适合存储海量的数据，并且这些数据经过一定的处理和加工，主要操作是数据读取和分析，从而为企业的发展提供决策支持和帮助。

数据库集群也可以组建成传统的数据仓库，其中最具代表性的就是 MySQL 数据库集群组成的数据仓库。这种数据仓库采用 MPP（Massively Parallel Processing，大规模并行处理）技术，将单机关系型数据库组成的集群用于数据处理，通过大量的处理单元对问题进行并行处理，提升整体的数据处理性能。与 Hive 相比，传统数据仓库主要通过将单机数据库节点组成集群的方式来提高数据处理性能。在这种架构中，节点间采用非共享架构，即每个节点都拥有自己的外存磁盘和内存系统，这点和 Hive 有本质区别，它们通过商业高速网络进行数据交互和计算。为了保证数据的一致性，传统数据仓库在设计上优先考虑数据的一致性问题，然后考虑可用性，最后尽可能考虑不同分区下数据的容错性。这种架构方式比较适合中等规模的结构化数据的处理，但在处理海量规模数据时会有局限性。

8.4 Hive 的架构模式及其执行

Hive 的用户接口主要有 3 个，分别是 CLI、Client 和 WUI。其中，CLI 是最常用的一种用户接口。CLI 启动时会同时启动一个 Hive 副本。Client，顾名思义，是 Hive 的客户端，会连接至 Hive Server。在启动 Client 模式时，需要指出 Hive Server 在哪个节点上，并在该节点上启动 Hive Server。WUI 则是 Hive 的 Web 端接口，提供了一种可以通过浏览器访问 Hive 的服务。Hive Server 和 CLI 两者都允许远程客户端使用 Java、Python 等多种编程语言向 Hive 提交请求，并取回结果。

下面根据 Hive 的运行架构图介绍 Hive 的体系结构，如图 8-2 所示。

在图 8-2 中，Metastore 主要用来存储元数据，包括表名、表所属的数据库（默认是 default）、表的拥有者、列/分区字段、表的类型（是否为外部表）、表的数据所在目录等。

解释器、编译器、优化器完成 HQL 查询语句从词法分析、语法分析、编译、优化到查询计划的生成。生成的查询计划存储在 HDFS 中，并在随后用 MapReduce 调用执行。Hive 的数据存储在 HDFS 中，大部分的查询、计算由 MapReduce 完成。

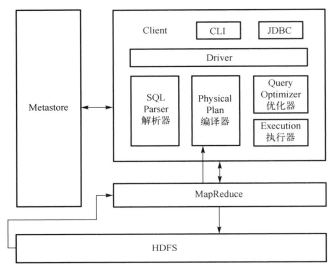

图 8-2 Hive 的运行架构图

Hive 利用给用户提供的一系列交互接口，接收到用户的指令，使用自己的驱动器 Driver，结合元数据服务，将这些指令翻译成 MapReduce，提交到 Hadoop 中执行，最后将执行返回的结果输出到用户交互接口。整体框架包含用户接口、元数据 Metastore、Hadoop 平台的 HDFS、驱动器 Driver 和大数据计算引擎 MapReduce。

其中，用户接口可以归纳为 Hive 的命令行操作、浏览器访问 Hive 和 JDBC 访问 Hive。元数据服务包括表名、表数据所属目录、表所属的数据库、表的拥有者、表的类型。驱动器包含以下四部分。

（1）解析器：可以读取 HQL 语句并将其转换成抽象语法树，再完成 HQL 语义的识别工作。

（2）编译器：根据语法树生成逻辑执行计划。

（3）优化器：对逻辑执行计划进行如列裁剪和分区裁剪的优化。

（4）执行器：执行由逻辑执行计划转换而成的物理执行计划。Hive 中的数据默认存储在内置的 Derby 数据库中，但是 Derby 数据库不能让多用户同时访问数据表，这显然是不能让人接受的，所以建议使用 MySQL 存储元数据，后续会介绍 MySQL 的使用。

1. Hive 的执行大致步骤

（1）用户提交查询任务到 Driver。

（2）编译器 Compiler 获得用户的任务计划。

（3）编译器 Compiler 根据用户任务从 Metastore 中得到所需的 Hive 元数据信息。

（4）编译器接收解析器生成的抽象语法树，并将其转换为逻辑执行计划。后续编译器将查询计划转换为可执行的 MapReduce 作业。

（5）把最终的计划提交到 Driver。

（6）Driver 将计划提交到 Execution Engine，获得元数据信息，接着提交到 Jobtracker 或者 Source Manager。

（7）取得并返回执行结果。

2．Hive 服务

Hive 的 Shell 环境仅仅是 Hive 命令提供服务的其中一项，运行时可以使用 service 选项指明要使用哪种服务。同时，输入 Hive service help 可以获得可用服务列表。下面介绍常用服务。

（1）CLI（Command Line Interface）服务

CLI 是 Hive 的命令行接口，也就是 Shell 环境。CLI 启动时会同时启动一个 Hive 副本，这也是默认的服务。可以通过 bin/hive 或 bin/hive --service cli 命令来指出 Hive Server 所在的节点，并且在该节点上启动 Hive Server。

（2）HiveServer2 服务

通过 Thrift 提供的服务（默认端口是 10000），客户端可以在不启动 CLI 的情况下对 Hive 中的数据进行操作，并且允许用不同语言如 Java、Python 编写的客户端访问。使用 Thrift、JDBC 和 ODBC 连接器的客户端需要运行 Hive 服务器来与 Hive 通信。

（3）HWI（Hive Web Interface）服务

HWI 是通过浏览器访问 Hive 的方式，它是 Hive Web 接口，默认端口是 9999。在没有安装任何客户端软件的情况下，这个简单的 Web 接口可以代替 CLI。另外，HWI 的功能更全面，包括运行 Hive 查询和浏览 Hive Metastore 的应用程序，命令为 bin/hive --service hwi。

（4）Metastore 服务

负责元数据服务的 Metastore 和 Hive 服务运行在同一个进程中。使用这个服务，可以让 Metastore 作为一个单独的进程来运行。通过设置 PORT 环境变量可以指定服务器监听的端口号。Metastore 是 Hive 集中存储元数据的地方。Metastore 包括两部分：服务和后台数据的存储。

3．配置方式

Hive 有 3 种 Metastore 的配置方式，分别是内嵌模式、本地模式和远程模式。

内嵌模式使用内嵌的 Derby 数据库来存储数据，配置简单，但是一次只能与一个客户端连接，适用于做单元测试，不适用于生产环境。如果要支持多会话或者多用户，需使用一个独立的数据库，这种配置方式称为本地模式，需要在本地运行一个 MySQL 服务器。而远程模式下，一个或多个 Metastore 服务和 Hive 服务运行在不同的进程中。

Hive 是建立在 Hadoop 上的数据仓库，一般用于对大型数据集的读写和管理，存储在 Hive 里的数据实际上是存储在 HDFS 上的，都是以文件的形式存在，不能进行读写操作，所以需要元数据服务对 HDFS 上的数据进行管理。Hive 默认元数据表是存储在 Derby 中的，但 Derby 是单 session 的，即只能通过一个窗口访问，这样的使用方式显然是不合理的。因此，一般将其修改为用 MySQL 来管理表。

8.5 MySQL 的安装和使用

8.5.1 MySQL 数据库简介

MySQL 是一个安全的、跨平台的、高效的，并与 PHP、Java 等主流编程语言紧密结合的数据库系统。该数据库系统由瑞典的 MySQL AB 公司开发、发布并支持，该公司由 MySQL 的初始开发人员 David Axmark 和 Michael Monty Widenius 于 1995 年建立。

下面介绍 MySQL 的特点。

1．功能强大

MySQL 提供了众多数据库存储引擎，每个引擎都具有独特的优点，以适应不同的应用环境。用户可以根据需求选择最合适的引擎以获得最优性能，应对每日访问量高达数十亿次的大型搜索网站。MySQL5 支持事务、视图、存储过程和触发器等功能。

2．支持跨平台

MySQL 是一种跨平台的关系型数据库管理系统，支持多种操作系统平台，包括 Linux、Windows、FreeBSD、IBMAIX、AIX 等。MySQL 的跨平台特性使得在多个平台下编写的程序都可以移植，而不需要做任何修改。

3．运行速度快

MySQL 以高速运行为其显著特征。高效的查询优化器、多种存储引擎的选择、内存表的支持、多线程架构及良好的索引和分区支持等特性相互协作，使得 MySQL 能在大型数据集和高并发负载下保持出色的性能表现。

4．支持面向对象

在 MySQL 中，可以使用对象关系映射（ORM）工具，如 Hibernate、Doctrine 等，以面向对象的方式访问数据库。

5．安全性高

MySQL 具有多种安全措施，包括多层安全架构、严格的用户权限管理、加密传输和存储等。这些措施可以有效保护数据的保密性、完整性和可用性。

6．成本低

MySQL 是一个完全开源的产品。

7．支持多种开发语言

MySQL 为许多流行的编程语言提供支持，并提供丰富的 API 函数，如 PHP、ASP.NET、Java、Python、C、Perl 等。

8．数据库存储容量大

MySQL 可以处理非常大的数据量，但实际的表尺寸取决于多个因素，包括存储引擎、表结构、操作系统、文件系统和可用的硬件资源等。表尺寸的实际限制取决于底层文件系统的支持，以及可用的磁盘空间和操作系统对文件大小的限制。

9. 支持强大的内置函数

MySQL 提供丰富的内置函数，这些函数用于查询、计算、字符串处理、日期和时间处理等方面，可大大简化数据库开发人员的工作，提高开发效率。

8.5.2 安装 MySQL

由于 Hadoop 平台是部署在 Linux 操作系统上的，本书搭建的大数据框架的元数据需要存储在 MySQL 中，因此需要在 Linux 环境下安装 MySQL。下面简要介绍在 ahut01 上如何安装 MySQL 5.1.73，详细的步骤及配置命令可查看配套的在线文档。

（1）配置 yum 源。

（2）输入 yum -y install perl numactl，安装相关依赖。

（3）输入 rpm -qa|grep mysql，查询本机是否安装过 MySQL，如果已安装则输入 rpm -e --nodeps mysql-libs-5.1.71-1.el6.x86_64，卸载已经存在的 MySQL。

（4）使用 tar 与 rpm 命令将 MySQL 安装文件上传至 software 文件夹并解压缩，依次安装 MySQL 组件。

（5）至此，MySQL 已安装成功，同时也启动成功。可通过 service mysql start、service mysql status、service mysql stop 命令启动或关闭 MySQL 服务。

（6）再次启动 MySQL 服务，输入 mysql -uroot -p，以空密码登录 MySQL 终端，并通过 update 语句将 MySQL 的密码更改为 hadoop。

8.5.3 MySQL 的基本操作

1. 在 ahut01 中登录 MySQL 数据库

```
[root@ahut01 ~]# mysql -uroot -phadoop
```

2. 对数据库用户的操作

（1）在 MySQL 客户端创建用户名为 ahut、密码为 ahut 的新用户，同时设置登录 IP 地址为 192.168.159.%网段，命令如下：

```
mysql> create user 'ahut'@'192.168.159.%' identified by 'ahut';
```

（2）查看用户 ahut 的权限，命令如下：

```
mysql> show grants for 'ahut'@'192.168.159.%';
+-----------------------------------+
| Grants for ahut@192.168.159.%     |
+-----------------------------------+
| GRANT SELECT ON *.* TO 'ahut'@'192.168.159.%' IDENTIFIED BY PASSWORD
'*B34D36DA2C3ADBCCB80926618B9507F5689964B6'     |
+-----------------------------------+
```

（3）修改当前登录用户或指定用户的密码，命令如下：

```
mysql> set password for 'ahut'@'192.168.159.%' = password('hadoop');
```

（4）将 MySQL 数据库中所有表格的查询、插入权限授给用户 ahut，命令如下：

```
mysql> grant select,insert on *.* to 'ahut'@'192.168.159.%' identified by 'hadoop';
mysql> show grants for 'ahut'@'192.168.159.%';
```

（5）撤销用户 ahut 在 MySQL 所有库中所有表的插入权限，命令如下：

```
mysql> revoke insert on *.* from 'ahut'@'192.168.159.%';
mysql> show grants for 'ahut'@'192.168.159.%';
```

运行结果如下：

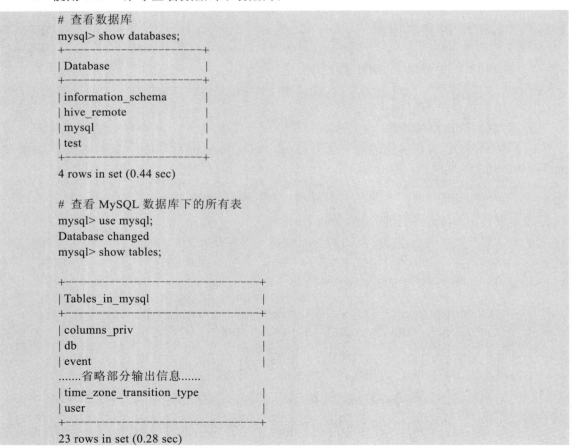

```
mysql> revoke insert on *.* from 'ahut'@'192.168.159.%';
Query OK,0 rows affected (0.00 sec)
mysql> show grants for 'ahut'@'192.168.159.%';
+-------------------------------------------------+
| Grants for ahut@192.168.159.%
                                                  |
+-------------------------------------------------+
| GRANT SELECT ON *.* TO 'AHUT'@'192.168.159.%' IDENTIFIED BY PASSWORD 'B34D3
6DA2C3ADBCCB80926618B9507F5689964B6' |
+--------------------------------------------------------------
-------------------------------------------+
1 row in set (0.00 sec)
```

3. 使用 show 命令查看数据库和数据表

```
# 查看数据库
mysql> show databases;
+--------------------+
| Database           |
+--------------------+
| information_schema |
| hive_remote        |
| mysql              |
| test               |
+--------------------+
4 rows in set (0.44 sec)

# 查看 MySQL 数据库下的所有表
mysql> use mysql;
Database changed
mysql> show tables;

+---------------------------+
| Tables_in_mysql           |
+---------------------------+
| columns_priv              |
| db                        |
| event                     |
......省略部分输出信息......
| time_zone_transition_type |
| user                      |
+---------------------------+
23 rows in set (0.28 sec)
```

4．使用 create 命令创建数据库

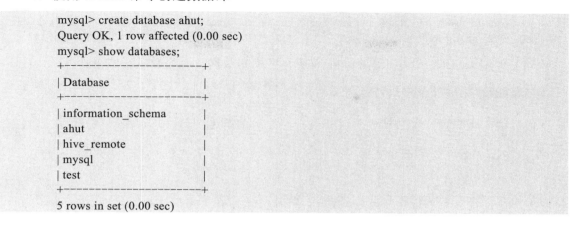

```
mysql> create database ahut;
Query OK, 1 row affected (0.00 sec)
mysql> show databases;
+--------------------+
| Database           |
+--------------------+
| information_schema |
| ahut               |
| hive_remote        |
| mysql              |
| test               |
+--------------------+
5 rows in set (0.00 sec)
```

5．数据表的基本操作

（1）使用 create 命令创建表 books，为序号、作者、书名、价格、发布日期、说明及页数信息设置对应字段；使用相关命令查看 books 表创建成功后的表结构。命令及运行结果如下：

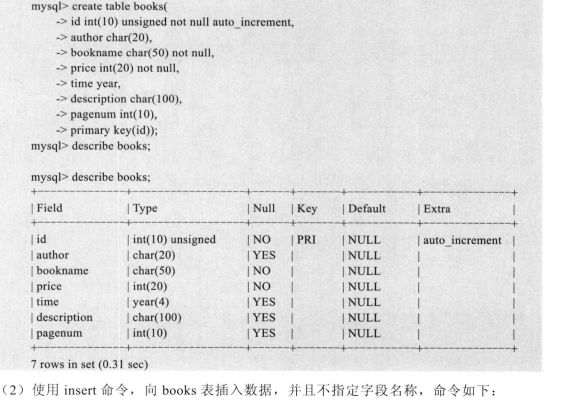

```
mysql> use ahut;
Database changed
mysql> create table books(
    -> id int(10) unsigned not null auto_increment,
    -> author char(20),
    -> bookname char(50) not null,
    -> price int(20) not null,
    -> time year,
    -> description char(100),
    -> pagenum int(10),
    -> primary key(id));
mysql> describe books;

mysql> describe books;
```

Field	Type	Null	Key	Default	Extra
id	int(10) unsigned	NO	PRI	NULL	auto_increment
author	char(20)	YES		NULL	
bookname	char(50)	NO		NULL	
price	int(20)	NO		NULL	
time	year(4)	YES		NULL	
description	char(100)	YES		NULL	
pagenum	int(10)	YES		NULL	

```
7 rows in set (0.31 sec)
```

（2）使用 insert 命令，向 books 表插入数据，并且不指定字段名称，命令如下：

```
mysql> insert into books values (1,"wdd","python",50,2022,"this is a good book",20);
```

（3）指定插入字段名称，并向 books 表插入多条数据，命令如下：

```
mysql> insert into books (author, bookname, price, time, description, pagenum) values ('name1',
'JAVA', 50, 2022, 'good book', 40);
    mysql> insert into books (author, bookname, price, time, description, pagenum) values ('name2',
'C++', 50, 2022, 'good book', 30);
```

（4）使用 select 命令，查看 books 表所有字段的数据，命令及运行结果如下：

```
mysql> select * from books;
+----+----------+----------+-------+-------+-------------------+---------+
| id | author   | bookname | price | time  | description       | pagenum |
+----+----------+----------+-------+-------+-------------------+---------+
| 1  | wdd      | python   |    50 | 2022  | this is a good book |    20   |
| 2  | name1    | JAVA     |    50 | 2022  | good book         |    40   |
| 3  | name2    | C++      |    50 | 2022  | good book         |    30   |
+----+----------+----------+-------+-------+-------------------+---------+
3 rows in set (0.00 sec)
```

（5）使用 update 命令，修改 books 表中的数据，并使用 select 命令查看成功修改后的表数据，命令及运行结果如下：

```
mysql> update books set author='zhangsan' where id=2;
mysql> update books set author='lisi' where id=3;
mysql> update books set price=0 where id=3;
mysql> select * from books;

mysql> select * from books;
+----+----------+----------+-------+-------+-------------------+---------+
| id | author   | bookname | price | time  | description       | pagenum |
+----+----------+----------+-------+-------+-------------------+---------+
| 1  | wdd      | python   |    50 | 2022  | this is a good book |    20   |
| 2  | zhangsan | JAVA     |    50 | 2022  | good book         |    40   |
| 3  | lisi     | C++      |     0 | 2022  | good book         |    30   |
+----+----------+----------+-------+-------+-------------------+---------+
3 rows in set (0.00 sec)
```

（6）使用 delete 命令，删除价格为 0 的图书，命令及运行结果如下：

```
mysql> delete from books where price=0;
mysql> select * from books;

mysql> select * from books;
+----+----------+----------+-------+-------+-------------------+---------+
| id | author   | bookname | price | time  | description       | pagenum |
+----+----------+----------+-------+-------+-------------------+---------+
| 1  | wdd      | python   |    50 | 2022  | this is a good book |    20   |
| 2  | zhangsan | JAVA     |    50 | 2022  | good book         |    40   |
+----+----------+----------+-------+-------+-------------------+---------+
2 rows in set (0.00 sec)
```

（7）使用 drop 命令，删除数据表 books，命令如下：

```
mysql> drop table books;
```

6. 使用 drop 命令，删除数据库 ahut

```
mysql> drop database ahut;
Query OK, 0 rows affected (0.55 sec)

mysql> show databases;
+--------------------+
| Database           |
+--------------------+
| information_schema |
| hive_remote        |
| mysql              |
| test               |
+--------------------+
4 rows in set (0.04 sec)
```

7. 使用 alter 命令修改表的字段

（1）在数据库 test 中，创建测试表 ps，命令如下：

```
mysql> use test;
mysql> CREATE TABLE ps(
    -> id INT(10) UNSIGNED NOT NULL AUTO_INCREMENT,
    -> name CHAR(4) NOT NULL DEFAULT '',
    -> age INT(3) NOT NULL DEFAULT 0,
    -> info CHAR(100) NULL,
    -> PRIMARY KEY (id));
```

（2）将 ps 表更名为 person 表，命令如下：

```
mysql> alter table ps rename person;
```

（3）将 person 表中 name 字段的数据类型由 char(4)改为 char(20)，命令如下：

```
mysql> alter table person modify name char(20) NOT NULL DEFAULT '';
```

（4）将 person 表中的 info 字段名称改为 information，数据类型保持不变，命令如下：

```
mysql> alter table person change info information char(100) NULL;
```

（5）向 person 表中添加字段 time，字段类型为 year，命令如下：

```
mysql> alter table person add time year;
```

（6）在 person 表中的 name 字段后，添加字段 sex，命令如下：

```
mysql> alter table person add sex char(1) after name;
```

（7）删除 person 表中的 time 字段，命令如下：

```
mysql> alter table person drop time;
```

（8）将 person 表中的 age 字段移动到 sex 字段后，命令如下：

```
mysql> alter table person modify age int(3) not null default 0 after sex;
```

（9）在 person 表中移动 information 字段，使其位于字段首位，并查看表结构，命令及运行结果如下：

113

```
mysql> alter table person modify information char(100) null first;

mysql> desc person;
+-------------+------------------+------+-----+---------+----------------+
| Field       | Type             | Null | Key | Default | Extra          |
+-------------+------------------+------+-----+---------+----------------+
| information | char(100)        | YES  |     | NULL    |                |
| id          | int(10) unsigned | NO   | PRI | NULL    | auto_increment |
| name        | char(20)         | NO   |     |         |                |
| sex         | char(1)          | YES  |     | NULL    |                |
| age         | int(3)           | NO   |     | 0       |                |
+-------------+------------------+------+-----+---------+----------------+
5 rows in set (0.00 sec)
```

8.6　Hive 的安装

安装 Hive 的大致步骤如下，详细的步骤及配置命令可查看配套的在线文档。

（1）通过 MobaXterm 软件，将 Hive 的安装包及 MySQL 驱动包上传到虚拟机 ahut01 的/root/software 文件夹中。

（2）使用 tar 命令解压缩 Hive 安装包。

（3）使用 mv 命令将解压缩得到的文件夹重命名为 hive，并移动 hive 文件夹到/opt/ahut 文件夹中。

（4）输入 vi/etc/profile，编辑/etc/profile 文件，配置环境变量。

（5）输入 source /etc/profile，更新环境变量。

（6）在 hive/conf 目录下输入 vi hive-site.xml，修改 Hive 的配置文件。

（7）通过 cp 命令将 MySQL 驱动包导入 Hive 中。

（8）通过 cp 命令将 YARN 中的低版本 jline 替换为 Hive 中的新版本 jline。

（9）使用命令进入 Hive 终端前，需要依次启动 ZooKeeper、Hadoop、YARN 和 MySQL，接着输入 hive，进入 Hive 终端并查看数据库列表。

8.7　Hive 表的操作

8.7.1　内部表和外部表

Hive 相对数据库来说是一个更大的数据存储和处理容器，传统的类似"增、删、改、查"的操作在 Hive 上仍然适用，在此不再赘述。

未被 external 修饰的是内部表，被 external 修饰的是外部表，二者区别如下。

（1）内部表数据由 Hive 自身管理，外部表数据由 HDFS 管理。

（2）内部表数据存储的配置项是 hive.metastore.warehouse.dir，默认值为 /user/hive/warehouse，外部表数据的存储位置由自己指定。

（3）在删除表时，内部表的元数据和表内容会被一起删除；而外部表只删除元数据，不删除表内容。

对比发现，外部表相对来说更加安全，数据组织也更加灵活，方便共享源数据，生产中常使用外部表。

8.7.2　Hive 表的操作

1．内部表

在 Hive 中创建的表默认都是内部表，也称为管理表。因为这种表，Hive 或多或少地控制着数据的生命周期。Hive 默认情况下会将这些表的数据存储在由配置项定义目录的子目录下。删除一个内部表时，Hive 也会删除这个表中的数据。因此，内部表不适合与其他工具共享数据。

 实例 8-1　内部表的创建

（1）创建包含 id 和 name 两个字段的内部表 student，命令如下：

```
hive> create table if not exists student(
    > id int, name string)
    > row format delimited fields terminated by '\t';
```

（2）使用 desc 命令查询表的类型，其中 Table Type 属性的定义是，MANAGED_TABLE 为内部表，EXTERNAL_TABLE 为外部表，命令如下：

```
hive> desc formatted student;

OK
# col_name              data_type                    comment
id                      int
name                    string

# Detailed Table Information
Database:               default
Owner:                  root
CreateTime:             Sat Feb 26 18:36:45 CST 2022
LastAccessTime:         UNKNOWN
Protect Mode:           None
Retention:              0
Location:               hdfs://mycluster/user/hive_remote/warehouse/student
Table Type:             MANAGED_TABLE
Table Parameters:
        transient_lastDdlTime    1645871805
……省略部分输出信息……
Storage Desc Params:
        field.delim                  \t
        serialization.format         \t
Time taken: 0.625 seconds, Fetched: 28 row(s)
```

2．外部表

当原始日志文件同时被多部门操作时，需要使用外部表。即使用户将 Metadata 删除了，也可以根据 HDFS 上的表数据恢复外部表，提高了数据的安全性。

总结：外部表更安全，内部表用得较少。实际应用中，应根据不同的场景创建表。例如，中间临时表可以用内部表；多部门要用到同一张表的情况下，需要用外部表。

实例 8-2 **外部表的创建**

下面分别创建部门表和员工表两个外部表，指定数据来源是配套资源中的 emp.txt 和 dept.txt 文件，并向创建好的外部表中导入数据。

（1）创建部门表，命令如下：

```
hive> create external table if not exists dept(
    > deptno int,
    > dname string,
    > loc int)
    > row format delimited fields terminated by '\t';
```

（2）创建员工表，命令如下：

```
hive> create external table if not exists emp(
    > empno int,
    > ename string,
    > job string,
    > mgr int,
    > hiredate string,
    > sal double,
    > comm double,
    > deptno int)
    > row format delimited fields terminated by '\t';
```

（3）查看当前已经创建好的表，命令如下：

```
hive> show tables;

OK
dept
emp
student
```

（4）在虚拟机 ahut01 中，新建/root/files 目录，并通过 MobaXterm 软件将 dept.txt 和 emp.txt 文件上传到/root/files 目录下，然后向外部表中导入数据，命令如下：

```
hive> load data local inpath '/root/files/dept.txt' into table default.dept;
hive> load data local inpath '/root/files/emp.txt' into table default.emp;
```

（5）查看导入外部数据后的表，运行结果如下：

```
hive> select * from emp;

OK
7369    SMITH    CLERK        7902    1980-12-17    800.0     NULL       20
7499    ALLEN    SALESMAN     7698    1981-2-20     1600.0    300.0      30
7521    WARD     SALESMAN     7698    1981-2-22     1250.0    500.0      30
7566    JONES    MANAGER      7839    1981-4-2      2975.0    NULL       20
7654    MARTIN   SALESMAN     7698    1981-9-28     1250.0    1400.0     30
7698    BLAKE    MANAGER      7839    1981-5-1      2850.0    NULL       30
7782    CLARK    MANAGER      7839    1981-6-9      2450.0    NULL       10
7788    SCOTT    ANALYST      7566    1987-4-19     3000.0    NULL       20
7839    KING     PRESIDENT    NULL    1981-11-17    5000.0    NULL       10
```

7844	TURNER	SALESMAN	7698	1981-9-8	1500.0	0.0	30
7876	ADAMS	CLERK	7788	1987-5-23	1100.0	NULL	20
7900	JAMES	CLERK	7698	1981-12-3	950.0	NULL	30
7902	FORD	ANALYST	7566	1981-12-3	3000.0	NULL	20
7934	MILLER	CLERK	7782	1982-1-23	1300.0	NULL	10

```
hive> select * from dept;

OK
10        ACCOUNTING      1700
20        RESEARCH        1800
30        SALES    1900
40        OPERATIONS      1700
```

（6）查看 dept 表或 emp 表的结构，可以发现表的类型为外部表，运行结果如下：

```
hive> desc formatted dept;

……省略部分输出信息……
# Detailed Table Information
Database:              default
Owner:                 root
CreateTime:            Sat Feb 26 18:37:59 CST 2022
LastAccessTime:        UNKNOWN
Protect Mode:          None
Retention:             0
Location:              hdfs://mycluster/user/hive_remote/warehouse/dept
Table Type:            EXTERNAL_TABLE
Table Parameters:
        COLUMN_STATS_ACCURATE   false
        EXTERNAL                TRUE
        last_modified_by        root
……省略部分输出信息……
```

 实例 8-3　内部表与外部表的转换

（1）使用 alter 命令修改外部表 dept 为内部表，注意区分语句英文字母的大小写，命令如下：

```
hive> alter table dept set tblproperties('EXTERNAL'='FALSE');
```

（2）查看更改后的表类型，可以看到已经更改为 MANAGED_TABLE，运行结果如下：

```
hive> desc formatted dept;

……省略部分输出信息……
# Detailed Table Information
Database:              default
Owner:                 root
CreateTime:            Sat Feb 26 18:37:51 CST 2022
LastAccessTime:        UNKNOWN
Protect Mode:          None
Retention:             0
```

```
Location:                    hdfs://mycluster/user/hive_remote/warehouse/dept
Table Type:                  MANAGED_TABLE
Table Parameters:
            COLUMN_STATS_ACCURATE           false
            EXTERNAL                        FALSE
            last_modified_by                root
……省略部分输出信息……
```

（3）类似地，将 EXTERNAL 的值设置为 TRUE，即可将内部表 dept 修改为外部表，命令如下：

```
hive> alter table dept set tblproperties('EXTERNAL'='TRUE');
```

8.8　典型内置函数与自定义函数

Hive 定义了一套内置函数和自定义函数，可以查看当前 Hive 版本支持的所有内置函数，命令如下：

```
hive> show function;
```

限于篇幅，本书仅介绍几种常用函数。读者理解后，可自行扩展，查阅各种函数的信息，或通过命令查看某个函数的使用方法。例如，查看 upper 函数的命令如下：

```
hive> desc function upper;

upper(str) - Returns str with all characters changed to uppercase
```

8.8.1　空值转换函数 nvl

nvl 函数可以将值为 NULL 的数据字段转换为用户自定义的数据，语法格式为

```
nvl(origin_data, replace_data)
```

如果 origin_data 为 NULL，则 NVL 函数返回 replace_data 的值，否则返回 origin_data 的值。

 实例 8-4　nvl 函数的使用

（1）实现：转换 emp 表中员工的 comm 属性。如果数据存在，则返回原数据；如果该数据为 NULL，则用-1 代替。命令如下：

```
# 原始数据
hive> select comm from emp;

NULL
300.0
500.0
NULL
1400.0
NULL
NULL
```

```
NULL
NULL
0.0

# 替换后的数据
hive> select nvl(comm,-1) from emp;

-1.0
300.0
500.0
-1.0
1400.0
-1.0
-1.0
-1.0
-1.0
0.0
```

（2）实现：转换 emp 表中员工的 comm 属性。如果数据存在，则返回原数据；如果该数据为 NULL，则用领导 ID 字段 mgr 代替。命令如下：

```
# 原始数据
hive> select comm,mgr from emp;
OK
NULL    7902
300.0   7698
500.0   7698
NULL    7839
1400.0  7698
NULL    7839
NULL    7839
NULL    7566
NULL    NULL
0.0     7698

# 替换后的数据
hive> select nvl(comm,mgr) from emp;
OK
7902.0
300.0
500.0
7839.0
1400.0
7839.0
7839.0
7566.0
NULL
0.0
```

8.8.2　case when 和 sum 函数的综合应用

Hive 常用的数据导入方式如下：

（1）从本地文件系统导入数据到 Hive 表；

（2）从 HDFS 导入数据到 Hive 表；

（3）从其他表查询数据并导入 Hive 表；

（4）在创建表时从其他表查询数据并导入当前创建的表。

Hive 常用的数据导出方式如下：

（1）导出到本地文件系统；

（2）导出到 HDFS；

（3）导出到 Hive 其他表。

实例 8-5 case when 和 sum 函数的综合应用

本实例中，需要通过 case when 和 sum 两个函数计算出不同部门的男女人数。具体步骤如下。

（1）将 emp_sex.txt 文件上传到虚拟机 ahut01 的/root/files 目录下，并创建 emp_sex 表，命令如下：

```
hive> create table emp_sex(
    > name string,
    > dept_id string,
    > sex string)
    > row format delimited fields terminated by "\t";
```

（2）将 emp_sex.txt 的数据加载到 emp_sex 表中，命令如下：

```
hive> load data local inpath '/root/files/emp_sex.txt' into table emp_sex;
```

（3）编写 HQL 语句，分别统计出各部门的男女人数，转换为 MapReduce 任务后，运行结果如下：

```
hive> select
    > dept_id,
    > sum(case sex when '男' then 1 else 0 end) male_count,
    > sum(case sex when '女' then 1 else 0 end) female_count
    > from
    > emp_sex
    > group by
    > dept_id;

Query ID = root_20220517145633_a19712dd-962c-4e09-86b7-ae5c2ce9a5f8
Total jobs = 1
Launching Job 1 out of 1
……省略部分输出信息……
Total MapReduce CPU Time Spent: 8 seconds 470 msec
OK
A       2       1
B       1       2
```

最终输出的结果符合预期，A 部门有 2 男 1 女，B 部门有 1 男 2 女。

8.8.3　UDAF 聚合函数 concat

1．concat 函数

concat 函数用于将多个字符串或字段值连接成一个字符串并返回连接后的结果，语法格式为

```
concat(str1, str2, …)
```

concat 函数支持多个参数，简单示例如下。

（1）将两个字段列连接起来，命令如下：

```
hive> select concat(deptno,dname) from dept;

10ACCOUNTING
20RESEARCH
30SALES
40OPERATIONS
```

（2）将两个字段列连接起来，且中间加一个"-"符号，命令如下：

```
hive> select concat(deptno,'-',dname) from dept;

10-ACCOUNTING
20-RESEARCH
30-SALES
40-OPERATIONS
```

（3）连接字符串，命令如下：

```
hive> select concat('hello','-','world');

hello-world
```

2．concat_ws 函数

concat_ws 函数是一个特殊形式的 concat 函数，语法格式为

```
concat_ws(separator, str1, str2,…)
```

第一个参数是其余参数之间的分隔符，分隔符可以是与其余参数一样的字符串。如果分隔符是 NULL，返回值也将为 NULL。这个函数会跳过第一个参数后的任何 NULL 和空字符串。分隔符将被加到被连接的字符串之间。简单示例如下：

```
hive> select concat_ws('-','I','Love','AHUT');

I-Love-AHUT
```

concat 函数和 concat_ws 函数都可用于连接字符串，当分隔符相同时，concat_ws 函数的语法格式更加简洁。需要注意的是，用于连接的字段格式必须为 string。

3．collect_set 函数

collect_set 函数只接收基本数据类型，语法格式为

```
collect_set(col)
```

它的主要作用是将某字段的值去重后汇总，并输出为 array 类型字段，简单示例如下。

（1）查询 deptno 字段值去重，并将结果作为数组返回，命令如下：

```
hive> select collect_set(loc) from dept;

Query ID = root_20220517152431_63394547-66f2-45d6-bf4e-83932e10d41a
Total jobs = 1
Launching Job 1 out of 1
……省略部分输出信息……

[1700,1800,1900]
```

（2）去重后连接 dept 表的 dname 字段，结果为 ACCOUNTING-RESEARCH-SALES-OPERATIONS，命令如下：

```
hive> select concat_ws('-',collect_set(dept.dname)) from dept;

Query ID = root_20220517152726_641db796-36c9-4af8-8823-9727e5245dbe
Total jobs = 1
Launching Job 1 out of 1
……省略部分输出信息……

ACCOUNTING-RESEARCH-SALES-OPERATIONS
```

 实例 8-6　*数据归类*

将星座和血型一样的人归类到一起，并在同一行输出。只要求找出星座和血型相同的人时，可以用 group by 函数，但是要找出符合条件的并在同一行输出，就必须结合使用 concat 函数，具体步骤如下。

（1）将 person_info.txt 上传到虚拟机 ahut01 的/root/files 目录下，并创建 person_info 表，命令如下：

```
hive> create table person_info(
    > name string,
    > constellation string,
    > blood_type string)
    > row format delimited fields terminated by "\t";
```

（2）将 person_info.txt 文件的内容加载到 person_info 表中，命令如下：

```
hive> load data local inpath '/root/files/person_info.txt' into table person_info;
```

（3）编写 HQL 语句，统计出星座和血型相同的人，运行结果如下：

```
hive> select t1.premise, concat_ws('|', collect_set(t1.name)) name
    > from
    > (select name, concat(constellation, ",", blood_type) premise
    > from person_info) t1 group by t1.premise;

Query ID = root_20220517153640_fbd8a1c8-cb25-4603-a9e7-4c7f8250a583
```

```
Total jobs = 1
Launching Job 1 out of 1
……省略部分输出信息……
射手座,A          王明|李勤
白羊座,A          刘其|张辉
白羊座,B          张浩
```

8.8.4　UDTF 炸裂函数 explode

explode 函数将 Hive 一列中复杂的 array 或者 map 结构拆分成多行。函数语法格式为

```
lateral view udtf(expression) tableAlias AS columnAlias
```

其中，tableAlias 是函数执行后的虚拟表的别名，columnAlias 是函数执行后的列别名。该函数和 explode 等 UDTF 一起使用，能够将一列数据拆分成多行数据，在此基础上可以对拆分后的数据进行聚合。

实例 8-7　查找各种类的图书名称

本实例中，需要找出当前数据中各种类的图书具体有哪些。具体步骤如下。

（1）将 book_info.txt 上传到虚拟机 ahut01 的/root/files 目录下，并创建 book_info 表，命令如下：

```
hive> create table book_info(
    > book string,
    > category array<string>)
    > row format delimited fields terminated by "\t"
    > collection items terminated by ",";
```

（2）将 book_info.txt 文件的内容加载到 book_info 表中，命令如下：

```
hive> load data local inpath '/root/files/book_info.txt' into table book_info;
```

（3）查看 book_info 表中的数据，结果如下：

```
hive> select * from book_info;

《三国演义》      ["长篇","章回体","小说"]
《资治通鉴》      ["长篇","编年体","历史"]
《三体》          ["科幻","小说","长篇"]
```

（4）编写 HQL 语句，查询符合要求的数据，命令如下：

```
hive> select
    > book
    > from
    > book_info lateral view explode(category) table_tmp as category_name
    > where category_name='长篇';


《三国演义》
《资治通鉴》
《三体》
```

（5）上述 HQL 语句中，使用炸裂函数 explode 对 category 字段进行炸裂。例如，其中一列数据"《三国演义》[长篇，章回体，小说]"被炸裂成三行数据，同时形成一张临时表 table_tmp，运行结果如下：

```
hive> select
    > book
    > from
    > book_info lateral view explode(category) table_tmp as category_name;

《三国演义》
《三国演义》
《三国演义》
《资治通鉴》
《资治通鉴》
《资治通鉴》
《三体》
《三体》
《三体》
```

（6）加入 where 子查询，通过临时表中的 category_name 字段筛选图书种类。例如，想要找出图书种类为"科幻"的条目，运行结果如下：

```
hive> select
    > book
    > from
    > book_info lateral view explode(category) table_tmp as category_name
    > where category_name='科幻';

《三体》
```

8.8.5　窗口函数

窗口函数指定函数工作的数据窗口大小（当前行的上下多少行），这个数据窗口大小可能会随着行的变化而变化。部分函数介绍如下。

- over：指定分析函数工作的数据窗口大小，这个数据窗口大小可能会随着行的变化而变化。
- current row：当前行。
- n preceding：往前 n 行数据。
- n following：往后 n 行数据。
- unbounded：起点。unbounded preceding 表示到前面的起点，unbounded following 表示到后面的终点。
- lag(col, n)：往前第 n 行数据。此处注意其与 n preceding 的区别，这两个都是往前 n 行数据，而 n preceding 是往前 n 行到 current 行，结果包含 n+1 行。
- lead(col, n)：往后第 n 行数据。
- ntile(n)：把有序分区中的行分发到指定数据的组中，各组都有编号，编号从 1 开始，对每一行，ntile 返回此行所属组的编号。其中，n 必须为 int 整数类型。

实例 8-8　窗口函数的综合应用

本实例中，需要完成以下任务：

● 查询在 2021 年 4 月购买过商品的顾客及总人数。注意这里统计的并不是购买的次数，而是顾客的人数；

● 查询顾客的购买明细及月购买总额；

● 将 cost 按照日期进行累加；

● 查询顾客上一次的购买时间；

● 查询按时间排序的所有订单中前 20%的订单的信息。

具体步骤如下。

（1）将 business.txt 上传到虚拟机 ahut01 的/root/files 目录下，创建 business 表，命令如下：

```
hive> create table business(
    > name string,
    > orderdate string,
    > cost int )
    > ROW FORMAT DELIMITED FIELDS TERMINATED BY ',';
```

（2）将 business.txt 文件的内容加载到 business 表中，命令如下：

```
hive> load data local inpath '/root/files/business.txt' into table business;
```

（3）编写 HQL 语句，查询在 2021 年 4 月购买过商品的顾客及总人数，命令如下：

```
hive> select name,count(*) over ()
    > from business
    > where substring(orderdate,1,7) = '2021-04'
    > group by name;

Query ID = root_20220518020608_edf37b52-28c2-423d-b7ba-6b1b1e84f298
Total jobs = 2
Launching Job 1 out of 2
……省略部分输出信息……
mart      2
jack      2
```

（4）编写 HQL 语句，统计顾客的购买明细及月购买总额，命令如下：

```
hive> select name,orderdate,cost,sum(cost) over(partition by month(orderdate))
    > from business;

Query ID = root_20220518022646_c17b3713-5868-4685-b005-4e134cba22d7
Total jobs = 1
Launching Job 1 out of 1
……省略部分输出信息……
jack      2021-01-01      10      205
jack      2021-01-08      55      205
tony      2021-01-07      50      205
jack      2021-01-05      46      205
tony      2021-01-04      29      205
```

tony	2021-01-02	15	205
jack	2021-02-03	23	23
mart	2021-04-13	94	341
jack	2021-04-06	42	341
mart	2021-04-11	75	341
mart	2021-04-09	68	341
mart	2021-04-08	62	341
neil	2021-05-10	12	12
neil	2021-06-12	80	80

也可以统计顾客的购买明细及所有人的购买总额，命令如下：

```
hive> select name,orderdate,cost,sum(cost) over()
    > from business;
```

将 cost 字段值根据日期进行累加，统计每个人每天的消费总额，命令如下：

```
hive> select name,orderdate,cost,
    > sum(cost) over(order by orderdate) as sample1
    > from business;

Query ID = root_20220518023205_d1e5ca66-4be8-4fc2-8efd-153d296039c8
Total jobs = 1
Launching Job 1 out of 1
······省略部分输出信息······
```

jack	2021-01-01	10	10
tony	2021-01-02	15	25
tony	2021-01-04	29	54
jack	2021-01-05	46	100
tony	2021-01-07	50	150
jack	2021-01-08	55	205
jack	2021-02-03	23	228
jack	2021-04-06	42	270
mart	2021-04-08	62	332
mart	2021-04-09	68	400
mart	2021-04-11	75	475
mart	2021-04-13	94	569
neil	2021-05-10	12	581
neil	2021-06-12	80	661

其中，开窗是针对每一条数据的，所有数据都执行 sum 聚合，窗口大小是 orderby 日期的累加。

（5）编写 HQL 语句，查看顾客上一次的购买时间，命令如下：

```
hive> select name,orderdate,cost,
    > lag(orderdate,1,'1900-01-01')
    > over(partition by name order by orderdate ) as time1
    > from business;

Query ID = root_20220518024431_349eff46-d920-4918-a02d-65873531a0fd
Total jobs = 1
Launching Job 1 out of 1
```

```
……省略部分输出信息……
jack      2021-01-01      10      1900-01-01
jack      2021-01-05      46      2021-01-01
jack      2021-01-08      55      2021-01-05
jack      2021-02-03      23      2021-01-08
jack      2021-04-06      42      2021-02-03
mart      2021-04-08      62      1900-01-01
mart      2021-04-09      68      2021-04-08
mart      2021-04-11      75      2021-04-09
mart      2021-04-13      94      2021-04-11
neil      2021-05-10      12      1900-01-01
neil      2021-06-12      80      2021-05-10
tony      2021-01-02      15      1900-01-01
tony      2021-01-04      29      2021-01-02
tony      2021-01-07      50      2021-01-04
```

在输出的结果中可以看到，最后一列中，有的数据显示为"1900-01-01"。这是因为最后一列数据是每位顾客上一次购买商品的时间，而对第一次购买而言没有"上一次"，所以对应记录的上一次购买时间应是 null，但为了数据表的美观，就用"1900-01-01"来代替 null。

（6）编写 HQL 语句，查询按时间排序的所有订单中前 20%的订单信息，命令如下：

```
hive> select * from (
    >      select name,orderdate,cost, ntile(5) over(order by orderdate) sorted
    >      from business
    > ) tb
    > where sorted = 1;

Query ID = root_20220518024910_ee368e68-e6de-4519-9895-9c10a54debcc
Total jobs = 1
Launching Job 1 out of 1
……省略部分输出信息……
jack      2021-01-01      10      1
tony      2021-01-02      15      1
tony      2021-01-04      29      1
```

这个案例用到了 ntile 函数，用于把分区中的一行行数据分发到指定的分组中。其中，sorted 表示各个组的编号，且编号从 1 开始。由于需求是查询按时间排序的所有订单中前 20%的订单，因此按时间排序，找出前五分之一的订单信息，故 ntile 后面取 5，即把数据分为 5 组，取 sorted 等于 1，即组号为 1 的数据。注意，分组是从第 1 个数据开始均匀划分，由于 business 表中有 14 条数据，因此前 4 组中的每组都有 3 条数据，而最后 1 组只有 2 条数据。

8.8.6　自定义函数实例

当 Hive 提供的内置函数无法满足业务需求时，可以考虑引入用户自定义函数，用户自定义函数分为以下三种。

- UDF（User-Defined Function）：用户定义函数。
- UDAF（User-Defined Aggregation Function）：用户定义聚集函数。
- UDTF（User-Defined Table-Generating Functions）：用户定义表生成函数。

实例 8-9 自定义函数

本实例中,使用 IDEA 作为开发工具,运行在 Windows 10 操作系统上,实现输入多个字符并指定分隔符,经过自定义函数处理后,将分割后的字符串输出。

注意,由于在 Windows 上的 JDK 版本为 1.8,而 ahut01 中的 JDK 版本为 1.7,通过 Maven 打包生成的 jar 就无法在 ahut01 中运行,因此需要先升级虚拟机中的 JDK 版本为 1.8,步骤如下:

(1)停止目前启动的所有服务,上传 jdk-8u331-linux-x64.rpm 文件到虚拟机 ahut01 的 /root/software 目录,并安装 JDK 1.8,命令如下:

```
[root@ahut01 software]# rpm -ivh jdk-8u331-linux-x64.rpm
```

(2)修改/etc/profile 文件中的 JAVA_HOME 为/usr/java/jdk1.8.0_331-amd64,配置如下:

```
# 将 JDK 1.7 的路径
# export JAVA_HOME=/usr/java/jdk1.7.0_67
# 修改为 JDK 1.8 的路径
export JAVA_HOME=/usr/java/jdk1.8.0_331-amd64
```

重复以上步骤,在其他三台机器上升级。这里有一个细节需要注意,现在 ahut01 的 /etc/profile 文件和其余三台机器其实是不一致的,如果直接把 ahut01 的/etc/profile 分发给其他三台虚拟机,会使它们丢掉 ZOOKEEPER_HOME 配置项。同时更新环境变量,命令如下:

```
[root@ahut01 ~]# source /etc/profile
```

升级完成后,查看现在的 Java 版本,命令如下:

```
[root@ahut01 ~]# java -version
java version "1.8.0_331"
Java(TM) SE Runtime Environment (build 1.8.0_331-b09)
Java HotSpot(TM) 64-Bit Server VM (build 25.331-b09, mixed mode)
```

之前已经在 Hadoop 的配置文件 hadoop-env.sh、mapred-env.sh 和 yarn-env.sh 中配置了 JAVA_HOME,现在在 ahut01 中把这三个文件中的 JAVA_HOME 改为/usr/java/jdk1.8.0_331-amd64。保存以后,使用 scp 命令单独把这三个文件分发给其他三台机器。分发成功后,JDK 的升级和相关的配置更新就完成了。

图 8-3 项目结构

下面开发自定义函数,具体步骤如下。

(1)使用 IDEA 创建一个 Maven 工程,命名为 SplitFunction,项目结构如图 8-3 所示。

(2)通过 Maven 导入 hive-exec 包,修改 pom 文件,配置如下:

```
<?xml version="1.0" encoding="UTF-8"?>
<project xmlns="http://maven.apache.org/POM/4.0.0"
        xmlns:xsi="http://www.w3.org/2001/XMLSchema-instance"
        xsi:schemaLocation="http://maven.apache.org/POM/4.0.0 http://maven.apache.org/xsd/
```

```
maven-4.0.0.xsd">
            <modelVersion>4.0.0</modelVersion>
            <groupId>org.example</groupId>
            <artifactId>SplitFunction</artifactId>
            <version>1.0-SNAPSHOT</version>
            <properties>
                <maven.compiler.source>8</maven.compiler.source>
                <maven.compiler.target>8</maven.compiler.target>
            </properties>
            <repositories>
                <repository>
                    <id>cloudera</id>
                <url>https://repository.cloudera.com/artifactory/cloudera-repos/</url>
                </repository>
            </repositories>
            <dependencies>
                <dependency>
                    <groupId>org.apache.hive</groupId>
                    <artifactId>hive-exec</artifactId>
                    <version>1.2.1</version>
                </dependency>
            </dependencies>
        </project>
```

（3）创建 com.ahut.SplitTool 类，代码如下：

```
package com.ahut;

import org.apache.hadoop.hive.ql.exec.UDFArgumentException;
import org.apache.hadoop.hive.ql.metadata.HiveException;
import org.apache.hadoop.hive.ql.udf.generic.GenericUDTF;
import org.apache.hadoop.hive.serde2.objectinspector.ObjectInspector;
import org.apache.hadoop.hive.serde2.objectinspector.ObjectInspectorFactory;
import org.apache.hadoop.hive.serde2.objectinspector.StructObjectInspector;
import org.apache.hadoop.hive.serde2.objectinspector.primitive.PrimitiveObjectInspectorFactory;
import java.util.ArrayList;
import java.util.List;

public class SplitTool extends GenericUDTF {
    private List<String> dataList = new ArrayList<String>();
    @Override
    public StructObjectInspector initialize(StructObjectInspector argOIs) throws UDFArgument
Exception {

        List<String> fieldNames = new ArrayList<String>();
        fieldNames.add("word");
        //定义输出数据的类型
        List<ObjectInspector> fieldOIs = new ArrayList<ObjectInspector>();
        fieldOIs.add(PrimitiveObjectInspectorFactory.javaStringObjectInspector);
        return ObjectInspectorFactory.getStandardStructObjectInspector(fieldNames, fieldOIs);

    }
```

```
public void process(Object[] args) throws HiveException {
    //获取数据
    String data = args[0].toString();
    //获取分隔符
    String splitKey = args[1].toString();
    //切分数据
    String[] words = data.split(splitKey);
    for (String word : words){
        dataList.clear();
        dataList.add(word);
        forward(dataList);
    }}

public void close() throws HiveException {
    }}
```

（4）通过软件右侧 Maven 工具中的 package 命令，将 com.ahut.SplitTool 打包为 jar 包，如图 8-4 所示，得到的 jar 包如图 8-5 所示。

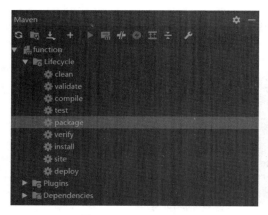

图 8-4　Maven 工具

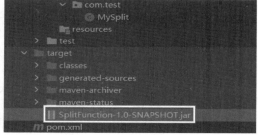

图 8-5　通过 Maven 打包获得的 jar 包

（5）将打包得到的 jar 包上传到虚拟机 ahut01 的/root/files 目录下，进入 Hive 终端后将其添加到 Hive 的 classpath 中，命令如下：

```
hive> add jar /root/ files/SplitFunction-1.0-SNAPSHOT.jar;
```

（6）创建临时函数关联上传的 Java class，临时函数在退出客户端后就会被删除，命令如下：

```
hive> create temporary function mysplit as "com.ahut.SplitTool";
```

（7）临时函数创建成功，可以在 Hive 中使用自定义的函数 mysplit，命令如下：

```
hive> select mysplit('I-Love-AHUT','-');

I
Love
AHUT
```

8.9　本章思维导图

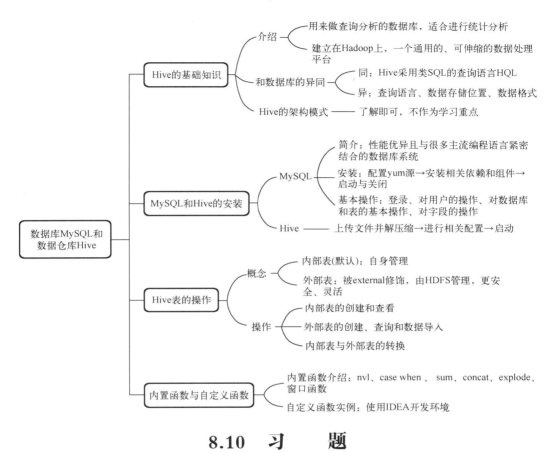

8.10　习　　题

1. 说明 Hive 和 Hadoop 的依赖关系。
2. 列举 Hive 的 HQL 语言特点。
3. 熟悉 Hive 的安装配置过程。
4. 说明数据库和数据仓库的异同。
5. 说明 Hive 的外部表和内部表的区别。
6. 说明 SQL 语句 "show grants for ' ... ';" 的作用。
7. 在 MySQL 中如何不指定字段名称插入数据？
8. 在 MySQL 中如何使插入的字段位于行首？
9. Hive 自定义函数分为哪几种？
10. Hive 空值转换函数 nvl 的各项参数的含义分别是什么？
11. Hive 有几种 Metastore 的配置方式？分别是什么？
12. 熟悉 Hive 自定义函数的创建与使用。

第9章 NoSQL 数据库 HBase

在传统关系型数据库中,查询和检索数据并不太困难。但是当数据记录达到上百亿行时,关系型数据库的处理方式就有些力不从心。HBase 是 NoSQL 数据库中的一种典型数据库,其单表可以有上百亿行、上百万列,数据矩阵横向和纵向两个维度所支持的数据量级都具有弹性。NoSQL 数据库的出现是对传统数据库的延伸和发展,它解决了海量数据出现后的数据检索和分析查询效率的问题。本章主要介绍 HBase 及如何利用它进行大数据的高效存储和查询。注意,NoSQL 数据库不是对关系型数据库的否定,而是发展和补充。在实际数据分析中,往往是对多种数据源进行汇总,利用关系型数据库和 NoSQL 数据库综合分析得出结果。本章最后会给出一个用户通话记录数据分析的实例,让读者熟悉 HBase 的使用过程。

本章主要涉及以下知识点:

➢ NoSQL 数据库的分类与应用
➢ 关系型数据库和非关系型数据库的区别
➢ HBase 数据模型及执行原理,HBase 体系架构的组件
➢ HBase 的 Shell 操作,以及通过 Java API 访问 HBase 的实例

9.1　大数据框架的数据库存储配置

本章将完成四个有关 HBase 数据库的任务,分别是 HBase 安装、HBase 的 Shell 操作、基于 Java API 访问 HBase 实例及 HBase 综合实例。其中,涉及镜像操作的任务为 HBase 安装。9.4 节将分别实现基于伪分布式和完全分布式的 HBase 环境安装与配置。在伪分布式环境下,使用虚拟机镜像 ahut 进行实现;在分布式环境下,使用 ahut01、ahut02、ahut03 虚拟机镜像,并且在各个虚拟机镜像的 ahut0X-9 快照上进行任务操作。

本章任务完成后,虚拟机镜像保存的快照节点为 ahut0X-10,如图 9-1 所示。此节点完成了 HBase 环境的安

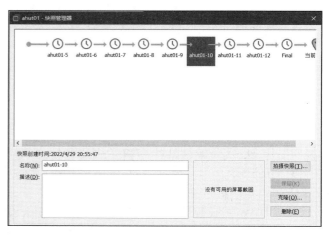

图 9-1　"HBase 安装"的快照

装与配置,其中 HBase 版本为 0.98.12.1,ahut01 作为主 HBase Server,ahut02 作为 HBase 客户端,ahut03 作为备份主机。

本章集群中各节点将会启动的进程如表 9-1 所示。

表 9-1　集群进程

节点	NameNode	DataNode	JournalNode	QuorumpeerMain	DFSZKFailover-Controller	HMaster	HRegion-Server
ahut01	√		√		√	√	√
ahut02	√	√	√	√	√		√
ahut03		√	√	√		√	√
ahut04				√			

其中，新增进程的作用如下。

HMaster：主要负责 Table 表的增、删、改、查等操作和 HRegion 的管理工作。

HRegionServer：主要负责响应用户的 I/O 请求，在 HDFS 中读写数据。

9.2　NoSQL 概念和分类

由于数据量的增大和对性能提升的要求，再加上数据格式的多样性，关系型数据库已经无法满足需求，在这种情况下，NoSQL 应运而生。

NoSQL = Not only SQL，"不仅仅是 SQL"。NoSQL 即非关系型数据库，它不以 SQL 为主要访问语言。NoSQL 不拘泥于关系型数据库的设计范式，放弃了通用的技术标准，如类型化列、辅助索引、触发器和高级查询语言等，它为某一领域特定场景而设计，其性能、容量、扩展性都达到了一定程度的突破。另外，它适用于离线数据分析，可以分布在廉价的机器上。随着互联网的发展，传统的关系型数据库在应付超大规模和高并发的系统上已经显得"力不从心"，非关系型数据库就是在这样的背景下产生的。

NoSQL 数据库分为 4 类：键值（Key-Value）存储数据库、列存储数据库、文档型数据库和图形（Graph）数据库，具体如下所述。

1．键值存储数据库

键值存储数据库是一种简单而高效的 NoSQL 数据库，它将数据存储为键值对的形式，一个键与一个值相关联。键值存储数据库具有快速的读写速度和高扩展性，适用于大型分布式应用程序，如缓存、会话存储和用户配置等场景。常见的键值存储数据库包括 Redis、Memcached 等。

2．列存储数据库

列存储数据库将数据存储为列而不是行，相对于传统的行存储数据库，可以大幅提高数据存储和查询的效率。列存储数据库适用于存储大量的结构化和半结构化数据，如大型日志文件和数据仓库等。HBase 就是列存储数据库的代表。

3．文档型数据库

文档型数据库与键值存储数据库相似。这种数据模型将内容按照特定格式存储。MongoDB 是一种基于文档的 NoSQL 数据库。

4．图形数据库

图形数据库与关系型数据库和列存储数据库不同，它采用灵活的图模型，并能扩展到多台服务器上，图形数据库可以在节点和边缘之间存储不限数量的关系和属性，容易查询这些关系。另外，由于 NoSQL 数据库没有统一的查询语言（SQL），因此在进行数据库查询时需要制定数据模型。Neo4j 就是一种流行的图形数据库，它在网络拓扑、地理信息系统、知识图谱等领域具有一定优势。

NoSQL 数据库主要适用于以下场景：

- 数据量大，数据模型比较简单；
- 对数据库性能要求较高，需要节省开发成本和维护成本；
- 不需要高度的数据一致性；
- 对给定 Key，比较容易映射复杂值的环境，数据之间关系性不强。

关系型数据库与非关系型数据库的区别如下。

- 成本：NoSQL 数据库简单、易部署，基本都是开源软件，且成本低。
- 查询速度：NoSQL 数据库将数据存储在缓存中，关系型数据库将数据存储在硬盘中，所以关系型数据库的查询速度远不及 NoSQL 数据库。
- 存储数据格式：NoSQL 的存储格式可以是 Key 形式、文档形式、图片形式等，它可以存储基础类型及对象或集合等各种格式，而关系型数据库只支持基础类型。
- 扩展性：由于 NoSQL 数据库的数据没有耦合性，因此其更容易扩展。严格来说，非关系型数据库不是一种数据库，而是一种数据结构化存储方法的集合。

HDFS 是大型数据集分析处理的文件系统，具有高延迟的特点，更倾向于读取整个数据集而不是某条记录。因此，当处理低延迟的用户请求时，HBase 是更好的选择，它能实现某条记录的快速定位，提供实时读写功能。

9.3　HBase 数据库

HBase 即 Hadoop Database，是一个基于 HDFS 和 ZooKeeper 的列式数据库，更是一个高可靠性、高性能、面向列、可伸缩、实时读写的分布式数据库。HBase 自底向上地构建，能够简单地通过增加节点来达到线性扩展。

HBase 将 HDFS 作为其文件存储系统，基于 YARN 的 MapReduce 处理 HBase 中的海量数据，ZooKeeper 作为其分布式协同服务，主要用来存储非结构化和半结构化的松散数据，也就是列存储的 NoSQL 数据库。HBase 在大数据生态体系中的位置如图 9-2 所示。

HBase 是一种 NoSQL 数据库，具有 Key-Value 存储结构，不支持传统的 SQL 查询语言。HBase 适用于海量数据的存储和查询，因为它可以水平扩展，能够处理数据量很大的情况。HBase 不支持传统关系型数据库提供的索引、事务和高级查询语言等功能。这意味着它不能直接将基于 RDBMS 的应用迁移到 HBase 上，需要重新设计和开发。HBase 是一种分布式数据库，可以通过添加商用服务器的 RegionServers 来实现集群的扩展，这种线性和模块化扩展的能力使得 HBase 适用于需要处理大量数据的企业应用程序。但是，HBase 需要足够的硬件资源来支持大规模的分布式架构。HBase 不适用于所有场景，需要根据具体的需求和数据规模来选择合适的数据库。

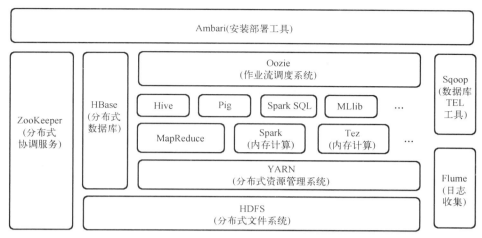

图 9-2　HBase 在大数据生态体系中的位置

9.3.1　HBase 数据模型

HBase 数据模型主要包括行键（Row Key）、列族（Column Family）、时间戳（Time Stamp）和单元格（Cell），如图 9-3 所示。

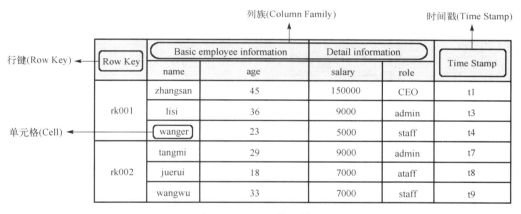

图 9-3　HBase 数据模型

1. 行键（Row Key）

行键存储的是不超过 64KB 的字节数据，它可以是任何字符串。图 9-3 中的行根据行键排序，决定着一行数据，数据按照 Row Key 的字节序（byte order）排序存储。如果想对表进行访问，都要通过行键。

2. 列族（Column Family）和列标签（qualifier）

在 HBase 表中的每个列都是归属于某个列族的，图 9-3 中的列族 Basic employee information 和 Detail information 必须作为表模式（schema）定义的一部分预先给出。列名均以列族为前缀，每个列族均可以有多个列成员 column，通过列标签表示，如 Basic employee information:name，Detail information:role，新的列族成员以后可以动态地根据需要加入。HBase 会将同列族里面的数据存储在同一目录下，在几个文件中保存。

3．时间戳（Time Stamp）

在 HBase 中的每个存储单元，都会对同一份数据存储多个版本，HBase 引入了时间戳区分每个版本之间的差异，不同版本的数据按照时间倒序排序，最新版本的数据排在最前面。时间戳可以由 HBase 在数据写入时自动赋值，此时的时间戳是精确到毫秒的系统时间。时间戳也可以由用户显式地赋值。

4．单元格（Cell）

单元格的内容是没有解析的字节数组，由行和列的坐标确定，同时单元格是有版本的。单元格中的数据是没有类型的，都以二进制字节码的形式存储。

9.3.2 HBase 体系架构及组件

HBase 体系架构如图 9-4 所示，下面介绍每个组件的作用及组件之间是如何协作的。

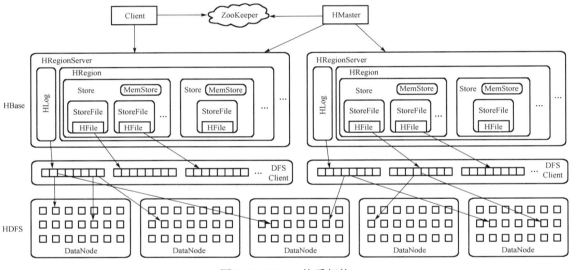

图 9-4 HBase 体系架构

1．元数据存储 ZooKeeper

HRegion 是 HBase 集群分布数据的最小单位，包括完整的行，所以它是所有数据的一个子集。ZooKeeper 保障在任何时候，集群中只有一个 Master。同时，ZooKeeper 用来存储所有 HRegion 的组件，主要用于存储 HBase 的寻址入口，实时监控 HRegionServer 的上线和下线信息，并且通知 HBase 处理表的结构信息和元数据信息的变化。

2．资源分配 HMaster

HMaster 组件类似 HDFS 中的 NameNode，它不存储数据，主要作用是为 HRegionServer 分配 HRegion，同时负责 HRegionServer 的负载均衡，如果发现失效的 HRegionServer，它会重新分配上面的 HRegion。HMaster 组件还会管理用户对 Table 的增、删、改操作。

3. HRegionServer 的处理

HRegionServer 组件类似 HDFS 中的 DataNode。HRegionServer 组件负责维护 HRegion，处理对 HRegion 的 I/O 请求，同时还负责切分在运行过程中过大的 HRegion。

4. 保持访问性能 Client

Client 组件主要包含访问 HBase 的接口，同时维护 Cache 来提高 HBase 的访问性能。

5. 分布式存储和负载均衡最小单元 Region

HRegion 是分布式存储和负载均衡的最小单元，HBase 会自动把表水平划分成多个区域，即多个 HRegion。每个 HRegion 会保存一个表中某段连续的数据，随着数据不断插入，HRegion 会不断增大，当增大到一个阈值时，HRegion 就会被等分成两个新的 HRegion，这个等分的过程称为裂变。当表中的行不断增多时，就会有越来越多的 HRegion。

6. MemStore、StoreFile 与组件

一个 HRegion 往往由多个 Store 组成，一个 Store 包括位于内存的 MemStore 和位于磁盘的 StoreFile。

7. HLog 的作用

HLog 文件是一个普通的 Hadoop Sequence File。Sequence File 的 Key 是 HLogKey 对象，HLogKey 记录写入数据的归属信息。HBase 在写数据时要先写入内存，为了防止数据没写入内存，会写一份 HLog 到 HDFS 中。

9.4　HBase 的安装

9.4.1　伪分布式

在配置伪分布式前，要确保虚拟机中已经安装了 Hadoop 组件。ZooKeeper 可以选择默认的 ZooKeeper（即内部的 ZooKeeper），主要配置步骤如下，详细的步骤及配置命令可查看配套的在线文档。

（1）使用 tar 命令，解压缩并安装 HBase；

（2）在 HBase 目录下输入 vi hbase-env.sh，修改 hbase-env.sh 配置文件；

（3）输入 vi hbase-site.xml，添加配置信息。

9.4.2　完全分布式

在配置完全分布式的 Hbase 之前，要确保 Hadoop 集群和 ZooKeeper 集群能够正常运行，这样 Hbase 的安装与运行才能顺利进行。Hbase 完全分布式的软件解压缩步骤和伪分布式的软件解压缩步骤类似，其余步骤如下，详细的步骤及配置命令可查看配套的在线文档。

（1）在 ahut01 的 HBase 目录下输入 vi hbase-env.sh，配置 hbase-env.sh 文件。

（2）在 ahut01 中输入 vi hbase-site.xml，添加配置信息。

（3）使用 cp 命令，将修改后的配置文件 hdfs-site.xml 复制到 hbase/conf 目录下。

（4）在 ahut01 中输入 vi regionservers，配置 regionservers 文件，添加 ahut01、ahut02、ahut03 主机。

（5）在 ahut01 中输入 vi backup-masters，配置 backup-masters 文件，设置备份主机为 ahut03。

（6）在 ahut01 中使用 scp 命令，将 hbase 文件夹分发给 ahut02、ahut03 节点。

（7）在 ahut01、ahut02 和 ahut03 中输入 vi /etc/profile，配置并更新环境变量。

9.4.3　HBase 的启动和关闭

注意，HBase 需要 Hadoop 和 ZooKeeper 的支持。在启动 HBase 之前，需要先启动 Hadoop 和 ZooKeeper。启动时应按照以下顺序：

启动 ZooKeeper 服务 → 启动 HDFS 服务 → 启动 HBase 服务

在关闭时，应按照相反的顺序：

关闭 HBase 服务 → 关闭 HDFS 服务 → 关闭 ZooKeeper 服务

（1）分别在 ahut02、ahut03、ahut04 上启动 ZooKeeper，在 ahut02 上运行的命令如下：

```
[root@ahut02 ~]# zkServer.sh start
```

（2）在 ahut01 上启动 Hadoop，命令如下：

```
[root@ahut01 ~]# start-dfs.sh
```

（3）ZooKeeper 和 Hadoop 成功启动后，接着启动 HBase 服务，启动后可通过 jps 命令查看 HBase 的相关进程，命令如下：

```
[root@ahut01 ~]# start-hbase.sh
[root@ahut01 ~]# jps

1249 NameNode
1781 HMaster
1432 JournalNode
1901 HRegionServer
1567 DFSZKFailoverController
1951 Jps
```

（4）进入 HBase 的 Shell 界面，命令如下：

```
[root@ahut01 ~]# hbase shell

HBase Shell; enter 'help<RETURN>' for list of supported commands.
Type "exit<RETURN>" to leave the HBase Shell
Version 0.98.12.1-hadoop2, rb00ec5da604d64a0bdc7d92452b1e0559f0f5d73, Sun May 17 12:55:03 PDT 2015

hbase(main):001:0>
```

（5）在关闭 HBase 服务时，应在 ahut01 中关闭，在客户端（即 ahut02 等）是无法关闭 HBase 的。关闭以后，相应的进程也就结束了。命令如下：

```
[root@ahut01 ~]# stop-hbase.sh
```

9.4.4　HBase 的网页端

配置好 HBase 后，可以通过 HBase 的网页端（http://ahut01:60010）查看 HBase 的相关信息。例如，主节点的名称为 ahut01，共有 3 台机器启动了 HBase 的服务，网页端页面如图 9-5 所示。

图 9-5　HBase 网页端页面

除此之外，还列出了几个已经建立的表（具体创建方法将在 9.5 节介绍），单击"Details"选项（如图 9-6 所示），还能查看表的详细信息，如图 9-7 所示。

Backup Masters

ServerName	Port	Start Time
ahut03	60000	Thu Jul 29 23:13:45 CST 2021
Total:1		

Tables

User Tables　System Tables　Snapshots

4 table(s) in set. [Details]

Namespace	Table Name	Online Regions	Offline Regions	Failed Regions	Split Regions	Other Regions	Description
default	Phone	0	0	0	0	0	'Phone', {NAME => 'cf'}
default	phone	0	0	0	0	0	'phone', {NAME => 'cf'}
default	psn	0	0	0	0	0	'psn', {NAME => 'cf'}
default	tbl	0	0	0	0	0	'tbl', {NAME => 'cf'}

图 9-6　查看备份机器和表格

还有一些信息也可以在这个页面中看到，如图 9-8 所示。

此时，单击 Backup Masters 中的节点（如图 9-6 所示），将会新打开一个窗口，备份节点信息如图 9-9 所示。

User Tables

4 table(s) in set.

Table	Description
Phone	'Phone', {NAME => 'cf', DATA_BLOCK_ENCODING => 'NONE', BLOOMFILTER => 'ROW', REPLICATION_SCOPE => '0', COMPRESSION => 'NONE', VERSIONS => '1', MIN_VERSIONS => '0', TTL => 'FOREVER', KEEP_DELETED_CELLS => 'FALSE', BLOCKSIZE => '65536', IN_MEMORY => 'false', BLOCKCACHE => 'true'}
phone	'phone', {NAME => 'cf', DATA_BLOCK_ENCODING => 'NONE', BLOOMFILTER => 'ROW', REPLICATION_SCOPE => '0', COMPRESSION => 'NONE', VERSIONS => '1', MIN_VERSIONS => '0', TTL => 'FOREVER', KEEP_DELETED_CELLS => 'FALSE', BLOCKSIZE => '65536', IN_MEMORY => 'false', BLOCKCACHE => 'true'}
psn	'psn', {NAME => 'cf', DATA_BLOCK_ENCODING => 'NONE', BLOOMFILTER => 'ROW', REPLICATION_SCOPE => '0', VERSIONS => '1', COMPRESSION => 'NONE', MIN_VERSIONS => '0', TTL => 'FOREVER', KEEP_DELETED_CELLS => 'FALSE', BLOCKSIZE => '65536', IN_MEMORY => 'false', BLOCKCACHE => 'true'}
tbl	'tbl', {NAME => 'cf', DATA_BLOCK_ENCODING => 'NONE', BLOOMFILTER => 'ROW', REPLICATION_SCOPE => '0', VERSIONS => '1', COMPRESSION => 'NONE', MIN_VERSIONS => '0', TTL => 'FOREVER', KEEP_DELETED_CELLS => 'FALSE', BLOCKSIZE => '65536', IN_MEMORY => 'false', BLOCKCACHE => 'true'}

图 9-7　表的详细信息

HBASE　Home　Table Details　Local Logs　Log Level　Debug Dump　Metrics Dump　HBase Configuration

Software Attributes

Attribute Name	Value	Description
HBase Version	0.98.12.1-hadoop2, rb00ec5da604d64a0bdc7d92452b1e0559f0f5d73	HBase version and revision
HBase Compiled	Sun May 17 12:55:03 PDT 2015, apurtell	When HBase version was compiled and by whom
Hadoop Version	2.2.0, r1529768	Hadoop version and revision
Hadoop Compiled	2013-10-07T06:28Z, hortonmu	When Hadoop version was compiled and by whom
Zookeeper Quorum	ahut03:2181 ahut02:2181 ahut04:2181	Addresses of all registered ZK servers. For more, see zk dump.
Zookeeper Base Path	/hbase	Root node of this cluster in ZK.
HBase Root Directory	hdfs://mycluster/hbase	Location of HBase home directory
HMaster Start Time	Thu Jul 29 11:11:57 CST 2021	Date stamp of when this HMaster was started
HMaster Active Time	Thu Jul 29 23:05:01 CST 2021	Date stamp of when this HMaster became active
HBase Cluster ID	08ca28e4-84e3-432b-8a26-6f25727980b6	Unique identifier generated for each HBase cluster

图 9-8　查看其他信息

HBASE　Home　Table Details　Local Logs　Log Level　Debug Dump　Metrics Dump　HBase Configuration

Master

ahut01

Tasks

Show All Monitored Tasks　Show non-RPC Tasks　Show All RPC Handler Tasks　Show Active RPC Calls　Show Client Operations　View as JSON

Start Time	Description	State	Status
Thu Jul 29 23:13:46 CST 2021	Master startup	RUNNING (since 10mins, 34sec ago)	Another master is the active master, ahut01,60000,1627528313965; waiting to become the next active master (since 10mins, 33sec ago)

Software Attributes

Attribute Name	Value	Description
HBase Version	0.98.12.1-hadoop2, rb00ec5da604d64a0bdc7d92452b1e0559f0f5d73	HBase version and revision
HBase Compiled	Sun May 17 12:55:03 PDT 2015, apurtell	When HBase version was compiled and by whom
Hadoop Version	2.2.0, r1529768	Hadoop version and revision

图 9-9　备份节点信息

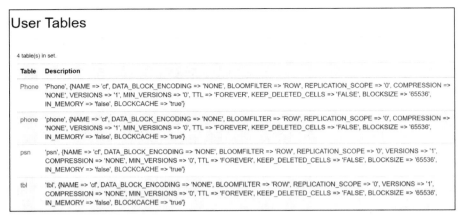

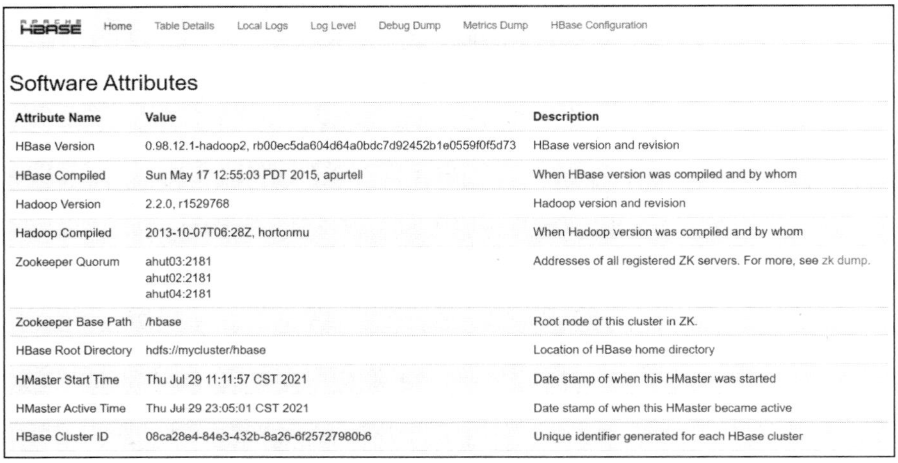

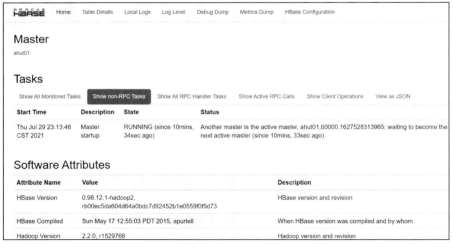

也能在该页面中查看 HDFS 文件相关信息，如图 9-10 所示。

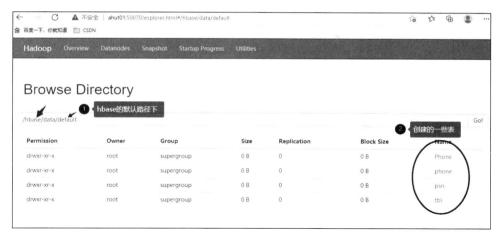

图 9-10　HDFS 文件相关信息

如果访问该页面时提示"Master not found"错误，表示 HBase 启动失败，即使能够看到 HMaster 进程存在，过一段时间也会意外停止。可以通过查看日志，并根据日志中更详细的报错信息去查阅资料，下面提供一种可能的解决方案。

（1）在 ahut02 中进入 ZooKeeper 客户端后，删除其中的 HBase 节点，命令如下：

```
[root@ahut02 ~]# zkCli.sh
[zk: localhost:2181(CONNECTED) 0] rmr /hbase
```

（2）重启 ZooKeeper 和 HBase。

9.5　HBase 的 Shell 操作

HBase Shell 是官方提供的一组用于操作 HBase 的命令。配置了 HBase 的环境变量后，可以直接使用 HBase Shell 命令进入 HBase。

 实例 9-1　HBase Shell 常见命令

1．创建表

对 HBase 而言，在创建 HBase 表时，不需要自行创建行键，系统会默认将一个属性作为行键，通常是把 put 命令中跟在表名后的第一个数据作为行键。

新建学生表 stu1，包含学号字段 sno 和姓名字段 sname，命令如下：

```
hbase(main):001:0> create 'stu1','sno','sname'
```

如果在创建表时出现了如下提示信息：

```
hbase(main):001:0> create 'stu1','sno','sname'
SLF4J: Class path contains multiple SLF4J bindings.
SLF4J: Found binding in [jar:file:/opt/ahut/hbase/lib/slf4j-log4j12- 1.6.4.j
ar!/org/slf4j/impl/StaticLoggerBinder.class]
SLF4J: Found binding in [jar:file:/opt/ahut/hadocp-2.6.5/share/hadoop/common/lib/slf4j-log4j12-
```

```
1.7.5.jar!/org/slf4j/impl/StaticLoggerBinder.class]
        SLF4J: See http://www.slf4j.org/codes.html#multiple_bindings for an explan ation.
```

这是因为 Hadoop 中的 jar 包版本和 HBase 中的 jar 包版本不一致，可以通过删除或重命名 hbase/lib 中的 slf4j-log4j12-1.6.4.jar 文件解决，命令如下：

```
[root@ahut01 ~]# cd /opt/ahut/hbase/lib/
[root@ahut01 lib]# mv slf4j-log4j12-1.6.4.jar slf4j-log4j12-1.6.4.jar. backup
```

2. 查看表及表信息

使用 list 命令查看 HBase 中有哪些表，结果如下：

```
hbase(main):001:0> list

TABLE
stu1
1 row(s) in 2.1120 seconds
=> ["stu1"]
```

可以查看到刚刚创建的表 stu1。使用 desc 或 describe 命令查看表的具体信息，结果如下：

```
hbase(main):016:0> describe 'stu1'

Table stu1 is ENABLED
stu1
COLUMN FAMILIES DESCRIPTION
{NAME => 'sname', BLOOMFILTER => 'ROW', VERSIONS => '1', IN_MEMORY => 'false',
KEEP_DELETED_CELLS => 'FALSE', DATA_BLOCK_ENCODING => 'NONE', TTL => 'FOREVER',
COMPRESSION => 'NONE', MIN_VERSIONS => '0', BLOCKCACHE => 'true', BLOCKSIZE => '65536',
REPLICATION_SCOPE => '0'}
{NAME => 'sno', BLOOMFILTER => 'ROW', VERSIONS => '1', IN_MEMORY => 'false',
KEEP_DELETED_CELLS => 'FALSE', DATA_BLOCK_ENCODING => 'NONE', TTL => 'FOREVER',
COMPRESSION => 'NONE', MIN_VERSIONS => '0', BLOCKCACHE => 'true', BLOCKSIZE => '65536',
REPLICATION_SCOPE => '0'}
2 row(s) in 0.0700 seconds
```

3. 添加数据

HBase 向表中添加数据的命令是 put，但是该命令一次只能给一个表的一行数据中的一列添加数据，命令如下：

```
put 'table name','key value','column name','column value'
```

向 stu1 表中添加两条记录，命令如下：

```
hbase(main):017:0> put 'stu1','1001','sname','ahut_stu_1001'
hbase(main):018:0> put 'stu1','1002','sname','ahut_stu_1002'
```

因为表 stu1 只有 2 列，所以一条命令就可以添加内容至所有列。如果该表还有一个年龄字段 sage，则插入年龄还需再执行一次命令，命令如下：

```
hbase(main):0:0> put 'stu1','1001','sage','20'
```

4．查看数据

使用 get 命令查看指定表的某一行数据，使用 scan 命令查看指定表的全部数据，命令及结果如下：

```
hbase(main):019:0> get 'stu1','1001'

COLUMN                CELL
 sname:               timestamp=1653019965030, value=ahut_stu_1001
1 row(s) in 0.1270 seconds


hbase(main):020:0> scan 'stu1'

ROW                   COLUMN+CELL
 1001                 column=sname:, timestamp=1653019965030, value=ahut_stu_1001
 1002                 column=sname:, timestamp=1653019969035, value=ahut_stu_1002
2 row(s) in 0.0500 seconds
```

5．新增列

与 MySQL 数据库类似，使用 alter 命令修改表的列。例如，向 stu1 表中增加 sage 列，命令及结果如下：

```
hbase(main):021:0> alter 'stu1','sage'

Updating all regions with the new schema...
0/1 regions updated.
1/1 regions updated.
Done.
0 row(s) in 2.3730 seconds


hbase(main):022:0> scan 'stu1'

ROW                   COLUMN+CELL
 1001                 column=sname:, timestamp=1653019965030, value=ahut_stu_1001
 1002                 column=sname:, timestamp=1653019969035, value=ahut_stu_1002
2 row(s) in 0.0430 seconds
```

修改列后立即使用 scan 命令，可以发现当不插入表格数据时，使用 scan 命令看不到刚才的修改内容。现在尝试先向表中添加 sage 数据，再使用 scan 命令，命令及结果如下：

```
hbase(main):023:0> put 'stu1','1001','sage','20'
hbase(main):024:0> put 'stu1','1002','sage','21'
hbase(main):025:0> scan 'stu1'

ROW                   COLUMN+CELL
 1001                 column=sage:, timestamp=1653020600009, value=20
 1001                 column=sname:, timestamp=1653019965030, value=ahut_stu_1001
 1002                 column=sage:, timestamp=1653020608629, value=21
 1002                 column=sname:, timestamp=1653019969035, value=ahut_stu_1002
```

6. 删除列

使用 delete 命令选择删除列，例如，删除刚刚增加的 sage 列，命令如下：

```
hbase(main):026:0> alter 'stu1','delete'=>'sage'
hbase(main):027:0> scan 'stu1'
ROW                    COLUMN+CELL
 1001                  column=sname:, timestamp=1653019965030, value=ahut_stu_1001
 1002                  column=sname:, timestamp=1653019969035, value=ahut_stu_1002
```

7. 删除数据

使用 deleteall 命令选择删除某一行数据，命令如下：

```
hbase(main):028:0> deleteall 'stu1','1002'
hbase(main):032:0> scan 'stu1'
ROW                    COLUMN+CELL
 1001                  column=sname:, timestamp=1653020907424, value=ahut_stu_1001
```

也可以使用 delete 命令删除指定行的某一列数据，例如，删除 1001 行的 sname 列的数据，命令如下：

```
hbase(main):0:0> delete 'stu1','1001','sname'
```

8. 使用 exists 命令查看指定表是否存在

命令如下：

```
hbase(main):033:0> exists 'stu1'
Table stu1 does exist

hbase(main):034:0> exists 'stu2'
Table stu2 does not exist
```

9. 重命名表

HBase 中没有直接重命名表的操作，想达到重命名表的效果，需使用克隆快照的方法，步骤如下：

禁用该表 → 制作快照 → 克隆快照为新的名字 → 删除快照 → 删除表

具体命令如下：

```
hbase(main):035:0> disable 'stu1'
hbase(main):036:0> snapshot 'stu1','stu1_shot'
hbase(main):037:0> clone_snapshot 'stu1_shot','stu2'
hbase(main):038:0> delete_snapshot 'stu1_shot'
hbase(main):039:0> drop 'stu1'

hbase(main):043:0> exists 'stu1'
Table stu1 does not exist

hbase(main):040:0> exists 'stu2'
Table stu2 does exist
```

10. 删除表

删除表需要先使用 disable 命令禁用该表，再使用 drop 命令删除该表，命令如下：

```
hbase(main):044:0> disable 'stu2'
hbase(main):045:0> drop 'stu2'
hbase(main):048:0> exists 'stu2'
Table stu2 does not exist
```

11. 查询历史数据

在添加数据时，HBase 会自动为添加的数据添加一个时间戳。在修改数据时，HBase 会为修改后的数据生成一个新的版本（新的时间戳），从而完成"改"的操作。旧的版本依旧保留，系统会定时回收垃圾数据，只留下最新的几个版本。系统可保存的最大版本数可在创建表时指定。

为了查询历史数据，这里创建一个 stu 表，在创建表时指定保存版本数（假设为 3），并添加几条测试数据，命令如下：

```
hbase(main):049:0> create 'stu',{NAME=>'sname',VERSIONS=>3}
hbase(main):050:0> put 'stu','1001','sname','ahut_stu_1001'
hbase(main):051:0> put 'stu','1001','sname','ahut_stu_1002'
hbase(main):052:0> put 'stu','1001','sname','ahut_stu_1003'
hbase(main):053:0> put 'stu','1001','sname','ahut_stu_1004'
```

查询数据时，默认情况下会显示最新版本的数据。如果要查询历史数据，需要指定查询的历史版本数。例如，上面创建表时指定保存版本数为 3，所以在查询时历史版本数（VERSIONS）的有效取值为 1 到 3，命令如下：

```
hbase(main):054:0> get 'stu','1001',{COLUMN=>'sname',VERSIONS=>1}
COLUMN                 CELL
 sname:                timestamp=1653021599714, value=ahut_stu_1004

hbase(main):055:0> get 'stu','1001',{COLUMN=>'sname',VERSIONS=>2}
COLUMN                 CELL
 sname:                timestamp=1653021599714, value=ahut_stu_1004
 sname:                timestamp=1653021596951, value=ahut_stu_1003

hbase(main):056:0> get 'stu','1001',{COLUMN=>'sname',VERSIONS=>3}
COLUMN                 CELL
 sname:                timestamp=1653021599714, value=ahut_stu_1004
 sname:                timestamp=1653021596951, value=ahut_stu_1003
 sname:                timestamp=1653021594266, value=ahut_stu_1002

hbase(main):057:0> get 'stu','1001'
COLUMN                 CELL
 sname:                timestamp=1653021599714, value=ahut_stu_1004
```

12. 退出

使用 exit 命令退出 HBase Shell，命令如下：

```
hbase(main):0:0> exit
```

9.6 基于 Java API 访问 HBase 实例

HBase Shell 可以基于后台访问 HBase，本节介绍如何基于 Java API 实现对 HBase 的远程操作，包括创建表、增加数据和查询数据。

9.6.1 准备工作

本实例的前期准备是在第 4 章的实验环境配置上拓展的，所以开始前，要确保第 4 章的前期准备已经完成，具体可参照 4.5.1 节。

在第 4 章的前期准备基础上，需要再创建一个名为 hbase_jars 的自定义库，创建方法与创建 hadoop_jars 一样，在选择外部包的时候，需要将 ahut01 中 hbase/lib 下的所有 jar 包都加入进去，并应用到该项目中。

实验环境配置完成后，即可在 Eclipse 中创建一个新的项目，命名为 HBase，接着导入相应的 jar 包，并创建相应的 class 文件，如图 9-11 所示。

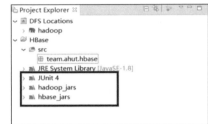

图 9-11 项目文件

9.6.2 Eclipse 环境下编程

 实例 9-2 HBase 的 Java API 代码编写

1. 项目初始化配置

创建包 team.ahut.hbase，并创建文件 HBaseDemo.java，使用自定义库 hadoop_jars 和 hbase_jars，下面开始编写 Java API 代码。

2. 导入相关依赖包，编写 init()初始化类

在配置 ZooKeeper 的地址时，可以使用 IP 地址，也可以使用主机名，端口号默认为 2181，具体代码如下：

```
package team.ahut.hbase;

import org.apache.hadoop.conf.Configuration;
import org.apache.hadoop.hbase.Cell;
import org.apache.hadoop.hbase.CellUtil;
import org.apache.hadoop.hbase.HColumnDescriptor;
import org.apache.hadoop.hbase.HTableDescriptor;
import org.apache.hadoop.hbase.TableName;
import org.apache.hadoop.hbase.client.Get;
import org.apache.hadoop.hbase.client.HBaseAdmin;
import org.apache.hadoop.hbase.client.HTable;
import org.apache.hadoop.hbase.client.Put;
import org.apache.hadoop.hbase.client.Result;
import org.apache.hadoop.hbase.client.ResultScanner;
import org.apache.hadoop.hbase.client.Scan;
import org.apache.hadoop.hbase.util.Bytes;
```

```java
import org.junit.After;
import org.junit.Before;
import org.junit.Test;

public class HBaseDemo {
        //表的管理类
        HBaseAdmin admin = null;
        //数据的管理类
        HTable table = null;
        //表名
        String tm = "phone";

        /**
         * 完成初始化功能
         * @throws Exception
         */
        @Before
        public void init() throws Exception{
            //Hadoop 配置
            Configuration conf = new Configuration();
            //conf.set("hbase.zookeeper.quorum", "ahut02,ahut03,ahut04");
            conf.set("hbase.zookeeper.quorum", "192.168.159.102,192.168.159.103,192.168.
159.104");

            //HBase 连接
            admin = new HBaseAdmin(conf);
            table = new HTable(conf,tm.getBytes());
        }

        /**
         * 创建表
         * @throws Exception
         */
        @Test
        public void createTable() throws Exception{
            //表的描述类
            HTableDescriptor desc = new HTableDescriptor(TableName.valueOf(tm));
            //列族的描述类
            HColumnDescriptor family = new HColumnDescriptor("cf".getBytes());
            desc.addFamily(family);
            //如果存在该表，则先删除
            if(admin.tableExists(tm)){
                    admin.disableTable(tm);
                    admin.deleteTable(tm);
            }
            admin.createTable(desc);
            System.out.print("创建表  " + tm + "成功!");
        }

        @Test
        public void insert() throws Exception{
            Put put = new Put("1001".getBytes());
```

```
                put.add("cf".getBytes(), "name".getBytes(), "zhangsan".getBytes());
                put.add("cf".getBytes(), "age".getBytes(), "20".getBytes());
                put.add("cf".getBytes(), "sex".getBytes(), "man".getBytes());
                table.put(put);
                System.out.print("插入数据成功!");
        }

        @Test
        public void get() throws Exception{
                Get get = new Get("1001".getBytes());
                //添加要获取的列和列族，减少网络的I/O，相当于在服务器端做了过滤
                get.addColumn("cf".getBytes(), "name".getBytes());
                get.addColumn("cf".getBytes(), "age".getBytes());
                get.addColumn("cf".getBytes(), "sex".getBytes());
                Result result = table.get(get);
                Cell cell1 = result.getColumnLatestCell("cf".getBytes(), "name".getBytes());
                Cell cell2 = result.getColumnLatestCell("cf".getBytes(), "age".getBytes());
                Cell cell3 = result.getColumnLatestCell("cf".getBytes(), "sex".getBytes());
                System.out.println(Bytes.toString(CellUtil.cloneValue(cell1)));
                System.out.println(Bytes.toString(CellUtil.cloneValue(cell2)));
                System.out.println(Bytes.toString(CellUtil.cloneValue(cell3)));
        }

        @Test
        public void scan() throws Exception{
                Scan scan = new Scan();
                //设置要查询的数据起始点和终点，这里由于数据比较小，就先注释
                //scan.setStartRow(startRow);
                //scan.setStopRow(stopRow);
                ResultScanner rss = table.getScanner(scan);
                for (Result result : rss) {
                        Cell cell1 = result.getColumnLatestCell("cf".getBytes(), "name".getBytes());
                        Cell cell2 = result.getColumnLatestCell("cf".getBytes(), "age".getBytes());
                        Cell cell3 = result.getColumnLatestCell("cf".getBytes(), "sex".getBytes());
                        System.out.println(Bytes.toString(CellUtil.cloneValue(cell1)));
                        System.out.println(Bytes.toString(CellUtil.cloneValue(cell2)));
                        System.out.println(Bytes.toString(CellUtil.cloneValue(cell3)));
                }
        }

        @After
        public void destory() throws Exception{
                if(admin!=null){
                        admin.close();
                }
        }
}
```

3. 运行代码

在确保 Hadoop 和 ZooKeeper 集群运行正常的情况下，右击 createTable()函数名，选择"Run As"→"Junit Test"命令，运行完毕后会提示创建成功，如果表已经存在了，则会先禁用并删除表再创建表，运行结果如图 9-12 所示。

```
2021-10-28 14:24:17,936 INFO  [main] zookeeper.ZooKeeper (ZooKeeper.java:<init>(438)) - Initiating client connection, connec
2021-10-28 14:24:17,938 INFO  [main-SendThread(192.168.159.103:2181)] zookeeper.ClientCnxn (ClientCnxn.java:logStartConnect(
2021-10-28 14:24:17,940 INFO  [main-SendThread(192.168.159.103:2181)] zookeeper.ClientCnxn (ClientCnxn.java:primeConnection(
2021-10-28 14:24:17,944 INFO  [main-SendThread(192.168.159.103:2181)] zookeeper.ClientCnxn (ClientCnxn.java:onConnected(1235
2021-10-28 14:24:17,957 INFO  [main] zookeeper.ZooKeeper (ZooKeeper.java:close(684)) - Session: 0x27cc4d6594b0007 closed
2021-10-28 14:24:17,957 INFO  [main-EventThread] zookeeper.ClientCnxn (ClientCnxn.java:run(512)) - EventThread shut down
2021-10-28 14:24:17,959 INFO  [main] client.HBaseAdmin (HBaseAdmin.java:disableTable(1000)) - Disabled phone
2021-10-28 14:24:18,110 INFO  [main] client.HBaseAdmin (HBaseAdmin.java:deleteTable(734)) - Deleted phone
2021-10-28 14:24:18,496 INFO  [main] zookeeper.RecoverableZooKeeper (RecoverableZooKeeper.java:<init>(121)) - Process identi
2021-10-28 14:24:18,496 INFO  [main] zookeeper.ZooKeeper (ZooKeeper.java:<init>(438)) - Initiating client connection, connec
2021-10-28 14:24:18,499 INFO  [main-SendThread(192.168.159.104:2181)] zookeeper.ClientCnxn (ClientCnxn.java:logStartConnect(
2021-10-28 14:24:18,499 INFO  [main-SendThread(192.168.159.104:2181)] zookeeper.ClientCnxn (ClientCnxn.java:primeConnection(
2021-10-28 14:24:18,511 INFO  [main-SendThread(192.168.159.104:2181)] zookeeper.ClientCnxn (ClientCnxn.java:onConnected(1235
2021-10-28 14:24:18,523 INFO  [main] zookeeper.ZooKeeper (ZooKeeper.java:close(684)) - Session: 0x37cc4d6425d0004 closed
2021-10-28 14:24:18,523 INFO  [main-EventThread] zookeeper.ClientCnxn (ClientCnxn.java:run(512)) - EventThread shut down
创建表 phone成功!
```

图 9-12 运行结果（1）

在 HBase Shell 中，输入 list 命令，也可以看到创建的 phone 表：

```
hbase(main):001:0> list
TABLE
phone
```

4. 插入数据

先创建一个全局的数据管理类：HTable table = null，并且在 init()方法中添加表的连接：table = new HTable(conf,tm.getBytes())，再在 createTable()下编写插入数据的 insert()方法，代码如下：

```
@Test
public void insert() throws Exception{
        Put put = new Put("1001".getBytes());
        put.add("cf".getBytes(), "name".getBytes(), "zhangsan".getBytes());
        put.add("cf".getBytes(), "age".getBytes(), "20".getBytes());
        put.add("cf".getBytes(), "sex".getBytes(), "man".getBytes());
        table.put(put);
        System.out.print("插入数据成功!");
}
```

接下来可以在 Hbase shell 中使用 scan 命令查看数据，代码如下：

```
hbase(main):003:0> scan 'phone'
ROW                  COLUMN+CELL
 1001                column=cf:age, timestamp=1653105839716, value=20
 1001                column=cf:name, timestamp=1653105839716, value=zhangsan
 1001                column=cf:sex, timestamp=1653105839716, value=man
```

5. 查询数据

（1）实现 get()方法，代码如下：

```
@Test
public void get() throws Exception{
        Get get = new Get("1001".getBytes());
        //添加要获取的列和列族，减少网络的 io，相当于在服务器端做了过滤
        get.addColumn("cf".getBytes(), "name".getBytes());
        get.addColumn("cf".getBytes(), "age".getBytes());
        get.addColumn("cf".getBytes(), "sex".getBytes());
```

```
        Result result = table.get(get);
        Cell cell1 = result.getColumnLatestCell("cf".getBytes(), "name".getBytes());
        Cell cell2 = result.getColumnLatestCell("cf".getBytes(), "age".getBytes());
        Cell cell3 = result.getColumnLatestCell("cf".getBytes(), "sex".getBytes());
        System.out.println(Bytes.toString(CellUtil.cloneValue(cell1)));
        System.out.println(Bytes.toString(CellUtil.cloneValue(cell2)));
        System.out.println(Bytes.toString(CellUtil.cloneValue(cell3)));
    }
```

运行结果如图 9-13 所示。

```
2021-10-28 14:40:19,178 INFO  [main] zookeeper.ZooKeeper (Environment.java:logEnv(100))
2021-10-28 14:40:19,178 INFO  [main] zookeeper.ZooKeeper (Environment.java:logEnv(100))
2021-10-28 14:40:19,178 INFO  [main] zookeeper.ZooKeeper (Environment.java:logEnv(100))
2021-10-28 14:40:19,178 INFO  [main] zookeeper.ZooKeeper (Environment.java:logEnv(100))
2021-10-28 14:40:19,178 INFO  [main] zookeeper.ZooKeeper (Environment.java:logEnv(100))
2021-10-28 14:40:19,181 INFO  [main] zookeeper.ZooKeeper (ZooKeeper.java:<init>(438)) -
2021-10-28 14:40:20,165 INFO  [main-SendThread(192.168.159.104:2181)] zookeeper.ClientCn
2021-10-28 14:40:20,167 INFO  [main-SendThread(192.168.159.104:2181)] zookeeper.ClientCn
2021-10-28 14:40:20,178 INFO  [main-SendThread(192.168.159.104:2181)] zookeeper.ClientCn
zhangsan
20
man
```

图 9-13　运行结果（2）

（2）实现 scan()方法，代码如下：

```
@Test
public void scan() throws Exception{
    Scan scan = new Scan();
    //设置要查询的数据起始点和终点，这里由于数据比较小，就先注释掉
    //scan.setStartRow(startRow);
    //scan.setStopRow(stopRow);
    ResultScanner rss = table.getScanner(scan);
    for (Result result : rss) {
        Cell cell1 = result.getColumnLatestCell("cf".getBytes(), "name".getBytes());
        Cell cell2 = result.getColumnLatestCell("cf".getBytes(), "age".getBytes());
        Cell cell3 = result.getColumnLatestCell("cf".getBytes(), "sex".getBytes());
        System.out.println(Bytes.toString(CellUtil.cloneValue (cell1)));
        System.out.println(Bytes.toString(CellUtil.cloneValue(cell2)));
        System.out.println(Bytes.toString(CellUtil.cloneValue(cell3)));
    }
}
```

由于只有一条数据，因此此处的运行结果与使用 get()方法的运行结果相同。可以多添加几条数据，体会两种方法的差异。

9.7　HBase 综合实例

 实例 9-3　HBase Java API 的综合应用

前面介绍了 HBase Java API 的简单应用，本实例将使用相同的 API 方法完成一个综合实例，具体需求如下：

- 将 9.6 节中的 API 方法封装成一个可以被调用的接口；
- 调用接口，创建一个 phone 表；
- 生成 10 个用户，每个用户有 100 条电话记录；
- 将所有用户的所有信息插入 Phone 表中；
- 根据要求查询用户的信息。

具体步骤如下。

（1）在包 team.ahut.hbase 中新建一个 HBaseHelper 类，代码如下：

```java
package team.ahut.hbase;

import java.util.ArrayList;
import java.util.Iterator;
import java.util.List;
import java.util.Map;
import java.util.Set;

import org.apache.hadoop.conf.Configuration;
import org.apache.hadoop.hbase.Cell;
import org.apache.hadoop.hbase.CellUtil;
import org.apache.hadoop.hbase.HColumnDescriptor;
import org.apache.hadoop.hbase.HTableDescriptor;
import org.apache.hadoop.hbase.TableName;
import org.apache.hadoop.hbase.client.Get;
import org.apache.hadoop.hbase.client.HBaseAdmin;
import org.apache.hadoop.hbase.client.HTable;
import org.apache.hadoop.hbase.client.Put;
import org.apache.hadoop.hbase.client.Result;
import org.apache.hadoop.hbase.client.ResultScanner;
import org.apache.hadoop.hbase.client.Scan;
import org.apache.hadoop.hbase.filter.BinaryComparator;
import org.apache.hadoop.hbase.filter.CompareFilter.CompareOp;
import org.apache.hadoop.hbase.filter.Filter;
import org.apache.hadoop.hbase.filter.SingleColumnValueFilter;
import org.apache.hadoop.hbase.util.Bytes;
import org.junit.After;
import org.junit.Before;
import org.junit.Test;

public class HBaseHelper {
        //表的管理类
        HBaseAdmin admin = null;
        //数据的管理类
        HTable table = null;

        /**
         * 完成初始化功能
         * @throws Exception
         */
        @Before
        public void init(String tm) throws Exception{
```

```
                    //Hadoop 配置
                    Configuration conf = new Configuration();
                    //conf.set("hbase.zookeeper.quorum", "ahut02,ahut03,ahut04");
                    conf.set("hbase.zookeeper.quorum", "192.168.159.102,192.168.159.103,192.168.
159.104");

                    //HBase 连接
                    admin = new HBaseAdmin(conf);
                    table = new HTable(conf,tm.getBytes());
            }

            /**
             * 创建表
             * @throws Exception
             */
            public void createTable(String tm) throws Exception{
                    //表的描述类
                    HTableDescriptor desc = new HTableDescriptor(TableName.valueOf(tm));
                    //列族的描述类
                    HColumnDescriptor family = new HColumnDescriptor("cf".getBytes());
                    desc.addFamily(family);
                    //如果存在该表，则先删除
                    if(admin.tableExists(tm)){
                            admin.disableTable(tm);
                            admin.deleteTable(tm);
                    }
                    admin.createTable(desc);
                    System.out.println("创建表  " + tm + "成功!");
            }

            @SuppressWarnings("rawtypes")
            public void insert(String tm,String tkey,Map map) throws Exception{
                    Put put = new Put(tkey.getBytes());

                    //使用迭代器来遍历字典的键值
                    Set set = map.entrySet();
                    Iterator iter = set.iterator();
                    while(iter.hasNext()){
                            Map.Entry entry=(Map.Entry)iter.next();
                            put.add("cf".getBytes(), entry.getKey().toString().getBytes(), entry.getValue().
toString().getBytes());
                    }
                    table.put(put);
                    //System.out.print("插入数据成功!");
            }

            public void get() throws Exception{
                    Get get = new Get("1001".getBytes());
                    //添加要获取的列和列族，减少网络的 I/O，相当于在服务器端做了过滤
                    get.addColumn("cf".getBytes(), "name".getBytes());
                    get.addColumn("cf".getBytes(), "age".getBytes());
                    get.addColumn("cf".getBytes(), "sex".getBytes());
```

```java
        Result result = table.get(get);
        Cell cell1 = result.getColumnLatestCell("cf".getBytes(), "name".getBytes());
        Cell cell2 = result.getColumnLatestCell("cf".getBytes(), "age".getBytes());
        Cell cell3 = result.getColumnLatestCell("cf".getBytes(), "sex".getBytes());
        System.out.println(Bytes.toString(CellUtil.cloneValue(cell1)));
        System.out.println(Bytes.toString(CellUtil.cloneValue(cell2)));
        System.out.println(Bytes.toString(CellUtil.cloneValue(cell3)));
    }

public void scan(String startRow,String stopRow,String[] keys) throws Exception{
        Scan scan = new Scan();

        scan.setStartRow(startRow.getBytes());
        scan.setStopRow(stopRow.getBytes());
        int idx = 0;
        ResultScanner rss = table.getScanner(scan);
        for (Result result : rss) {
            System.out.print("idx:" + idx + "   ");
            for(String key : keys){
                Cell cell = result.getColumnLatestCell("cf".getBytes(), key.getBytes());
                System.out.print(key + ":" + Bytes.toString(CellUtil.cloneValue(cell))+
"   ");

            }
            System.out.println("");
            idx += 1;
        }
    }

    //单条件查询
public void scan(String familyColumn, String column, String value, CompareOp
condition, String[] keys) throws Exception{
        Scan scan = new Scan();

        BinaryComparator comp = new BinaryComparator(value.getBytes());
        SingleColumnValueFilter filter1 = new SingleColumnValueFilter(familyColumn.
getBytes(), column.getBytes(), condition, comp);
        scan.setFilter(filter1);

        int idx = 0;
        ResultScanner rss = table.getScanner(scan);
        for (Result result : rss) {
            System.out.print("idx:" + idx + "   ");
            for(String key : keys){
                Cell cell = result.getColumnLatestCell("cf".getBytes(), key.getBytes());
                System.out.print(key + ":" + Bytes.toString(CellUtil.cloneValue(cell))+
"   ");

            }
            System.out.println("");
            idx += 1;
        }
    }
```

```
            @After
            public void destory() throws Exception{
                    if(admin!=null){
                            admin.close();
                    }
            }
    }
```

（2）新建 PhoneDemo 类，创建 main()方法，代码如下：

```
public static void main(String[] args) throws Exception {
        HBaseHelper hb = new HBaseHelper();
        String tb = "phone_records";                              //表名
        String[] keys = {"dnum", "length","type","date"};      //列名
        hb.init(tb);
        //是否只执行查询操作
        Boolean queryOnly = true;
        if(!queryOnly) insertData(hb,tb,keys);
        queryData(hb,keys);
    }
```

（3）生成用户和记录，代码如下：

```
private static String getPhone(String phonePrefix) {
        //返回 8 个随机数字作为电话号码的后 8 位
        return phonePrefix + String.format("%08d", r.nextInt(99999999));
}

private static String getDate(String string) {
        return string + String.format("%02d%02d%02d%02d%02d", r.nextInt(11) + 1,
                r.nextInt(31), r.nextInt(24),r.nextInt(60), r.nextInt(60));
}
```

（4）插入记录，代码如下：

```
//创建表，生成数据，插入数据
public static void insertData(HBaseHelper hb,String tb,String[] keys) throws Exception {
        System.out.println("创建表 ...");
        //创建一个电话表
        hb.createTable(tb);
        //准备数据
        //10 个用户，每个用户有 100 条通话记录
        //dnum: 对方手机号；type: 类型：0 主叫，1 被叫；length: 通话长度；date: 通话
时间

        System.out.println("插入数据 ...");
        for (int i = 0; i < 10; i++) {
                String phoneNumber = getPhone("158");
                for (int j = 0; j < 100; j++) {
                        //属性
                        String dnum = getPhone("177");
                        String length = String.format("%02d", r.nextInt(99));
                        String type = String.valueOf(r.nextInt(2));
                        String date = getDate("2018");
```

```
                                    //rowkey 设计
                                    String rowkey = phoneNumber + "_" + (Long.MAX_VALUE - sdf.parse(date).
getTime());

                                    Map map = new HashMap();
                                    map.put(keys[0],dnum);
                                    map.put(keys[1],length);
                                    map.put(keys[2],type);
                                    map.put(keys[3],date);

                                    //向表中插入记录
                                    hb.insert(tb,rowkey,map);
                        }
                    }
                    System.out.println("插入数据完成!");
            }
```

（5）查询数据。

由于程序生成的数据不一样，因此需要使用 HBase Shell 的 scan 命令，选取程序生成的一个电话号码，并查询该号码的相关记录，代码如下：

```
//查询数据
public static void queryData(HBaseHelper hb,String[] keys) throws
Exception {
    System.out.println("查询 ...");
    String phoneNumber = "158****9966";                //使用存在的数据
    String startRow = phoneNumber + "_" + (Long.MAX_VALUE - sdf.parse("20180401000000").
getTime());

    String stopRow = phoneNumber + "_" + (Long.MAX_VALUE - sdf.parse("20180301000000").
getTime());

    //1. 查询当前号码指定日期之间的通话记录
    hb.scan(startRow, stopRow, keys);

    //2. 查询所有的主叫记录
    //hb.scan("cf","type","0", CompareOp.EQUAL, keys);

    //3. 查询所有通话分钟大于或等于 60 分钟的通话记录
    //hb.scan("cf","length","60", CompareOp.GREATER_OR_EQUAL, keys);

}
```

运行 PhoneDemo 类时，选择“Run as”→“Run on Hadoop”命令，运行结果如下：

```
idx:0   dnum:177****6591   length:65   type:1   date:20180316062147
idx:1   dnum:177****4215   length:20   type:1   date:20180314142401
idx:2   dnum:177****4077   length:98   type:0   date:20180311071208
idx:3   dnum:177****1651   length:92   type:0   date:20180305022353
idx:4   dnum:177****5328   length:49   type:0   date:20180301104741
idx:5   dnum:177****4300   length:17   type:0   date:20180229055655
```

```
idx:6   dnum:177****3944   length:73   type:0   date:20180301022157
```

在查询时做了筛选，目的是查询该用户在 3 月的电话记录情况。从上面查询到的结果可以看出，所有记录的日期都是 3 月的。

现在可以重载 HBaseHelper.java 中的 scan()方法，增加单条件查询功能，代码如下：

```
//单条件查询
public void scan(String familyColumn, String column, String value, CompareOp condition, String[] keys) throws Exception{
        Scan scan = new Scan();

        BinaryComparator comp = new BinaryComparator(value.getBytes());
        SingleColumnValueFilter filter1 = new SingleColumnValueFilter(familyColumn.getBytes(),
column.getBytes(), condition, comp);
        scan.setFilter(filter1);

        int idx = 0;
        ResultScanner rss = table.getScanner(scan);
        for (Result result : rss) {
            System.out.print("idx:" + idx + "   ");
            for(String key : keys){
                Cell cell = result.getColumnLatestCell("cf".getBytes(), key.getBytes());
                System.out.print(key + ":" + Bytes.toString(CellUtil.cloneValue(cell))+ "   ");
            }
            System.out.println("");
            idx += 1;
        }
}
```

分别取消注释并运行 queryData 函数中的 2、3 两处的函数，运行结果如下：

```
# 所有的主叫记录
idx:515   dnum:17734407658   length:31   type:0   date:20180328103708
idx:516   dnum:17736559942   length:91   type:0   date:20180318224659
idx:521   dnum:17735505020   length:17   type:0   date:20180216120701
……省略部分输出信息……
idx:526   dnum:17796625294   length:37   type:0   date:20180118234936
idx:527   dnum:17766534152   length:54   type:0   date:20180118143738
idx:528   dnum:17711410929   length:64   type:0   date:20180105002434

# 通话长度大于 60 分钟的通话记录
idx:385   dnum:17794422519   length:64   type:0   date:20180224025439
idx:386   dnum:17731685330   length:69   type:1   date:20180221085847
idx:387   dnum:17769194845   length:83   type:1   date:20180218133104
……省略部分输出信息……
idx:391   dnum:17761093706   length:87   type:1   date:20180128163948
idx:392   dnum:17701114627   length:83   type:1   date:20180113203202
idx:393   dnum:17711410929   length:64   type:0   date:20180105002434
```

9.8　本章思维导图

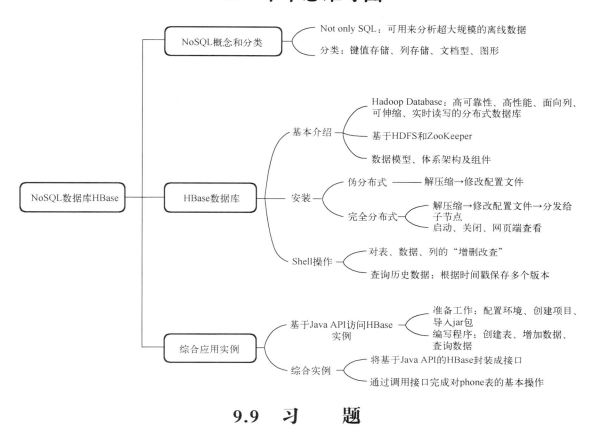

9.9　习　　题

1．HBase 的特点是什么？

2．HBase 的表中，行键、列族、列、单元格、时间戳的含义是什么，举例说明。

3．HBase 的常用 Shell 操作有哪些？

4．HBase 的存储方式与传统数据库有何不同？

5．NoSQL 数据库有哪几种主要类型，各自特点是什么？

6．NoSQL 主要适用场景有哪些？

7．ZooKeeper、HMaster、Region、HRegionServer 等 HBase 组件分别有什么作用？

8．熟悉 HBase 的伪分布式、分布式安装配置过程。

9．如何判断数据库中某个表是否存在？

10．使用 Java API 访问 HBase 实例，需要导入哪些 jar 包？

11．使用 Shell 命令删除数据库表，需要进行几步操作？

12．如何查询数据库表的历史数据？

第 10 章 基于内存的分布式计算框架 Spark

Spark 是一个统一的用于大数据分析处理的快速且通用的集群计算框架。它不仅吸取了 MapReduce 的长处，而且采用了 DAG 执行引擎，提供了 Scala、Java、Python 和 R 这 4 种语言的高级 API。相比于 Hadoop 基于磁盘的计算，Spark 框架基于内存的数据处理方式更为灵活，并且速度更快。特别的是，Spark 框架比 Hadoop 更适合迭代计算，比 Hadoop 的计算效率更高，这种对数据处理能力的突破进一步推动了机器学习等技术的发展。虽然基于 Spark 的技术有诸多好处，但并不是所有算法场景都适合并行计算模式，因为 Spark 主要解决计算的优化，并不解决数据存储问题，对集群式的分布式文件存储，自然还是需要 Hadoop 的 HDFS 文件和其他数据库的支持。本章以 Python 语言为基础，读者如果对 Spark 自带的 Scala 语言有兴趣，可以参考其他书籍，其操作基本原理和 Python 语言大致相同。本章结合 PySpark 框架和 Jupyter 工具介绍 Spark 的使用。Jupyter Notebook 是功能强大的交互式界面，适合数据分析，可以在 Web 界面输入 Python 命令后立刻给出结果。该工具还可以将数据分析的过程和运行后的命令与结果存储成笔记本格式文件，下次可以打开笔记本格式文件，重新执行这些命令。Jupyter Notebook 可以包含文字、数学公式、程序代码、结果、图形、视频等。本章最后是 Spark 机器学习算法及综合实例。

本章主要涉及以下知识点：
➢ Spark 和 Hadoop 框架的区别及特点
➢ Spark 对 RDD 和 DataFrame 的操作
➢ Spark SQL 的使用方法
➢ Spark MLlib 库中机器学习的使用方法
➢ 机器学习中编程的主要步骤和过程
➢ PySpark 开发环境

10.1 基于 Spark 的大数据分析框架配置

Spark 是一种与 Hadoop 相似的开源集群计算环境，是专为大规模数据处理而设计的快速通用的计算引擎。在配置 Spark 环境时，需要的前置环境较多，本书用到的有 Python、Jupyter 环境。

本章所有的镜像操作在节点 ahut0X-10 的基础上进行，需要完成 5 个任务。其中，最重要的任务为 Spark 的安装和使用。在正确配置并启动 Spark 环境后，将介绍 Spark 的常用操作、Spark SQL 的应用、一个综合应用实例及一个机器学习案例。

本章任务完成后，镜像保存的快照节点为 ahut0X-11，该节点完成了 Spark、Python、Jupyter 等环境的配置，其中 Spark 版本为 2.3.1，ahut01 作为 master 节点，ahut02、ahut03、 ahut04 作为 Slave 节点，如图 10-1 所示。读者在编码实现 Spark 操作与应用时若遇到环境错误，可恢复至对应的快照节点，初始化 Spark 的部署环境。

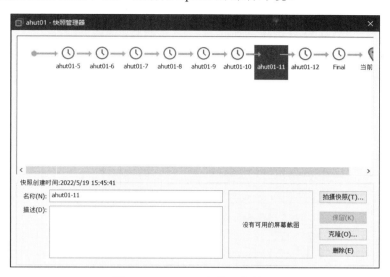

图 10-1　"Spark 安装"的快照

本章集群中各节点将会启动的进程如表 10-1 所示。

表 10-1　集群进程

节点	NameNode	DataNode	JournalNode	QuorumPeerMain	DFSZKFailoverController	Master	Worker
ahut01	√		√		√	√	
ahut02	√	√	√	√	√		√
ahut03		√	√	√			√
ahut04		√		√			√

其中，新增进程的作用如下。

Master：主要负责管理整个集群的资源信息。

Worker：主要负责管理所在节点的资源信息。

10.2　Spark 基础知识

Spark 支持用于离线计算的 Spark Core、用于结构化数据处理的 Spark SQL、用于机器学习的 MLlib、用于图形处理的 GraphX 和进行实时流处理的 Spark Streaming 等高级组件，它们在项目中通常被用于迭代算法和交互式分析。

10.2.1　Spark 的特点

1．数据处理快

作为一种基于内存的计算框架，Spark 将中间数据集保存在内存中以减少磁盘 I/O，从而提高性能。

2．通用性强

Spark 具有强大的通用性，集成多个分析组件，覆盖机器学习、图算法、流计算、SQL 查询和迭代计算等多个领域。这些组件之间紧密、无缝集成，实现一站式解决工作流问题，使开发人员可以在一个平台上完成多个任务。其架构如图 10-2 所示。

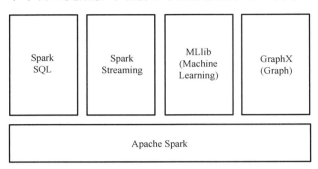

图 10-2　Spark 架构

3．适应性好

Spark 具有良好的适应性，与 Hadoop 紧密集成，它主要用于替代 Hadoop 中的 MapReduce 计算模型，仍使用 HDFS 进行存储，并且可以通过 YARN 实现资源调度管理。这使得开发人员可以在不改变原有架构的情况下，利用 Spark 进行计算。同时，Spark 同样可以像 Hadoop 一样有良好的可扩展性，满足不同计算需求。

4．易于使用，用户体验好

Spark 提供了 Scala、Java、Python 和 R 四种语言的高级 API 和丰富的内置库，使得开发人员可以使用多种编程语言进行高效的数据处理。特别的是，Scala 和 Python 的 REPL（Read Eval-Print Loop，交互式解释器）使应用更具灵活性。

10.2.2　Spark 和 Hadoop 的比较

Spark 和大多数的数据处理框架不同，它并没有利用 MapReduce 作为计算框架，而是使用自己的分布式集群环境进行并行化计算，能将作业之间的数据集缓存在跨集群的内存中。因此，利用 Spark 对数据集做的任何计算都会非常快，在实际项目中的大规模作业能大大节约时间。

Spark 在内存中存储工作数据集的特点使它的性能超过了 MapReduce 工作流，符合迭代算法的应用要求。MapReduce 每次迭代必须写到磁盘中，而磁盘的 I/O 需要大量时间；Spark 程序的迭代过程中，上一次迭代的结果被缓存在内存中，作为下一次迭代的输入内容，极大地提高了运算效率。

Spark 是基于 MapReduce 的思想诞生的，二者同为分布式并行计算框架。二者的不同点如下。

（1）Spark 更擅长处理实时流数据，MapReduce 频繁磁盘操作的执行效率不如前者。

（2）对 MapReduce 来说，执行 Map 和 Reduce 时，都需要写入磁盘，这会对处理速度产生影响。Spark 基于内存的机制，避免频繁的磁盘 I/O 操作，从而提高数据处理速度。

（3）MapReduce 模型相对简单，只支持 Map 和 Reduce 两种操作，这限制了它的灵活性和可扩展性。而 Spark 框架则提供了丰富的 API，可以实现多种数据及操作，如转换操作的 map、filter、join 及行动操作的 count、collect 等。

（4）虽然 Spark 消耗的内存比 MapReduce 更多，但在实时数据处理和在线计算场景中，Spark 比 MapReduce 效果更好。然而，在处理大规模数据集的离线计算和时效要求较低的项目中，MapReduce 磁盘的存储成本更低，更适合存储海量数据。由此可见，具体选用哪种大数据处理框架，还要看具体应用场景。

（5）在 MapReduce 框架中，中间结果会被大量写入磁盘，从而拖慢整体的数据处理速度。而 RDD 则采用将结果保存在内存中的方式，弥补了 MapReduce 的这个缺点。RDD 是 Spark 中的一种数据模型，它将数据集分成多个分区，每个分区可以在不同的节点上进行计算，同时 RDD 在内存中缓存数据，这一特点使得数据可以在多个操作间重用。

10.2.3　RDD 的概念

RDD（弹性分布式数据集）是 Spark 中最核心的概念之一，它是一个只读元素集合。RDD 作为 Spark 的基本数据抽象，每个分区表示数据集的一部分。RDD 是一个包含多个算子的、不可变的、可分区的、具有并行计算能力的集合。使用 RDD 可以实现一种抽象的数据架构，将现有 RDD 通过转换操作生成新的 RDD，以满足业务逻辑的需求。这些不同的 RDD 之间相互依赖，形成管道化的实现。RDD 采用惰性调用机制，这意味着在多次转换过程中，不会立即执行计算，而是等到必要时才执行计算。这种惰性调用机制避免了在多次转换过程中数据同步等待的问题，即无须保存中间数据，通过管道将数据从一个操作传递到另一个操作，从而减少数据复制和磁盘 I/O，RDD 可以在内存中缓存数据分区，以便在需要时快速访问，从而提高计算效率和性能。

RDD 的操作有转换（Transformation）和行动（Action）两类。

转换是加载一个或多个 RDD，从当前的 RDD 转换生成新的目标 RDD。转换是惰性的，它不会立即触发任何数据处理的操作，有延迟加载的特点，主要标记读取位置、要做的操作，但不会真正采取实际行动，而是指定 RDD 之间的相互依赖关系。

动作是指对目标 RDD 执行某个动作，触发 RDD 的计算并对计算结果进行操作。转换操作和行动操作的返回值不同，转换操作包括 map、filter、groupby、join 等，接收 RDD 后返回 RDD 类型；行动操作包括 count、collect 等，接收 RDD 后返回非 RDD，即输出相应的值或结果。

10.2.4　Spark 的运行机制

下面详细介绍 Spark 的运行机制。最高层的两个实体是 driver 和 executor：driver 的作用是运行应用程序的 main 函数，创建 Sparkcontext，其中运行着 DAGScheduler、Taskscheduler 和 Schedulerbackend 等组件；而 executor 专属于应用，在 Application 运行期间运行并执行应用的任务。Spark 的运行过程如图 10-3 所示。

在分布式集群的 Spark 应用程序上，当对 RDD 对象执行动作操作时（如 count、collect 等），会提交一个 Spark 作业（job）。根据提交的参数设置，driver 托管应用，创建 Sparkcontext，即对 SparkContext 调用 runJob( )，将调用传递给 DAGScheduler（DAG 调度程序）。DAG-Scheduler 将这个 job 分解为多个 stage（这些 stage 构成一个 DAG），stage 划分完后，将每个 stage 划分为多个 task，其中 DAGScheduler 会基于数据所在位置为每个 task 赋予位置并执行，保证任务调度程序充分地利用数据本地化，DAGScheduler 将这个集合传给 Task-Scheduler，在任务集合发送到 TaskScheduler 后，TaskScheduler 基于 Task 位置考虑的同时构建由 Task 到 Executor 的映射，将 Task 按指定的调度策略分发到 Executor 中执行。在这个调度的过程中，Schedulerbackend 负责提供可用资源，分别对接不同的资源管理系统。无论任务完成或失败，Executor 都向 Driver 发送消息，如果任务失败，TaskScheduler 则将任务重新分配在另一个 Executor 上，在 Executor 完成运行任务后会继续被分配其他任务，直至任务集合全部完成。

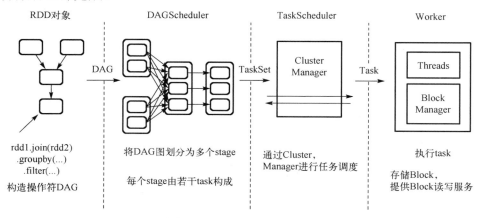

图 10-3　Spark 的运行过程

图 10-4 给出一个具体运行实例，此处仅说明整个 Spark 的 RDD 执行过程，体现 RDD 的转化过程。首先，通过 textFile() 把 word.txt 文本文件加载到 RDD 中，形成三行数据。然后，使用 flatMap() 把每行文本拆分成单个单词。接着，利用 map() 形成每个单词的键值对 <key, value> 统计每个单词出现次数，其中单词为键，词汇出现次数为值。最后，通过 reduceByKey() 进行汇总，实现 3.6.5 节中的 WordCount 实例。显然，在实现单词汇总方面，这种处理和编程方式相对于 Hadoop 中的 MapReduce 模型更为简洁方便。

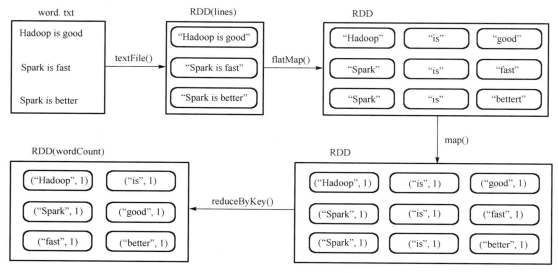

图 10-4　Spark 运行实例中 RDD 的执行过程

Spark 数据处理方式主要有三种：RDD、DataFrame、Spark SQL。三者的主要区别在于是否定义 Schema。

● RDD 的数据未定义 Schema（也就是未定义字段名及数据类型）。使用时必须有 Map/Reduce 的概念，需要高级别的程序设计能力。

● Spark DataFrame 建立时必须定义 Schema（定义每一个字段名与数据类型）。DataFrame 是一个以命名列组织的分布式数据集，概念上相当于关系数据库中的一张表。

● Spark SQL 是由 DataFrame 衍生出来的，支持通过 SchemaRDD 接口操作各种数据源。一个 SchemaRDD 能够作为一个一般的 RDD 被操作，也可以被注册为一个临时的表。注册一个 SchemaRDD 为一个表就允许在其数据上进行 SQL 查询。

10.2.5　Spark 的运行模式

Spark 的运行模式有 5 种：Local 模式、Standalone 模式、Spark on YARN 模式、Spark on Mesos 模式及 Spark on Cloud 模式，如图 10-5 所示。初学者仅需了解前三种模式，其余模式作为拓展内容，有兴趣的读者可以自行学习。

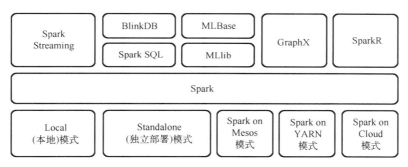

图 10-5　Spark 运行模式

1．Local（本地）模式

Local 模式是运行在单台计算机上的模式，可通过 local[*]设定多线程并行计算，通常用于代码测试和项目练手。在实际的生产环境中，一般不会使用该模式。

2．Standalone（独立部署）模式

Standalone 模式是 Spark 本身自带的模式，不同于 Local 模式，Standalone 模式属于分布式集群模式，构建了一个由 Master 和 Slave 组成的集群。在这个模式下，由 Spark 自己负责调用系统资源。

Standalone 模式还可以指定 Client（客户端）模式或 Cluster（集群）模式。两者的区别在于 Driver 进程运行在哪里。如果 Driver 进程运行在提交任务的主机上，那就是 Client 模式。在 Client 模式下，Driver 进程会对本地资源造成一些压力，但它的优点是 Spark 程序在运行过程中可以交互，这种模式适合需要交互的计算。因此，建议具有任何交互式组件的程序都使用 Client 模式。同时，在 Client 模式中，任何调试输出都是立即可见的，构建 Spark 程序时非常有价值。

如果 Driver 进程是由系统调度运行在分布式集群中的，那就是 Cluster 模式。在 Cluster 模式下，Driver 进程在集群中的某个节点上运行，基本不占用本地资源。这种模式适合生

产环境的运行方式。当生成作业时，建议使用 Cluster 模式，客户端提交作业后，不需要等待 Spark 程序运行结束，此时整个应用都在集群上运行，易于保留日志文件以备检查。

3．Spark on YARN 模式

Spark on YARN 模式和 Standalone 模式类似，区别在于 Spark on YARN 模式不再是 Spark 自己进行资源调度，而是通过 YARN 进行管理。YARN 是一个资源调度管理系统，它不仅能为 Spark 提供调度服务，还能为其他子系统（如 Hadoop、MapReduce 和 Hive 等）服务。由 YARN 统一为分布式集群上的计算任务分配资源，提供资源调度，可以有效地避免资源分配的混乱无序。

4．Sark on Mesos 模式

Spark on Mesos 模式和前两种集群模式类似，区别在于资源调度程序。Spark 对 Mesos 的支持更好，能够动态地分配资源，所以相对于 YARN 来说，该模式更加灵活、自然。其分为粗粒度模式和细粒度模式。

5．Spark on Cloud 模式

Spark on Cloud 模式可以更好地访问云资源，如腾讯云、阿里云、亚马逊云等。

由于 Local 模式易于代码测试和调试，便于初学者学习，本书演示运行 Spark 实例时主要使用 Local 模式，同时给出 Standalone 模式和 Spark on YARN 模式的配置及启动内容。建议初学者先使用 Local 模式，把主要精力集中在 Spark 常用操作和机器学习等内容上。

10.3　Spark 的安装和使用

前面介绍了 Spark 的基础知识和运行机制，本节开始动手搭建 Spark 集群，之后基于 PySpark 集群进行实例讲解。PySpark 提供了实时、交互式的方式，本节搭建的是完全分布式集群，用到三台机器，下面先介绍 Spark 的安装步骤。

10.3.1　Spark 安装

在安装配置 Spark 之前，需要确保 Hadoop 和 ZooKeeper 集群已经正确配置，并且能够正常运行。下面介绍 Spark 的主要安装与配置过程，详细的步骤及配置命令可查看配套的在线文档。

（1）在 ahut01 中使用 tar 命令解压缩并安装 Spark。

（2）在 ahut01 中使用 cp 命令，在 Spark 目录下创建 slaves 和 spark-env.sh 文件。

（3）在 ahut01 中输入 vi slaves 与 vi spark-env.sh，编辑配置文件，根据自己的计算机配置自由选择 Spark 的从节点。

（4）在 ahut01 的 spark/sbin/目录下输入 vi spark-config.sh，增加配置内容。

（5）在 ahut01 中使用 scp 命令，将/opt/ahut/spark 文件夹分发给 slaves 中配置的从节点。

（6）Spark 的配置到这里就完成了，现在开始配置 Spark on YARN 模式。如果只想使用 Local 模式，可以跳过这一步。在 ahut01 的 Hadoop 目录下输入 vi yarn-site.xml，编辑配置内容。

（7）在 ahut01 中使用 scp 命令，将 yarn-site.xml 分发给其余三台主机。

10.3.2　Python 3 和 Jupyter 安装

目前，由于 Python 具有丰富的扩展库，数据科学和数据分析从业人员大都使用 Python。为了支持 Python 语言使用 Spark，Apache Spark 社区开发了一个工具 PySpark。利用 PySpark 中的 Py4J 库，可以通过 Python 语言操作 RDD。PySpark 提供了 PySpark Shell，它是一个结合了 Python API 和 Spark Core 的工具，同时能够初始化 Spark 环境。从图 10-6 可以看出，SparkContext 是 Spark 程序的入口，SparkContext 使用 Py4J 启动 JVM 并创建 JavaSparkContext。Py4J 启动 SparkContext 后，分发到 Worker 节点，所以集群节点上必须有 Python 环境才能解析 Python 文件。

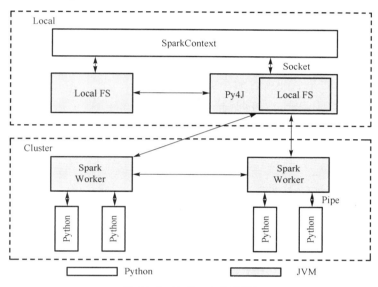

图 10-6　PySpark 框架图

本章结合 Spark 介绍 Python 3 和 Jupyter 的安装过程，主要步骤如下，详细的步骤及配置命令可查看配套的在线文档。

（1）使用 yum 命令安装相关的依赖库。

（2）下载并配置 Python 3，步骤如下：

① 使用 wget 命令下载 Python 3 安装包。

② 输入 openssl version，检查 OpenSSL 版本，如版本过低则手动更新 OpenSSL 的版本。

③ 使用 tar 命令解压缩并配置 Python 3。

（3）使用 pip 命令，安装并配置 Jupyter。

（4）配置并更新环境变量。

（5）输入 jupyter notebook --generate-config，生成 Jupyter 的配置文件，并使用 vi 编辑器更改 Jupyter 的默认启动目录。

（6）使用 pip 命令，修改 pip 源，并安装 NumPy 和 pandas。

（7）至此，ahut01 的 Python 3 和 Jupyter 已经安装成功。其他几台虚拟机只需升级 OpenSSL 版本、安装 Python 3.7 和相同的依赖包即可，这里不再赘述。这部分内容对非计算机专业或 Linux 基础薄弱的读者来说可能会有困难，读者可以直接使用后面配置好的镜像去使用 PySpark 框架，具体配置过程了解即可。

10.3.3 启动 PySpark

（1）在启动 PySpark 之前，需要启动 ZooKeeper 和 Hadoop，命令如下：

```
# ahut02、ahut03、ahut04 分别启动 ZooKeeper
[root@ahut02 ~]# zkServer.sh start

# ahut01 启动 Hadoop
[root@ahut01 ~]# start-dfs.sh
```

（2）选择 PySpark 的运行模式。

① Local 模式：在 ahut01 中运行命令/opt/ahut/spark/bin/pyspark。

② Standalone 模式：运行该模式前，需要先启动 Spark，这里不能直接运行 start-all.sh，因为会和 Hadoop 的启动命令冲突，命令如下：

```
[root@ahut01 software]# /opt/ahut/spark/sbin/start-all.sh
```

启动成功后，可以在本地浏览器中访问网址 http://ahut01:8080 查看节点状态，如图 10-7 所示。

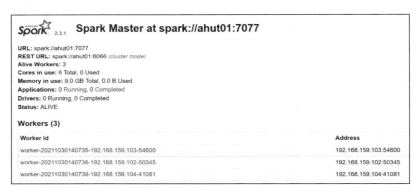

图 10-7 在浏览器中查看 Spark 节点状态

PySpark 启动前，使用 help 命令查看相关参数，具体如下：

```
[root@ahut01 ahut]# /opt/ahut/spark/bin/pyspark --help
Usage: ./bin/pyspark [options]
Options:
--master MASTER_URL          spark://host:port, mesos://host:port, yarn,
                             k8s://https://host:port, or local (Default: local[*]).
--deploy-mode DEPLOY_MODE    Whether to launch the driver program locally ("client") or
                             on one of the worker machines inside the cluster ("cluster")
 --name NAME                 A name of your application.
……省略部分输出信息……
```

下面介绍相关的启动参数。

--master：表示选择运行模式，可以是 Spark 链接、Mesos 链接、YARN 或者 Local 等，默认值为 local[*]，表示使用当前 CPU 支持的线程数来启动。

--deploy-mode：表示部署模式，可以选择 client 或 cluster，默认值为 client。

--name：可以为当前启动的应用设置名称。

其余参数读者可自行学习。

根据提示添加 master 参数，启动 PySpark 的 Standalone 模式，命令如下：

```
[root@ahut01 ~]# /opt/ahut/spark/bin/pyspark --master spark://ahut01:7077
```

③ Spark on YARN 模式：启动该模式前，需要完成 10.3.1 节中关于 yarn-site.xml 的相关配置并启动 YARN 的相关服务，命令如下：

```
[root@ahut01 ~]# /opt/ahut/spark/bin/pyspark --master yarn
```

（3）这里选择 Local 模式启动 PySpark，并记录输出信息中的 token 值，命令如下：

```
[root@ahut01 ~]# /opt/ahut/spark/bin/pyspark
[I 06:43:12.306 NotebookApp] Serving notebooks from local directory: /root/files
[I 06:43:12.306 NotebookApp] Jupyter Notebook 6.4.11 is running at:
[I 06:43:12.306 NotebookApp] http://ahut01:8888/?token=复制 token 值
[I 06:43:12.306 NotebookApp] or http://127.0.0.1:8888?token=复制 token 值
……省略部分输出信息……
```

然后在本地浏览器中访问网址 http://ahut01:8888（推荐使用 Chrome 浏览器），进入 Jupyter 的页面。进入时，需要输入 token 值或者密码才能进入页面。第一次进入时，可以在页面的最下方输入复制的 token 值，然后设置密码（本章的成品快照 ahut0X-11 将该密码设置为 ahut)，下次可以通过密码进入页面。

（4）进入页面后，单击"New Folder"按钮来创建一个文件夹，并将其重命名为 my-spark，如图 10-8 所示。

图 10-8　重命名文件夹

单击 my-spark 文件夹，新建 Python 3 项目，就可以进入 Jupyter 交互页面，如图 10-9 所示。

图 10-9　Jupyter 交互页面

（5）Jupyter 有两种模式：命令模式和编辑模式。

① cell 侧边栏默认是绿色，即编辑模式，按 Esc 键可进入命令模式。

② cell 侧边栏是蓝色时，即命令模式，按回车键可进入编辑模式。

命令模式下的快捷键如下。

- Shift +回车：运行当前 cell 并跳转到下一个 cell。
- Alt +回车：运行当前 cell 并在下方新建 cell。
- A：在上方新建 cell。
- B：在下方新建 cell。
- 双击 D：删除当前 cell。

（6）输入代码测试是否配置成功（运行快捷键为 Ctrl +回车），代码及结果如下：

```
IN: list = ["ahut01","ahut02","ahut03","ahut04","ahut01"]
    rdd = sc.parallelize(list)

    #创建 RDD
    rdd0 = rdd.map(lambda word : (word, 1))
    rdd1 = rdd0.reduceByKey(lambda a,b : a + b)
    rdd1.collect()

OUT: [('ahut01', 2), ('ahut02', 1), ('ahut03', 1), ('ahut04', 1)]
```

10.4 Spark 的常用操作

Spark 的操作有转换和行动两种。完成本节列举的实例时，读者除观察输出值外，还要理解整个操作过程是如何变化的，要能够理解 RDD "变形" 转化的每个过程。

 实例 10-1 map、flatMap

Spark 中的 map 函数会对每一个输入进行相应的操作，然后为每一个输入返回一个对象。换句话说，就是对 RDD 中的每个元素进行逐一的函数操作，映射为另一个 RDD。flatMap 会先执行 map 的操作，再将所有对象合并为一个对象，返回值是一个 Sequence，正是 "先映射后扁平化"。代码如下：

```
IN: # 将数据分别存储在 3 个分区
    rdd = sc.parallelize([1,2,3,4,5],3)
    # 查看分区数
    print(rdd.getNumPartitions())
    # 数据按照分区形式打印
    rdd.glom().collect()

OUT: 3
     [[1, 2, 3, 4, 5]]

IN: rdd.map(lambda i : range(1,i)).collect()

OUT: [range(1, 1), range(1, 2), range(1, 3), range(1, 4), range(1, 5)]
```

IN: rdd.flatMap(lambda i : range(1,i)).collect()

OUT: [1, 1, 2, 1, 2, 3, 1, 2, 3, 4]

 实例 10-2　聚合类 reduce、fold、aggregate

　　三种方法都是对 RDD 进行的聚合操作。reduce 与 fold 方法是对同种元素类型数据的 RDD 进行操作，其返回值是一个同样类型的新元素。fold 与 reduce 类似，接收与 reduce 接收的函数签名相同的函数，另外再加上一个初始值作为第一次调用的结果。aggregate 方法可以对两个不同类型的元素进行聚合，即支持异构。代码如下：

```
IN: # reduce
    rdd = sc.parallelize([1,2,3,4,5])
    rdd.reduce(lambda a , b : a + b)
    def add(x,y):
        return x + y
    rdd.reduce(add)
```

OUT: 15

```
IN: # fold
    rdd = sc.parallelize([2,4,6,1])
    zero = 0
    op = lambda x , y : x + y
    rdd.fold(zero,op)
```

OUT: 13

```
IN: # aggregate
    rdd = sc.parallelize([2,4,6,1],2)
    rdd.glom().collect()
    zeroValue = 0
    seqOp = lambda a ,b : a + b
    combOp = lambda x,y : x + y
    # rdd.aggregate(zeroValue,seqOp,combOp)
```

OUT: 13

 实例 10-3　filter、distinct

　　filter 函数用于过滤 RDD，即过滤掉不符合条件的元素，返回由符合条件元素组成的 RDD。distinct 会对重复的元素进行去重，返回一个新的不包含重复元素的 RDD。代码如下：

```
IN: rdd = sc.parallelize([1,2,3,4,5])
    rdd1 = rdd.flatMap(lambda x : (x,x+1,x+2))
    rdd1.collect()
```

OUT: [1, 2, 3, 2, 3, 4, 3, 4, 5, 4, 5, 6, 5, 6, 7]

IN: rdd1.filter(lambda x : x % 2 ==0).collect()

OUT: [2, 2, 4, 4, 4, 6, 6]

IN: rdd1.distinct().collect()

OUT: [1, 2, 3, 4, 5, 6, 7]

 实例 10-4 交集 intersection、并集 union、排序 sortBy

intersection(other)返回这个 RDD 和另一个 RDD 的交集，即使输入 RDD 包含任何重复的元素，输出也不会包含任何重复的元素。

union(other)返回此 RDD 和另一个 RDD 的并集。

sortByKey 是对 key（键）的排序，默认为 True，即升序，当设置参数 ascending=False 时表示降序排列。

sortBy 可以指定是对键还是对值进行排序，第一个参数是函数，返回对应的某一列值用来排序；第二个参数是 ascending，决定是升序还是降序；第三个参数是 numPartitions，决定排序后 RDD 的分区个数，默认排序之后的分区数和排序之前的个数相等。其中第一个参数必须传入，第二个和第三个参数可无。代码如下：

```
IN: rdd0 = sc.parallelize(['C','A','B','B'])
    rdd1 = sc.parallelize(['A','A','B','B','D'])

    rdd2 = rdd0.intersection(rdd1)
    print(rdd2.collect())

    rdd3 = rdd0.union(rdd1)
    print(rdd3.collect())

OUT: ['A', 'B']
     ['C', 'A', 'B', 'B', 'A', 'A', 'B', 'B', 'D']

IN: rdd4 = sc.parallelize([("a",3),("b",2),("c",1)])
    print(rdd4.collect())

    rdd5 = rdd4.sortByKey(ascending=False)
    print(rdd5.collect())

    rdd6 = rdd4.sortBy(lambda x:x[1])
    print(rdd2.collect())

OUT: [('a', 3), ('b', 2), ('c', 1)]
     [('c', 1), ('b', 2), ('a', 3)]
     ['A', 'B']
```

 实例 10-5 PairRDD 的算子

PairRDD 的算子包括 groupBykey、reduceByKey、aggregateByKey、reduceByKeyLocally。groupByKey 按照 Key 分组，得到相同 Key 的值的 sequence，可以通过自定义 partitioner 完成分区。

reduceByKey 与 groupByKey 相比，使用 local combiner 先做一次聚合运算，减少数据的 shuffler。

aggregateByKey 与 reduceByKey 类似，但更具灵活性，可以自定义在分区内和分区间的聚合操作。代码如下：

```
IN: list = ["ahut01","ahut02","ahut03","ahut04",
            "ahut02","ahut02","ahut03","ahut01",
            "ahut03","ahut01","ahut02","ahut04",
            "ahut02","ahut01","ahut01","ahut02",
            "ahut01","ahut02","ahut01","ahut03"]
    rdd = sc.parallelize(list)
    rdd0 = rdd.map(lambda word : (word,1))
    rdd0.take(5)
OUT: [('ahut01', 1), ('ahut02', 1), ('ahut03', 1), ('ahut04', 1), ('ahut02', 1)]

IN: rdd1 = rdd0.groupByKey()
    rdd1.collect()

OUT: [('ahut01', <pyspark.resultiterable.ResultIterable at 0x7fcfac32c5d0),
      ('ahut02', <pyspark.resultiterable.ResultIterable at 0x7fcfac32cbd0),
      ('ahut03', <pyspark.resultiterable.ResultIterable at 0x7fcfac32cb10),
      ('ahut04', <pyspark.resultiterable.ResultIterable at 0x7fcfac32cd50)]

IN: rdd2 = rdd0.reduceByKey(lambda a,b : a + b)
    rdd2.collect()

OUT: [('ahut01', 7), ('ahut02', 7), ('ahut03', 4), ('ahut04', 2)]

IN: zeroValue = 0
    seqFunc = lambda a,b : a + b
    combFunc = lambda a,b : a + b
    rdd3 = rdd0.aggregateByKey(zeroValue, seqFunc, combFunc)
    rdd3.collect()

OUT: [('ahut01', 7), ('ahut02', 7), ('ahut03', 4), ('ahut04', 2)]

IN: rdd4 = rdd0.reduceByKeyLocally(lambda a,b : a + b)
    rdd4

OUT: {'ahut01': 7, 'ahut02': 7, 'ahut03': 4, 'ahut04': 2}
```

 实例 10-6　join

join 在类型为(K, V)和(K, W)的 RDD 上调用，返回一个相同 Key 对应的所有元素连接在一起的(K, (V, W))形式的 RDD。代码如下：

```
IN: rdd1 = sc.parallelize([("ahut01","spark"),("ahut01","hbase"),\
                           ("ahut02","hive"), ("ahut03","hadoop") ])
    rdd2 = sc.parallelize([ ("ahut01",10), ("ahut03",7),("ahut05",6) ])
    innerRDD = rdd1.join(rdd2)
    print(innerRDD.collect())
```

OUT: [('ahut01', ('spark', 10)), ('ahut01', ('hbase', 10)), ('ahut03', ('hadoop', 7))]

 实例 10-7 其他函数

sample 根据指定的规则从数据集中抽取数据。

其有三个参数：withReplacement 表示抽出样本后是否再放回去，true 表示放回去，意味着抽出的样本可能会重复；fraction 表示抽出多少，是一个 double 类型的取值范围为 0～1 的参数；seed 是种子，根据 seed 可以随机抽取，参数可无。代码如下：

```
IN: numRDD = sc.parallelize(range(1, 11))
    mapRDD = numRDD.map(lambda x: x*x)
    filterRDD = mapRDD.filter(lambda x: x % 2 == 0)
    flatMapRDD = filterRDD.flatMap(lambda x: (x, x*x))
    distinctRDD = flatMapRDD.distinct()
    sampleRDD = distinctRDD.sample(withReplacement=True, fraction=0.5, seed=10)
```

OUT: [36, 36, 1296, 100, 10000]

sortBy 对数据进行排序，代码如下：

```
IN: sortByRDD = sampleRDD.sortBy(keyfunc=lambda x: x, ascending=False)
    sortByRDD.collect()
```

OUT: [10000, 1296, 100, 36, 36]

collect 以数组形式返回数据集的所有元素，代码如下：

```
IN: numRDD = sc.parallelize(range(1, 11))
    numRDD.collect()
```

OUT: [1, 2, 3, 4, 5, 6, 7, 8, 9, 10]

take 返回一个由 RDD 的前 n 个元素组成的数组，代码如下：

```
IN: numRDD = sc.parallelize(range(1, 11))
    numRDD.take(3)
```

OUT: [1, 2, 3]

first 返回 RDD 的第一个元素，代码如下：

```
IN: numRDD = sc.parallelize(range(1, 11))
    numRDD.first()
```

OUT: 1

foreach 分布式遍历 RDD 中的每一个元素，调用指定元素，不生成新的 RDD，代码如下：

```
IN: numRDD = sc.parallelize(range(1, 11))
    numRDD.foreach(lambda x: print(x))
```

OUT: 1
       2

172

```
         3
         4
         5
         6
         7
         8
         9
         10
```

✳ **实例 10-8　HDFS 文件操作**

先确保 Hadoop 和 ZooKeeper 正常运行，再上传需要用的文件到 HDFS 上，命令如下：

```
[root@ahut01 ~]# hdfs dfs -mkdir /tmp
[root@ahut01 ~]# hdfs dfs -ls /tmp
[root@ahut01 ~]# hdfs dfs -put /opt/ahut/hadoop-2.6.5/README.txt /tmp/
[root@ahut01 ~]# hdfs dfs -ls /tmp
Found 1 items
-rw-r--r--   3 root supergroup        1366 2022-03-16 23:04 /tmp/README.txt
```

（1）从 HDFS 上读取文件，计算词频（可选择状态为 active 的 NameNode 节点），代码如下：

```
IN: path = "hdfs://ahut01:8020/tmp/README.txt"
    rdd = sc.textFile(path)
    rdd0 = rdd.flatMap(lambda line : line.split(" "))
    rdd1 = rdd0.map(lambda word : (word,1))
    rdd2 = rdd1.reduceByKey(lambda a,b : a + b)
    rdd2.collect()

OUT: [('For', 1),
     ('the', 8),
     ('latest', 1),
     ……省略部分输出信息……
     ('written', 1),
     ('by', 1),
     ('mortbay.org.', 1)]
```

（2）读取本地文件，计算词频（因为默认路径是本地，所以也可以直接写路径），这里的路径 path 前要加上 file 前缀，代码如下：

```
IN: path = "file:///opt/ahut/hadoop-2.6.5/README.txt"
    rdd = sc.textFile(path)
    rdd0 = rdd.flatMap(lambda line : line.split(" "))
    rdd1 = rdd0.map(lambda word : (word,1))
    rdd2 = rdd1.reduceByKey(lambda a,b : a + b)
    rdd2.collect()

OUT: [('For', 1),
     ('the', 8),
     ('latest', 1),
```

```
······省略部分输出信息······
('written', 1),
('by', 1),
('mortbay.org.', 1)]
```

（3）保存文件到外部储存系统。

saveAsTextFile 函数将数据保存到不同格式的文件中，代码及命令如下：

```
IN: numRDD = sc.parallelize(range(1, 11))
    numRDD.saveAsTextFile("hdfs://ahut01:8020/tmp/out")

OUT:
    [root@ahut01 ~]# hdfs dfs -ls /tmp
    Found 2 items
    -rw-r--r--      3 root supergroup          1366 2022-03-16 23:04 /tmp/README.txt
    drwxr-xr-x      - root supergroup          0 2022-03-16 23:10 /tmp/out
```

10.5　Spark SQL 的应用

Spark SQL 是 Spark 用来处理结构化数据的一个模块，它提供了一个编程抽象（称为 DataFrame）且起到分布式 SQL 查询引擎的作用。

与 RDD 类似，DataFrame 也是一个分布式数据容器，然而 DataFrame 更像传统数据库的二维表格。除数据外，还记录数据的结构信息即 schema。Spark 使对结构化数据的操作更加高效和方便。

使用 Spark SQL 有多种方式，包括 SQL、DataFrames API 和 Datasets API。但无论是哪种 API 还是编程语言，都基于同样的执行引擎，因此可以使用代码在不同的 API 之间随意切换。

实例 10-9　DataFrame 相关

（1）上传数据文件 data.json 到 Hadoop 上，命令如下：

```
[root@ahut01 files]# hdfs dfs -put data.json /tmp
[root@ahut01 files]# hdfs dfs -ls /tmp
Found 2 items
-rw-r--r--      3 root supergroup          1366 2022-03-16 23:04 /tmp/README.txt
-rw-r--r--      3 root supergroup          96 2022-03-16 23:15 /tmp/data.json
```

其中，data.json 的文件内容如下：

```
{"name":"ahut01","memory":"8"}
{"name":"ahut02","memory":"16"}
{"name":"ahut03","memory":"32"}
```

（2）读取数据构建 DataFrame，代码如下：

```
IN: df = spark.read.json("hdfs://ahut01:8020/tmp/data.json")
    df.show()

OUT: +-------+------+
     |memory |  name |
```

```
+------+------+
|     8 |ahut01 |
|    16 |ahut02 |
|    32 |ahut03 |
+------+------+
```

（3）查看 DataFrame 的 Schema 信息，代码如下：

```
IN: df.printSchema()

OUT: root
      |-- memory: string (nullable = true)
      |-- name: string (nullable = true)
```

（4）只查看 name 列数据，代码如下：

```
IN: df.select("name").show()

OUT: +------+
      | name |
      +------+
      |ahut01 |
      |ahut02 |
      |ahut03 |
      +------+
```

（5）查看 name 列数据和 memory+1 数据，代码如下：

```
IN: df.select(df["name"], df["memory"]+1).show()

OUT: +------+-----------+
      | name |(memory + 1) |
      +------+-----------+
      |ahut01 |        9.0 |
      |ahut02 |       17.0 |
      |ahut03 |       33.0 |
      +------+-----------+
```

（6）查看 memory 大于等于 24 的数据，代码如下：

```
IN: df.filter(df["memory"] >= 24).show()

OUT: +------+------+
      |memory|  name |
      +------+------+
      |    32 |ahut03 |
      +------+------+
```

（7）按照 memory 分组，查看数据条数，代码如下：

```
IN: df.groupby("memory").count().show()

OUT: +------+-----+
      |memory|count |
      +------+-----+
```

```
|      8 |    1 |
|     16 |    1 |
|     32 |    1 |
+------+-----+
```

（8）按照 memory 求平均值，代码如下：

```
IN: df.agg({"memory":"avg"}).show()

OUT: +-----------------+
     |     avg(memory) |
     +-----------------+
     |18.666666666666668 |
     +-----------------+
```

✳ **实例 10-10　RDD 与 DataFrame 的相互转化**

（1）DataFrame 转换为 RDD，代码如下：

```
IN: rdd1 = df.rdd
    rdd1.collect()

OUT: [Row(memory='8', name='ahut01'),
      Row(memory='16', name='ahut02'),
      Row(memory='32', name='ahut03')]
```

（2）DataFrame 转换为 RDD，代码如下：

```
IN: # 方法 1
    df1 =  rdd1.toDF(["memory", "name"])
    df1.show()

OUT: +------+------+
     |memory|  name|
     +------+------+
     |     8 |ahut01 |
     |    16 |ahut02 |
     |    32 |ahut03 |
     +------+------+

IN: # 方法 2
    from pyspark.sql import Row
    machine1 = rdd1.map(lambda row: Row(name=row[1], memory=row[0]))
    df2 = spark.createDataFrame(machine1)
    df2.show()

OUT: +------+------+
     |memory|  name |
     +------+------+
     |     8 |ahut01 |
     |    16 |ahut02 |
     |    32 |ahut03 |
     +------+------+

IN: # 方法 3
```

```
from pyspark.sql.types import *
machine2 = rdd1.map(lambda row: (row[1], row[0]))
schema = StructType([
        StructField("name", StringType()),
        StructField("memory", StringType())
])
df3 = spark.createDataFrame(machine2, schema)
df3.show()
```

```
OUT: +------+------+
     | name |memory |
     +------+------+
     |ahut01 |      8 |
     |ahut02 |     16 |
     |ahut03 |     32 |
     +------+------+
```

 实例 10-11　视图

（1）创建临时视图。

第一种方式是直接创建一个视图，如第一行语句；第二行语句表示当该视图名称不存在时创建一个视图，如果存在则替换掉原先的视图而创建一个新的。代码如下：

```
IN: df.createTempView("machine")
    df.createOrReplaceTempView("machine_new")
```

```
OUT:
```

（2）使用 SQL 语句进行查询操作，代码如下：

```
IN: spark.sql("select * from machine_new").show()
```

```
OUT: +------+------+
     |memory|  name |
     +------+------+
     |     8 |ahut01 |
     |    16 |ahut02 |
     |    32 |ahut03 |
     +------+------+
```

（3）创建全局视图。

使用 SQL 语句进行查询操作，全局临时视图默认在 global_temp 数据库中，所以需要指定数据库名称。代码如下：

```
IN: df.createGlobalTempView("machine_global")
    df.createOrReplaceGlobalTempView("machine_global_new")
    spark.sql("select * from global_temp.machine_global_new").show()
```

```
OUT: +------+------+
     |memory|  name |
     +------+------+
     |     8 |ahut01 |
```

```
|       16|ahut02  |
|       32|ahut03  |
+------+------+
```

10.6　Spark 综合应用实例

 实例 10-12　基于 Spark 的音乐专辑数据分析

1．数据集介绍

在 Kaggle 数据平台下载数据集 albums.csv，其中包含 10 万张音乐专辑的数据。主要字段说明如下。

album_title：音乐专辑名称。

genre：专辑类型。

year_of_pub：专辑发行年。

num_of_tracks：每张专辑中的单曲数量。

num_of_sales：专辑销量。

rolling_stone_critic：滚石网站的评分。

mtv_critic：全球大音乐电视网 MTV 的评分。

music_maniac_critic：音乐达人的评分。

2．数据分析要求

本实例对音乐专辑数据集 albums.csv 进行一系列分析，具体包括：

（1）统计各类型专辑的数量；

（2）统计各类型专辑的销量总数；

（3）统计近 20 年来每年发行的专辑数量和单曲数量。

3．实际操作

（1）首先上传数据文件到 HDFS 中，命令如下：

```
[root@ahut01 files]# hdfs dfs -put albums.csv /tmp/
[root@ahut01 files]# hdfs dfs -ls /tmp/
Found 3 items
-rw-r--r--    3 root supergroup          1366 2022-03-16 23:04 /tmp/README.txt
-rw-r--r--    3 root supergroup       6847143 2022-03-16 23:51 /tmp/albums.csv
-rw-r--r--    3 root supergroup            96 2022-03-16 23:15 /tmp/data.json
```

（2）使用 PySpark 实现读取数据，形成 DataFrame，代码如下：

IN: df = spark.read.csv("hdfs://ahut01:8020/tmp/albums.csv", header=True)
　　df.take(5)

OUT: [Row(id='1', artist_id='1767', album_title='Call me Cat Moneyless That Doggies', genre='Folk', year_of_pub='2006', num_of_tracks='11', num_of_sales='905193', rolling_stone_critic='4', mtv_critic='1.5', music_maniac_critic='3'),
　　　　……省略部分输出信息……
　　　　Row(id='5', artist_id='24941', album_title='Decent Distance Georgian', genre='Black Metal',

year_of_pub='2010', num_of_tracks='8', num_of_sales='151111', rolling_stone_critic='4.5', mtv_critic='2.5', music_maniac_critic='1')]

（3）统计各类型专辑的数量（只显示总数大于 2000 的 10 种专辑类型），代码如下：

IN: df.groupby("genre").count().filter("count > 2000").take(10)

OUT: [Row(genre='Rock', count=3804),
　　　Row(genre='Latino', count=3898),
　　　Row(genre='Compilation', count=2003),
　　　Row(genre='Pop', count=7755),
　　　Row(genre='Punk', count=3787),
　　　Row(genre='Rap', count=5788),
　　　Row(genre='Pop-Rock', count=3880),
　　　Row(genre='Dance', count=3775),
　　　Row(genre='Indie', count=9384),
　　　Row(genre='Gospel', count=2008)]

（4）统计各类型专辑的销量总数，代码如下：

IN: df.select("genre", "num_of_sales").rdd \
　　　.map(lambda data: (data.genre, int(data.num_of_sales))) \
　　　.reduceByKey(lambda x,y : x+y).collect()

OUT: [('Folk', 965444874),
　　　('Metal', 983639223),
　　　('Latino', 1953132011),
　　　……省略部分输出信息……
　　　('Indietronica', 909137345),
　　　('Holy Metal', 991769597),
　　　('Electro-Pop', 920227112)]

（5）统计近 20 年来每年发行的专辑数量和单曲数量，代码如下：

IN: df.select("year_of_pub", "num_of_tracks").rdd \
　　　.map(lambda data: (int(data.year_of_pub), [int(data.num_of_tracks), 1])) \
　　　.reduceByKey(lambda x,y: [x[0]+y[0], x[1]+y[1]]) \
　　　.sortByKey().collect()

OUT: [(2000, [41816, 4921]),
　　　(2001, [42278, 4988]),
　　　(2002, [43197, 5086]),
　　　……省略部分输出信息……
　　　(2017, [43188, 5116]),
　　　(2018, [42181, 4959]),
　　　(2019, [43736, 5149])]

10.7　Spark 的机器学习

10.7.1　MLlib

机器学习是人工智能的热门应用之一。以往的机器学习受限于单机的计算能力，往往对海量的数据处理无能为力，因此大多采取抽样数据的方法来进行数据分析。随着大数据技术的发展，集群并行处理数据的能力越来越强大，数据分析的技术得到极大突破，这就给机器学习、数据挖掘、人工智能技术的发展带来新的机遇。Spark 机器学习库（MLlib）提供了大量 API 供开发者调用，一般开发者只要知道机器学习的基本原理和算法中参数的含义，就能比较便捷地调用算法模型。这样不仅降低了开发门槛，而且极大提高了工作效率。简单来说，机器学习是指无须明确编程即可从经验中自动学习提高应用能力。学习过程从观察数据开始，然后找到日期模式，并根据数据学习做出更好的决策。Spark 具有分布式特性，机器学习与 Spark 的结合可以解决数据规模大、复杂运算时间长的问题。Spark 提供 MLlib 组件用于满足机器学习的需求。MLlib 是 Spark 的可扩展机器学习库，包含通用学习算法和实用程序，如分类、回归、聚类、协作过滤、降维及基础优化原语，如图 10-10 所示。

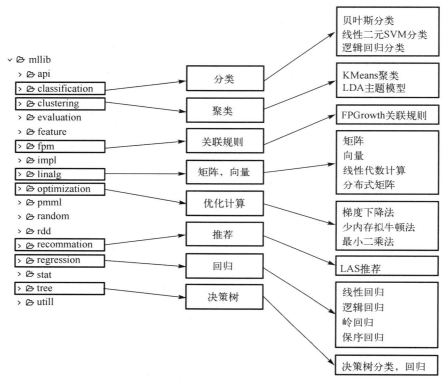

图 10-10　MLlib 组件介绍

10.7.2　Scala 语言

Scala 语言是 Spark 的开发语言，与 Spark 的兼容性最好，执行效率也高。然而，由于该语言刚刚出现不久，在数据分析人员中使用不普遍，学习门槛相对其他语言较高。相比之下，Java 是常用的程序设计语言，运用广泛，但是用它开发 Spark 程序的效率并不高，相比其他语言，代码显得冗长，而且数据分析并不是 Java 擅长的方向。R 语言数据分析人员很常用，也容易上手，但是 Spark 对 R 语言目前的支持并不完整，而且如果还要完成数据抓取、页面显示等功能，R 语言还是有所不及。Python 是数据分析的常用语言，开发效率高，有丰富的模块功能，例如，NumPy、Matplotlib、scikit-learn 等提供了强大有力的支持，所以 Python 语言使用更为广泛。本节着重介绍如何使用 Python 开发基于 Spark 的机器学习大数据应用实例。

pandas 和 scikit-learn 是 Python 中非常重要的数据分析模块。Spark DataFrame 借鉴了 Python DataFrame 的功能，因此这两种 DataFrame 可以互相转化。把数据读入 DataFrame 中，Spark 的 RDD 经过拓展后可以和 DataFrame 融合，这样能够处理更多的复杂应用。可以使用 Spark ML Pipeline 进行机器学习、训练、预测等一系列操作，方便了大数据的开发和应用，如图 10-11 所示。

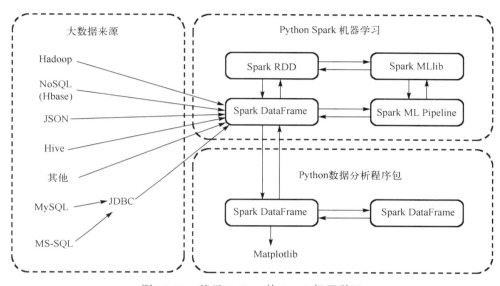

图 10-11　基于 Python 的 Spark 机器学习

10.7.3　MLlib 的机器学习算法

下面给出 Spark 机器学习库（MLlib）已经实现的部分机器学习算法。今后需要处理特定实际问题时，可先调用函数完成数据预处理工作，通过算法结合数据，选择合适的机器学习模型拟合训练数据，并对未知数据进行预测，形成最终评估结果，从而为解决实际应用提供参考依据。

1．特征处理

数据和特征决定了机器学习的上限，而模型和算法就在不断地逼近这个上限。特征工程本质是一项工程活动，目的是最大限度地从原始数据中提取特征供算法和模型使用。特征处理是特征工程的核心部分，特征处理方法包括数据预处理、特征选择、降维等。

2．标准化与归一化

标准化和归一化虽然都是在保持数据分布不变的情况下对数据进行处理，但是标准化让数据因量纲不一致导致的数据差别较大情况有所收敛，数据标准化之后将会加快求解的过程，函数如表 10-2 所示。

表 10-2　标准化与归一化函数

函数	备注
NGram	正则标准化，不需要 fit 而直接 transform
Normalizer	归一化函数，使它的范数或者数值在一定的范围内
MaxAbsScaler	归一化函数，将列标准化到[0,1]，每个值都除以本列的绝对值大的数，先 fit 再 transform
MinMaxScaler	大小归一化，先 fit 再 transform
StandardScaler	对列进行标准化，先 fit 再 transform

3．压缩降维

压缩降维的目的有两个：一是数据压缩，可以大大节省存储空间；二是使得数据可以可视化，将多维数据压缩成二维可以让用户更好地观察数据的特征，函数如表 10-3 所示。

表 10-3　压缩降维函数

函数	备注
PCA	对特征进行 PCA 降维，先 fit 再 transform
DCT	离散余弦变换(Discrete Cosine Transform)，用于数据或图像的压缩
FeatureHasher	特征哈希，相当于一种降维技巧

4．分类模型

分类是一项需要使用机器学习算法的任务，该算法学习如何为数据集分配类别标签，分类模型如表 10-4 所示。

表 10-4　分类模型

模型	备注
LinearSVC	线性分类支持向量机
LogisticRegression	逻辑回归
DecisionTreeClassifier	决策树分类
GBTClassifier	GBDT 梯度提升决策树
RandomForestClassifier	随机森林
NaiveBayes	朴素贝叶斯
MultilayerPerceptronClassifier	多层感知机分类器
OneVsRest	将多分类问题简化为二分类问题

5．聚类模型

机器学习中的聚类是无监督的学习问题，它的目标是感知样本间的相似度并进行类别归纳。它可以用于潜在类别的预测及数据压缩。聚类模型如表 10-5 所示。

表 10-5　聚类模型

模型	备注
BisectingKMeans	二分类 KMeans
KMeans	K 均值聚类算法
GaussianMixture	高斯混合模型
LDA	LDA 主题聚类
PowerIterationClustering	幂迭代聚类

6．回归模型

回归的目的是预测数值型的目标值，它的目标是接收连续数据，寻找适合数据的方程，并能够对特定值进行预测。这个方程称为回归方程，而求回归方程显然就是求该方程的回归系数，求这些回归系数的过程就是回归。回归模型如表 10-6 所示。

表 10-6　回归模型

模型	备注
AFTSurvivalRegression	生存分析的对数线性模型
DecisionTreeRegressor	决策树回归模型
GBTRegressor	全称梯度下降树回归模型
IsotonicRegression	保序回归

7．推荐模型

推荐模型主要考虑的是数据和数据之间的相似度，只要找出相似数据对应的结果，并预测目标数据给对应结果的评分，就可以找到评分高的若干结果来推荐。推荐模型如表 10-7 所示。

表 10-7　推荐模型

模型	备注
ALS	（Alternating Least Squares）交替最小二乘法

8．结果评估

评价指标是机器学习任务中非常重要的一环。不同的机器学习任务有着不同的评价指标，同一种机器学习任务也有着不同的评价指标，如分类（classification）、回归（regression）、聚类（clustering）、推荐（recommendation）等。结果评估如表 10-8 所示。

表 10-8　结果评估

模型	备注
BinaryClassificationEvaluator	二分类评估
RegressionEvaluator	回归评估
MulticlassClassificationEvaluator	多分类评估
ClusteringEvaluator	聚类评估

10.7.4　Spark 的机器学习流程

对机器学习的很多算法处理过程，Spark 框架都提供了流水线的标准操作模式，如图 10-12 所示。

机器学习流程步骤相对固定，只是其中的模型、参数及评价指标会有不同，可以大致分为以下 7 个步骤。

1．数据的收集

在机器学习中，数据和特征是决定模型性能上限的重要因素。如果数据量不足或者质量不佳，那么即使采用最好的算法，也无法得到令人满意的结果。在数据采集方面，需要考虑数据的来源和数据的质量。在选择数据时，需要关注数据的代表性、数据之间的相关性及数据是否处于合理的时间窗口。同时，也需要注意避免数据的偏差或者过拟合等问题。只有数据数量越多，质量越好，机器学习的地基才有可能搭建得越牢固。

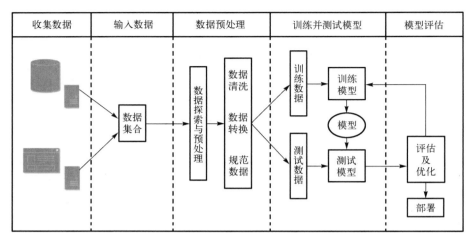

图 10-12　机器学习流程

2．数据的准备

在准备好机器学习所需的"原料"后，需要再加工一下。这一环节，也称为"数据清洗"。在机器学习中，数据的准备是非常重要的一环。数据的清洗和预处理能够减少模型的盲点，提高模型的准确性和可靠性。数据清洗包括对数据集进行筛选、转换，删除空数据，删除重复数据，处理异常值等一系列操作，以得到符合预期的数据。这些操作可以通过编写程序自动完成，也可以手动完成。一般情况下，可以将数据集划分为训练集和测试集，训练集用于训练模型，测试集用于评估模型的性能，常见的比例是训练集为 80%，测试集为 20%。

3．模型的选择

数据准备好后，模型的选择需要综合考虑多方面因素，如输入数据类型、输出数据类型、是否符合业务需求、对模型准确度的要求、模型的运行速度与学习速度等。机器学习的模型可分为三类：第一类是监督学习模型，需要根据带标签的数据对模型进行不断的训练与优化；第二类是无监督学习模型，希望通过没有标注的数据寻找其中有用的结构；第三类是强化学习模型，智能体不断地与环境交互，通过尝试不同的行为获得奖励，并且根据奖励进行学习和改进。

4．模型的训练

这个阶段，可以把步骤 2 中的训练集输入模型完成训练任务。注意，前面所有准备工作做得越好，就意味着材料准备得越好，训练结果的上限才会越高。简单来说，模型在数学中也可看成一个函数，通过大量训练，模型将不断优化系数和偏差值，以此获得更合理的函数，后续输入测试集来减少预测值与真实值之间的差距。

5．模型的评估

对模型进行评估的主要目的是了解模型在实际应用场景中的性能表现，并确定它是否符合预期。评估模型的常见方法是将测试集提供给模型，并使用一组评价指标对模型的预测结果与步骤 2 的测试集中的真实值进行比较。需要根据不同的评判标准，如准确率、召回率等，对模型预测出的预测值和测试集中的真实值进行评判，以此来评估该模型在实际应用场景下的表现。例如，现实生活中训练学生做题目，学习效果如何自然要通过考试成绩来评判。

6. 超参数的调整

超参数的调整是模型训练过程中非常重要的一步。例如，现实生活中，不同学生面对不同课程题目的学习方法肯定不一样，这就需要在学习和考试的过程中不断调整自己。因此，超参数是指那些在训练模型前需要手动设置的参数，如学习率、正则化系数、迭代次数等。

7. 数据的预测

模型（学生）经过长时间的准备与训练，最终来到预测（考试）阶段，期待的结果当然是预测的和实际结果没有偏差或偏差较小，如果模型（学生）的最终结果和实际结果相差很大，甚至大相径庭，显然它就不是一个合理的模型，我们需要考虑重构模型。

实例 10-13　用线性回归模型预测房价

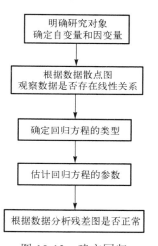

图 10-13　建立回归
模型的步骤

回归分析是预测建模中的基础技术，通过拟合回归线建立输入变量与目标变量之间的线性关系。本实例主要通过构建线性回归模型去预测房价。建立回归模型的步骤如图 10-13 所示。

对线性回归来说，要建立解释变量（自变量）与预测变量（因变量）之间的线性关系，构建损失函数，求出损失函数最小值时的参数 β_0 和 β_1，根据求出的参数，即可得到回归函数。简单线性回归方程如下：

$$y = \beta_0 + \beta_1 \boldsymbol{x}$$

上述方程对应一条直线，称之为回归线。其中，$\boldsymbol{x}$ 是由多元向量构成的解释向量，包括除预测变量外的数据字段；β_1 是回归线的斜率；β_0 是回归线的截距；y 是预测变量。本实例中的 $\boldsymbol{x}$ 为除预测变量外的所有列构成的特征向量，目标变量 y 为预测变量，需要通过数据源中的 $(\boldsymbol{x}, y)$ 和模型求解 β_0 和 β_1。

那什么样的 β_0 和 β_1 才是最佳的呢？在得到估计函数后，需要评价该估计函数的拟合效果，评价指标如下。

RMSE（Root Mean Square Error）：均方根误差，用来衡量预测值和真实值之间的偏差。该值越小说明模型的输出和已有的参考值之间的差越小，模型效果越好。公式如下：

$$\mathrm{RMSE} = \sqrt{\frac{1}{n} \sum (\hat{y}_i - y_i)^2}$$

R^2：拟合优度检验，取值范围为 [0, 1]，该值越大说明模型的输出值和已有的参考值之间的匹配度越高，模型效果越好。公式如下：

$$R^2 = \frac{\mathrm{SSR}}{\mathrm{SST}} = \frac{\sum (\hat{y}_i - \overline{y})^2}{\sum (y_i - \overline{y})^2}$$

数据采集的工作是繁杂的，本实例使用来自 Kaggle 的数据集——The Boston Housing Dataset。其中各数据字段的含义如下。

CRIM：城镇的人均犯罪率。

ZN：土地面积超过 25000 平方英尺的住宅用地所占比例。

INDUS：每所城镇非零售商业面积的比例。

CHAS：查尔斯河虚拟变量（土地河流交界=1；否则=0）。

NOX：氮氧化物浓度（千万分之一）。

RM：每个住宅的平均房间数。

AGE：1940 年以前建造的自住房屋的比例。

DIS：到波士顿五个就业中心距离的加权平均值。

RAD：放射状公路的可达性指数。

TAX：全价值的房产税率（每 1 万美元）。

PTRATIO：城镇的学生与教师比例。

BLACK：$1000(Bk: 0.63)^2$，Bk 为各城镇黑人所占比例。

LSTAT：人口中较低地位（百分比）。

MEDV：业主自住房屋的中值（1000 美元）。

下面根据该数据集演示简单的回归模型。

（1）加载相关库，使用 PySpark 中的机器学习库 ml 完成接下来的实验，代码如下：

```
IN: import six
    from pyspark import SparkConf, SparkContext
    from pyspark.ml import Pipeline
    from pyspark.ml.tuning import ParamGridBuilder
    from pyspark.ml.tuning import CrossValidator
    from pyspark.ml.feature import VectorAssembler
    from pyspark.ml.feature import VectorIndexer
    from pyspark.ml.feature import PCA as PCAml
    from pyspark.ml.regression import LinearRegression
    from pyspark.ml.regression import RandomForestRegressor
    from pyspark.ml.evaluation import RegressionEvaluator
```

（2）加载数据并查看各个字段 schema，代码如下：

```
IN: house_df = spark.read.csv("hdfs://ahut01:8020/tmp/boston_housing_data.csv",
                            inferSchema='true',header='true')
    house_df.printSchema()

OUT: root
     |-- CRIM: double (nullable = true)
     |-- ZN: double (nullable = true)
     |-- INDUS: double (nullable = true)
     |-- CHAS: double (nullable = true)
     |-- NOX: double (nullable = true)
     |-- RM: double (nullable = true)
     |-- AGE: double (nullable = true)
     |-- DIS: double (nullable = true)
     |-- RAD: integer (nullable = true)
```

```
|-- TAX: double (nullable = true)
|-- PIRATIO: double (nullable = true)
|-- B: double (nullable = true)
|-- LSTAT: double (nullable = true)
|-- MEDV: double (nullable = true)
```

IN: house_df.take(5)

OUT: [Row(CRIM=0.00632, ZN=18.0, INDUS=2.31, CHAS=0.0, NOX=0.538, RM=6.575, AGE=65.2, DIS=4.09, RAD=1, TAX=296.0, PIRATIO=15.3, B=396.9, LSTAT=4.98, MEDV=24.0),
　　　　……省略部分输出信息……
　　　　Row(CRIM=0.06905, ZN=0.0, INDUS=2.18, CHAS=0.0, NOX=0.458, RM=7.147, AGE=54.2, DIS=6.0622, RAD=3, TAX=222.0, PIRATIO=18.7, B=396.9, LSTAT=5.33, MEDV=36.2)]

（3）描述性分析，代码如下：

IN: house_df.describe().toPandas().transpose()

OUT:

summary	0 count	1 mean	2 stddev	3 min	4 max
CRIM	506	1.2691954940711454	2.3992069284597695	0.0	9.96654
ZN	506	13.295256916996086	23.048696989291173	0.0	100.0
INDUS	506	9.20515810276678	7.169629626755838	0.0	27.74
CHAS	506	0.14076482213438735	0.3127652363941697	0.0	1.0
NOX	506	1.1011752964426893	1.6469905541405292	0.385	7.313
RM	506	15.67980039525692	27.22020595883263	3.561	100.0
AGE	506	58.74465968379447	33.10404916811036	1.137	100.0
DIS	506	6.173307905138338	6.476434916652862	1.1296	24.0
RAD	506	78.06324110671937	203.54215743680442	1	666
TAX	506	339.31778656126505	180.67007653260927	20.2	711.0
PIRATIO	506	42.61498023715423	87.585243158357	2.6	396.9
B	506	332.79110671936684	125.32245603598568	0.32	396.9
LSTAT	506	11.53780632411067	6.064931899092786	1.73	34.41
MEDV	452	23.750442477876135	8.808601660786652	6.3	50.0

这里可以看到，前面很多列都有 506 个数据，但是最后一列只有 452 个数据。查看源数据文件发现，最后一列的有些内容是空值。数据采集好后，需要对数据集进行一定的处理，本实例的第 4、5 步涉及删除空数据、特征和标签的选择及训练集和测试集的划分等操作。下面进行数据处理，删除含有空值的行，代码如下：

IN: house_df = house_df.na.drop()

（4）数据处理好后，在 DataFrame 中选择特征和标签，构建训练数据和验证数据。VectorAssembler 是将给定列表组合成单个向量列的转换器。为了训练模型，将原始特征和不同特征转换器生成的特征组合成一个特征向量，代码如下：

```
IN: features = house_df.columns[:-1]
    label = house_df.columns[-1]
    print("features:", features)
    print("label:", label)
```

```
OUT: features: ['CRIM', 'ZN', 'INDUS', 'CHAS', 'NOX', 'RM', 'AGE', 'DIS', 'RAD', 'TAX',
'PIRATIO', 'B', 'LSTAT']
          label: MEDV

IN: vector_assembler = VectorAssembler(inputCols = features, outputCol='features')
    vhouse_df = vector_assembler.transform(house_df).select(['features', label])
    vhouse_df.show(5)

OUT: +----------------+------+
     |        features | MEDV |
     +----------------+------+
     |[0.00632,18.0,2.3... |  24.0 |
     |[0.02731,0.0,7.07... |  21.6 |
     |[0.02729,0.0,7.07... |  34.7 |
     |[0.03237,0.0,2.18... |  33.4 |
     |[0.06905,0.0,2.18... |  36.2 |
     +----------------+------+
```

（5）按比例 0.8:0.2 分割训练集和测试集，此处 0.8 指的是 80%的样本实例作为训练集，进行模型训练；0.2 指的是 20%的实例作为测试集，之后通过评价指标评估模型准确性。这一步选择了线性回归模型（Linear Regression Model），训练该模型可以得到一个函数，用于拟合特征向量和房价之间的线性关系。确定好模型后，开始模型训练，同时进行模型的评估，给出训练后的模型的评估指标。其中拟合优度检验指标 R^2 值越高，说明线性回归的拟合度越高。代码如下：

```
IN: train_df,test_df = vhouse_df.randomSplit([0.8, 0.2],2022)
    print("\n====== Training LinearRegression Model ======\n")
    lr = LinearRegression(featuresCol = 'features', labelCol=label,
                          maxIter=100, regParam=0.3, elasticNetParam=0.8)
    lr_model = lr.fit(train_df)

    print("RMSE on Train Data : %f" % lr_model.summary.rootMeanSquaredError)
    print("R2 on Train Data : %f" % lr_model.summary.r2)

OUT: ====== Training LinearRegression Model ======

    RMSE on Train Data : 4.825050
    PR2 on Train Data : 0.707103
```

（6）根据测试集中的数据，通过训练好的模型预测出房价，并与实际房价进行对比，以此来评估模型的性能，代码如下：

```
IN: print("\n====== Testing LinearRegression Model ======\n")
    lr_predictions = lr_model.transform(test_df)
    lr_predictions.select("prediction","MEDV").show(5)

    lr_evaluator = RegressionEvaluator(predictionCol="prediction", labelCol="MEDV",
                                       metricName="r2")
    print("R2 on Test Data :    %f" % lr_evaluator.evaluate(lr_predictions))
```

```
OUT: ====== Testing LinearRegression Model ======

     +-------------------+------+
     |      prediction   |MEDV |
     +-------------------+------+
     |30.675974268388792 |32.2  |
     | 31.08904297351568 |35.4  |
     |42.617201355407474 |50.0  |
     |28.106185508145874 |23.9  |
     | 26.73153648106725 |25.0  |
     +-------------------+------+

     only showing top 5 rows

     R2 on Test Data :  0.769836
```

（7）在指定 Linear Regression 模型时，设置了 regParam、elasticNetParam 等参数的值，这类参数称为超参数，通过调整超参数的值可以优化模型的训练效果。下面通过交叉验证（Cross Validator）进行参数调优。代码如下：

```
IN: features = house_df.columns[:-1]
    vector_assembler = VectorAssembler(inputCols = features,
    outputCol='features')

    lr = LinearRegression(featuresCol = 'features', labelCol='label')
    pipeline = Pipeline(stages=[vector_assembler, lr])

    param_grid = ParamGridBuilder()\
                .addGrid(lr.regParam,[0.3,0.7,0.85,0.9])\
                .addGrid(lr.elasticNetParam,[0.05,0.1,0.2,0.8])\
                .build()

    cross_val = CrossValidator(estimator=pipeline,
                        estimatorParamMaps=param_grid,
                        evaluator=RegressionEvaluator(),
                        numFolds=3)

    house_withlabel_df = house_df.withColumnRenamed('MEDV','label')
    train_df,test_df = house_withlabel_df.randomSplit([0.8, 0.2],2022)
    cv_model = cross_val.fit(train_df)

    lr_predictions = cv_model.transform(test_df)

    lr_evaluator = RegressionEvaluator(predictionCol="prediction",
                            labelCol="label",metricName="r2")
    print("R2 on Test Data :  %f" % lr_evaluator.evaluate(lr_predictions))

OUT: R2 on Test Data :  0.780745
```

可以看出，调整超参数后，模型的训练效果得到了提升。此时查看当前最优模型的参数，代码如下：

```
IN: best_pipeline = cv_model.bestModel
    best_model = best_pipeline.stages[1]
    print("Best Model's regParam : ", best_model.getOrDefault('regParam'))
    print("Best Model's elasticNetParam : ", best_model.getOrDefault('elasticNetParam'))

OUT: Best Model's regParam :   0.85
     Best Model's elasticNetParam :   0.1
```

将 regParam 的值从 0.3 调整为 0.85，elasticNetParam 的值从 0.8 调整为 0.1，这个小小的改动能将模型的 R^2 值从 0.76 提高到 0.78，增强了线性回归的拟合程度。

（8）拓展一：计算特征之间的相关性，并选择部分特征进行训练。相关系数取值范围如下。

① 符号：如果为正号，则表示正相关；如果为负号，则表示负相关。通俗来说，正相关就是变量会与参照数同向变动，负相关就是变量与参照数反向变动。

② 取值为 0，这是极端，表示不相关。

③ 取值为 1，表示完全正相关，而且呈同向变动的幅度是一样的。

④ 如果为−1，表示完全负相关，即以同样的幅度反向变动。

⑤ 取值范围：[−1, 1]。

一般来说，取绝对值后，[0, 0.09]为没有相关性，[0.1, 0.3)为弱相关，[0.3, 0.5)为中等相关，[0.5, 1.0]为强相关。代码如下：

```
IN: features = []
    label = house_df.columns[-1]
    for i in house_df.columns:
        if not(isinstance(house_df.select(i).take(1)[0][0], six.string_types)) and i != label:
            print( "Correlation to MEDV for ", i, ": ", house_df.stat.corr('MEDV',i))
            if(abs(house_df.stat.corr('MEDV',i)) > 0.2):
                features.append(i)

    print("Filterd features:", features)
    print("label:", label)

OUT: Correlation to MEDV for  CRIM :    −0.2862449855687183
     Correlation to MEDV for  ZN :     0.33156988337122734
     Correlation to MEDV for  INDUS :  −0.41191453085865576
     Correlation to MEDV for  CHAS :   0.15440872522272683
     Correlation to MEDV for  NOX :    −0.3327781813437545
     Correlation to MEDV for  RM :     0.7401808048912725
     Correlation to MEDV for  AGE :    −0.29989319942852455
     Correlation to MEDV for  DIS :    0.13879844241506803
     Correlation to MEDV for  RAD :    −0.21790209732657045
     Correlation to MEDV for  TAX :    −0.345897565089994
     Correlation to MEDV for  PIRATIO : −0.4612135552335435
```

```
        Correlation to MEDV for  B :          0.2647972274509574
        Correlation to MEDV for  LSTAT :     −0.7062550589221794
        Filterd features: ['CRIM', 'ZN', 'INDUS', 'NOX', 'RM', 'AGE', 'RAD', 'TAX', 'PIRATIO', 'B',
'LSTAT']

        label: MEDV
```

IN:
```
vector_assembler = VectorAssembler(inputCols = features, outputCol='features')
vhouse_df = vector_assembler.transform(house_df).select(['features', label])

train_df,test_df = vhouse_df.randomSplit([0.8, 0.2],2022)

print("\n====== Training LinearRegression Model ======\n")
lr = LinearRegression(featuresCol = 'features', labelCol=label,
                    maxIter=100, regParam=0.6, elasticNetParam=0.2)
lr_model = lr.fit(train_df)

print("RMSE on Train Data :   %f" % lr_model.summary.rootMeanSquaredError)
print("R2 on Train Data :   %f" % lr_model.summary.r2)

print("\n====== Testing LinearRegression Model ======\n")
lr_predictions = lr_model.transform(test_df)
lr_predictions.select("prediction","MEDV").show(5)

lr_evaluator = RegressionEvaluator(predictionCol="prediction",
                    labelCol="MEDV",metricName="r2")
print("R2 on Test Data :   %f" % lr_evaluator.evaluate(lr_predictions))
```

OUT:
```
====== Training LinearRegression Model ======

RMSE on Train Data :   5.011105
R2 on Train Data :   0.684079


====== Testing LinearRegression Model ======


+------------------+------+
|        prediction |MEDV |
+------------------+------+
| 31.32817101287972 |32.2  |
| 32.77814957704358 |35.4  |
|40.061965890229644 |50.0  |
|28.574836508158423 |23.9  |
|25.961925357252515 |25.0  |
+------------------+------+
only showing top 5 rows

R2 on Test Data :   0.758640
```

从上面的分析过程可以看出，去掉一些相关性较小的特征，对模型的提升不仅没有效果，反而降低了模型的准确性，这说明不是所有方法都有效。实际应用中，需要不断实验，总结出对当前数据集有效的模型优化方法。

（9）拓展二：通过 PCA 降维再进行训练。

在 PCA 降维时，可以使用循环的方式对参数进行一个简单的调优。代码如下：

```
IN: features = house_df.columns[:-1]
    label = house_df.columns[-1]
    vector_assembler = VectorAssembler(inputCols = features, outputCol='features')
    vhouse_df = vector_assembler.transform(house_df).select(['features', label])

    for i in range(1,14):
        pca = PCAml(k=i, inputCol="features", outputCol="pca_feat")
        model = pca.fit(vhouse_df)
        pca_feats = model.transform(vhouse_df)

        train_df,test_df = pca_feats.randomSplit([0.8, 0.2],2022)
        lr = LinearRegression(featuresCol = 'pca_feat', labelCol=label,
                              maxIter=50, regParam=0.3, elasticNetParam=0.8)
        lr_model = lr.fit(train_df)

        lr_predictions = lr_model.transform(test_df)

        lr_evaluator = RegressionEvaluator(predictionCol="prediction", \
                          labelCol="MEDV",metricName="r2")
        print("When k = %d, R2 on Test Data : %f" % (i, lr_evaluator.evaluate(lr_predictions)))

OUT: When k = 1, R2 on Test Data :   0.178356
     When k = 2, R2 on Test Data :   0.178265
     When k = 3, R2 on Test Data :   0.241939
     When k = 4, R2 on Test Data :   0.256149
     When k = 5, R2 on Test Data :   0.470680
     When k = 6, R2 on Test Data :   0.534720
     When k = 7, R2 on Test Data :   0.547429
     When k = 8, R2 on Test Data :   0.664769
     When k = 9, R2 on Test Data :   0.690323
     When k = 10, R2 on Test Data :   0.695935
     When k = 11, R2 on Test Data :   0.773326
     When k = 12, R2 on Test Data :   0.774272
     When k = 13, R2 on Test Data :   0.772621
```

从不同维度的训练结果可以看出，维度变化程度大时，训练效果出现了不同程度的变化。在训练维度为 12 的时候，模型拥有最好的训练效果。通过计算特征相关性及调整数据的维度等操作，可以总结出：同样的数据集，采用不同的处理方法，最终训练得到的模型效果可能是不一样的。因此，在具体案例中，处理的方法还需要根据实际应用的问题和数据来决定，读者可以在理解算法的基础上对数据集进行预处理，不断修改参数，获得尽可能精确的预测值。

除特征降维外，还有很多方法可以提高训练效果，如选择不同的训练模型。12.2.2 节介绍随机森林算法，读者可以尝试使用随机森林回归模型，探讨不同的模型对训练结果的影响。测试数据的指标 R^2 值显示，选择了随机森林回归模型，训练效果有了明显的提升。这说明，不同的模型选择对预测精确度有一定程度的影响。因此，实际应用问题中，构建合适的模型解决问题，也是重要的一个环节。

（10）拓展三：选择不同的模型（随机森林模型）进行训练，代码如下：

```
IN: vhouse_indexer = VectorIndexer(inputCol="features", outputCol="indexedFeatures", maxCategories = 10).fit(vhouse_df)

    print("\n====== Training RandomForestRegressor Model ======\n")
    rfr = RandomForestRegressor(featuresCol="indexedFeatures",labelCol=label)
    pipeline = Pipeline(stages=[vhouse_indexer, rfr])
    rfr_model = pipeline.fit(train_df)

    print("\n====== Testing RandomForestRegressor Model ======\n")
    rfr_predictions = rfr_model.transform(test_df)
    rfr_predictions.select("prediction", "MEDV", "features").show(5)

    evaluator = RegressionEvaluator(labelCol="MEDV",
                                    predictionCol="prediction", metricName="r2")
    r2 = evaluator.evaluate(rfr_predictions)
    print("R2 on Test data : %f" % r2)

OUT: ====== Training RandomForestRegressor Model ======

    ====== Testing RandomForestRegressor Model ======

    +------------------+-----+--------------------+
    |        prediction|MEDV |            features |
    +------------------+-----+--------------------+
    |29.470588277176905|32.2 |[0.00906,90.0,2.9...|
    |  32.3140982313739|35.4 |[0.01311,90.0,1.2...|
    |45.466874999999995|50.0 |[0.01501,90.0,1.2...|
    | 27.65976343612175|23.9 |[0.02543,55.0,3.7...|
    |23.931083437310598|25.0 |[0.02875,28.0,15....|
    +------------------+-----+--------------------+
    only showing top 5 rows

    R2 on Test data : 0.814017
```

本实例中，使用的机器学习库是 Spark 框架提供的 Python API——PySpark 类库。使用 Python 时，也可以选择其他的机器学习库，如 scikit-learn。PySpark 和 scikit-learn 都包含大量的机器学习算法，主要区别在于数据集的处理规模。scikit-learn 适用于小数据集的机器学习，在处理大数据集的时候会显得有点力不从心；而 PySpark 在分布式集群的基础上，对大数据集的处理能力较强。在实际应用中应根据数据集的大小，灵活选择机器学习库。

10.8 本章思维导图

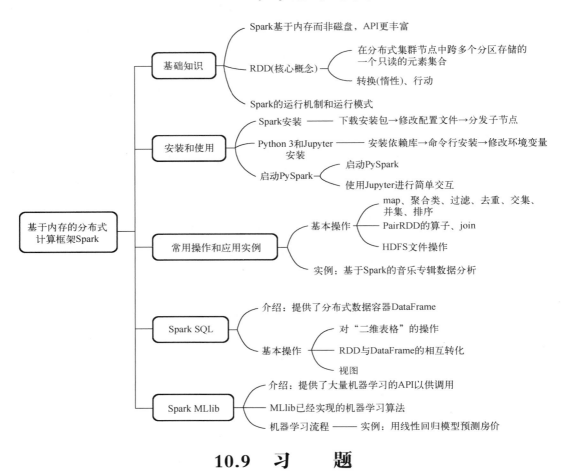

10.9 习 题

1．简述 Spark 的安装步骤。

2．列出 Spark 常用的一些算子。

3．Spark 和 Hadoop 的区别是什么？

4．在使用 Spark SQL 创建视图时，createTempView 与 createOrReplaceTempView 有什么区别？

5．说明常见的机器学习算法。

6．机器学习执行的主要步骤有哪些？

7．Spark 的部署模式有哪几种？

8．reduce、fold、aggregate 三种聚合类有什么异同？

9．如何删除数据集中含有空值的行？

10．Spark 在 YARN 上的两种部署模式有什么优缺点？

11．Spark 数据处理方式主要有哪些？有什么区别？

12．在进行 Spark 的机器学习项目时，PCA 降维操作的目的是什么？

第 **4** 篇   大数据应用篇

第 11 章   数据可视化

本章是大数据技术框架学习的"点睛之笔"。有了数据可视化，整个数据分析的结论才得以直观地展示给普通用户，以便他们能够更好地做出判断、决策，起到画龙点睛的作用。在之前章节的学习中，专业的数据分析人员已经能够从数据集中提取有价值的信息，作为今后决策、判定的依据。然而，对普通用户而言，这些数据的性能指标过于专业、晦涩且难于理解，导致他们不能熟练驾驭和使用。

本章旨在给用户提供更好的交互界面和体验。这个场景有点类似于用户用手机和计算机的过程。用户完全不需要理会手机或计算机核心的底层运行机制，只需把精力集中在简单的交互操作上，就能得到想要的结果，正所谓"一图解千意"。数据可视化的意义相似，它可以提供直觉感知的、可交互的可视化环境。数据可视化将技术与艺术完美结合，借助图形化的手段，直观、形象地显示海量的数据和信息，并对其进行交互处理。本章所要学习的就是用可视化工具或语言把之前根据大数据框架分析出来的数据分析结果绘制出来，让业务决策层能够有效指定适宜策略，解决实际中的问题。数据可视化的展现语言和工具众多，本章以 Python 作为展现形式，最后给出一个鸢尾花综合实例。

11.1   可视化分析展示配置

在完成数据可视化的相关操作时，需要用到此前配置好的 Python 3、Jupyter 等环境。本章的环境部署操作比较简单，读者可还原到快照"ahut0X-11"进行操作。如果在部署过程中遇到难以解决的错误，可以将镜像还原到快照"ahut0X-12"，跳过环境部署步骤，直接进行相关的可视化实验。

在实现数据可视化时，可以使用 Jupyter 网页编译器编写 Python 代码，使用方法为：使用远程登录工具 MobaXterm，在 ahut01 终端中启动 PySpark，通过本地浏览器进入 Jupyter Notebook，编写源代码。除了 Jupyter Notebook，也可以安装 PyCharm 编译器来编写 Python 代码。

11.2   数据可视化概述

数据可视化应用于自然科学、工程技术、金融、通信和商业等多个领域。在 Python 中，有 Matplotlib、Seaborn、HoloViews、Altair 和 PyQtGraph 等常用的数据可视化库，下面介绍 Matplotlib 可视化库。

Matplotlib 是 Python 的一个二维绘图库，已经成为 Python 中公认的数据可视化工具。使用 Matplotlib 可以轻松地画图，几行代码即可生成折线图、直方图、功率谱图、柱状图、饼图、散点图等图形。

本章通过以下两种方式搭建可视化环境，读者可任选一种方式运行本章的可视化代码：

● 在集群中安装相关依赖包，并使用 Jupyter Notebook 运行可视化代码。

● 在 Windows 本地环境中安装相关依赖包，并使用 PyCharm 运行可视化代码。

第一种方式将在 11.4.1 节介绍，下面介绍第二种方式相关依赖包的配置过程。

（1）打开 PyCharm，选择"File"→"Settings"命令，如图 11-1 所示。

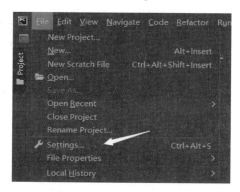

图 11-1 "Settings"命令

（2）在打开的"Settings"对话框中，选择"Project:dataView"（项目名字）选项，打开"Project Interpreter"选项卡，单击右侧的"+"按钮，如图 11-2 所示。

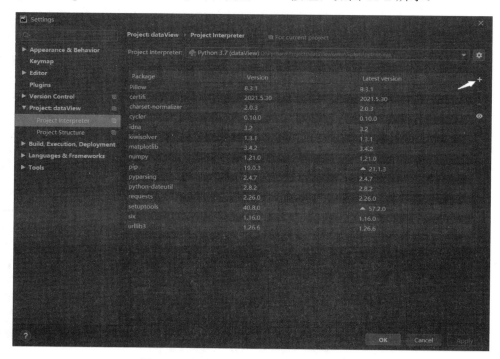

图 11-2 PyCharm Project Interpreter 设置

（3）在打开的"Available Packages"对话框中，在输入框中输入"matplotlib"并搜索，选中要安装的包，单击"Install Package"按钮，如图 11-3 所示，之后等待安装完成。如果读者使用的是 Anaconda，可以直接在 Anaconda 中管理依赖库。

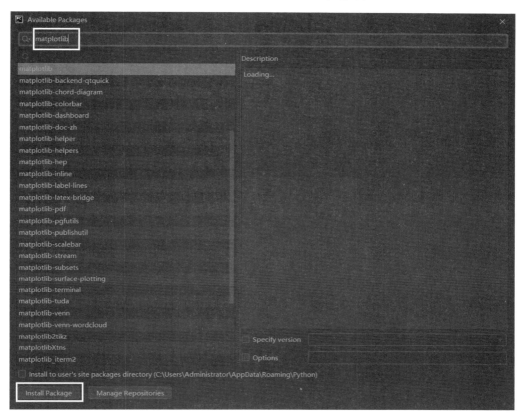

图 11-3 PyCharm 安装包

11.3 数据可视化绘图

Matplotlib 通过 Pyplot 模块提供的函数就可以实现快速绘图及设置图表的各种细节，引用方法为 import matplotlib.pyplot。

11.3.1 绘制折线图

 实例 11-1 折线图

折线图通常显示随时间变化的连续数据，因此非常适合体现在相等时间间隔下数据的变化趋势。示例代码如下：

```
import numpy as np
import matplotlib.pyplot as plt

np.random.seed(2)                              #随机数种子，用来生成随机数
```

```
        y = np.random.random(10)
        z = np.random.random(10)
        x = range(len(y))                                    #x 为横坐标的对应序列
        plt.rcParams['font.sans-serif'] = ['SimHei']         # 中文支持
        plt.rcParams['axes.unicode_minus'] = False           # 显示负号
        plt.grid()                                           # 网格
        plt.plot(y, c='g', linewidth=1.5, label='plot 1')    # 折线图
        plt.plot(z, c='b', linewidth=1.5, label='plot 2')    # 折线图

        plt.xlabel('x 轴')                                   # 设置 x 轴标签
        plt.ylabel('y 轴')                                   # 设置 y 轴标签
        plt.xlim(-1, 10)                                     # 设置 x 轴的范围
        plt.ylim(0, 1)                                       # 设置 y 轴的范围

        plt.title('matplotlib 折线图')                       # 设置标题
        plt.legend()
        plt.show()
```

在 plot()的参数中，c 表示 color，这里取值为'g'，表示绿色（green）；linewidth 表示折线的宽度；label 为标签，实际应用中可以使用标签赋予其实际的含义。通过调整参数可以得到不同的输出结果。

本实例使用 Numpy 库存储数组，用 Matplotlib 库将数组以图形的方式输出到屏幕上，最终显示为两条颜色不同的折线，如图 11-4 所示。

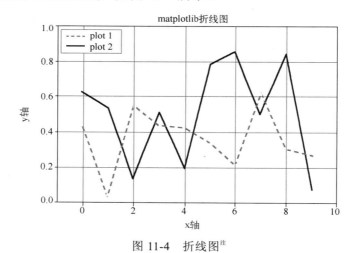

图 11-4　折线图[注]

11.3.2　绘制柱状图

实例 11-2　柱状图

柱状图也称条形图，是一种以长方形的长度为变量的表达图形的统计报告图，由一系列高度不等的纵向条形表示，用于比较两个及两个以上的数值。示例代码如下：

注：使用 Matplotlib 绘图，图像严格按照 Matplotlib 库及程序实现，可能存在缺少单位、坐标轴，数字使用不规范，英文字母正斜体不规范等情况。后同。

```
import numpy as np
import matplotlib.pyplot as plt

np.random.seed(2)
y = np.random.rand(10)
x = range(len(y))

plt.rcParams['font.sans-serif'] = ['SimHei']          # 中文支持
plt.rcParams['axes.unicode_minus'] = False            # 显示负号
plt.title('matplotlib 柱状图')
plt.bar(x, y)
plt.xlabel('x 轴')
plt.ylabel('y 轴')
plt.xticks(x, ('a', 'b', 'c', 'd', 'e', 'f', 'g', 'h', 'i', 'j'))

plt.show()
```

本实例绘制了 10 个柱状形状，用函数 bar() 实现，如图 11-5 所示。

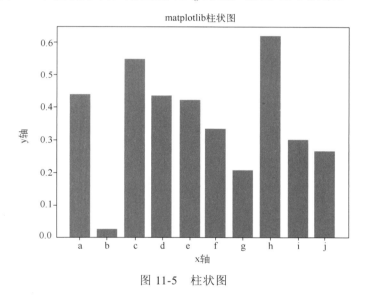

图 11-5　柱状图

11.3.3　绘制直方图

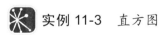 实例 11-3　直方图

直方图又称质量分布图，是一种特殊的柱状图。具体意义是，将统计值的范围分段，即将整个值的范围分成一系列间隔，计算每个间隔中的值的数量。示例代码如下：

```
import numpy as np
import matplotlib.pyplot as plt

np.random.seed(1)
x = np.random.randn(1000)    # randn()返回一个或一组样本，具有标准正态分布
```

```
plt.rcParams['font.sans-serif'] = ['SimHei']          # 中文支持
plt.rcParams['axes.unicode_minus'] = False            # 显示负号

plt.hist(x, bins=10, color='g', density=True,
        edgecolor='black', alpha=0.8, label='hist')   # 直方图
plt.title('hist 直方图')                              # 标题
plt.xlabel('x')
plt.ylabel('y')
plt.legend()

plt.show()
```

在 hist() 的参数中，x 表示作直方图要用到的数据，必须为一维数据；bins 为直方图的柱数，即要分的组数；density 是一个布尔值，如果为 True，表明该图像返回的是频率而非默认的频数，读者可自己尝试修改 density 的值为 False 来观察该直方图纵坐标的变化；edgecolor 是边的颜色属性；alpha 为透明度；label 是标签。

本实例绘制了一个直方图，用函数 hist() 实现，如图 11-6 所示。其中，函数 np.random.randn() 返回一个或一组样本，具有标准正态分布。

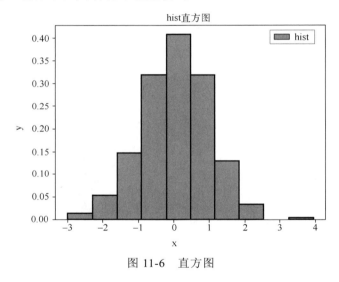

图 11-6　直方图

11.3.4　绘制散点图

实例 11-4　散点图

散点图将序列显示为一组点，值由点在图中的位置表示，是数据点在直角坐标系平面上的分布图。散点图表示因变量随自变量变化的大致趋势，据此可以选择适合的函数对数据点进行拟合。示例代码如下：

```
import numpy as np
import matplotlib.pyplot as plt

np.random.seed(1)
x = np.random.random(size=(50, 2))   # size 为数组维度大小，可以省略
```

```
plt.rcParams['font.sans-serif'] = ['SimHei']          # 中文支持
plt.rcParams['axes.unicode_minus'] = False            # 显示负号
plt.scatter(x[:, 0], x[:, 1], marker='o', c='g')      # 散点图
plt.xlabel('x 轴')                                     # 设置 x 轴标签
plt.ylabel('y 轴')                                     # 设置 y 轴标签
plt.title('matplotlib 散点图')                         # 设置标题

plt.show()
```

上述代码中，x 是随机生成的具有 50 行 2 列的二维数组。plt.scatter 的第一个输入参数为 x 的第一列，第二个输入参数为 x 的第二列。从构造出来的散点图可以看出两个变量的分布情况和它们之间的相关性。如果所有的点大致构成一条直线，说明它们是线性的关系；相反，如果比较散乱，说明相关性不强。

本实例绘制了一个散点图，使用函数 scatter() 实现，共有 50 对点，如图 11-7 所示。

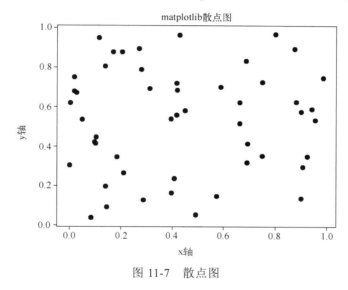

图 11-7　散点图

11.3.5　绘制饼图

实例 11-5　饼图

饼图用于表示不同分类的占比情况，通过面积大小对比各种分类。整个圆饼代表数据的总量，每个区域表示该分类占总体的比例大小。饼图通常用于显示一个数据系列中各项的大小与各项总和的比例。示例代码如下：

```
import matplotlib.pyplot as plt

labels = ["计算机科学", "软件工程", "网络工程"]
size = [45, 25, 30]
colors = ["red", "green", "blue"]
explode = [0.05, 0.01, 0]                              # 设置每部分的凹凸
```

```
        plt.title('matplotlib 饼图')                                    # 标题
        plt.pie(size, explode=explode, colors=colors, labels=labels,
                autopct="%1.1f%%", shadow=False, startangle=90)          # 饼图
        plt.legend()

        plt.show()
```

在 pie()的参数中，size 是各个区域的大小；explode 是可选参数，用于突出显示某一区域，默认数值为 0，数值越大，区域抽离效果越明显；autopct 是占比字符串格式化输出的格式；shadow 表示是否设置阴影；startangle 是起始角度，默认从 0 度开始逆时针分布。

本实例绘制了一个饼图，使用函数 pie()实现，共有三部分，如图 11-8 所示。

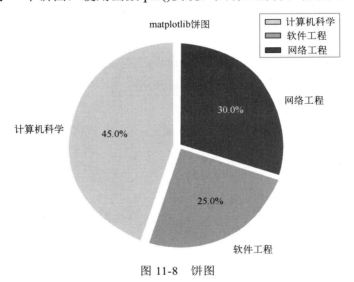

图 11-8　饼图

11.3.6　绘制极坐标图

实例 11-6　极坐标图

极坐标图用于表示极坐标下的数据分布情况。确定平面上一个定点 O 为极点，从 O 点引出一条射线 OX。其中，X 的位置可以由一个长度单位（通常为逆时针）α 和角度 θ 来确定，则有序数对 (α, θ) 称为 X 点的极坐标。示例代码如下：

```
        import numpy as np
        import matplotlib.pyplot as plt

        r = [1, 2, 3, 4, 5]                                            # 极径
        theta = [0, 0.5*np.pi, np.pi, 1.5*np.pi, 2*np.pi]              # 角度

        ax = plt.subplot(111, projection="polar")                     # 极坐标图
        ax.plot(theta, r)

        plt.show()
```

本实例绘制了一个极坐标图，使用函数 subplot()设置 projection='polar'来创建一个极坐

标子图，然后调用函数 plot()在极坐标子图中绘图，如图 11-9 所示。其中，r 代表极径，theta 代表对应的角度。

11.3.7　绘制雷达图

 实例 11-7　雷达图

雷达图也称网络图、蜘蛛图、星图或蜘蛛网图，是一个不规则的多边形。雷达图可以形象地展示相同事物的多维指标，应用场景非常多。可以通过 polar()函数来实现简单的雷达图。示例代码如下：

```python
import numpy as np
import matplotlib.pyplot as plt

# 构建角度与值
theta = np.array([0.25, 0.75, 1, 1.5])
r = [20, 60, 40, 80]

plt.rcParams['font.sans-serif'] = ['SimHei']                # 中文支持

plt.title('matplotlib 雷达图')
plt.polar(theta*np.pi, r, "b", lw=1)

# 设置填充颜色，且透明度为 0.75
plt.fill(theta*np.pi, r, 'r', alpha=0.75)
# 设置极轴范围
plt.ylim(0, 100)
# 显示网格线
plt.grid(True)

plt.show()
```

本实例绘制了包含 4 个值的雷达图，如图 11-10 所示。

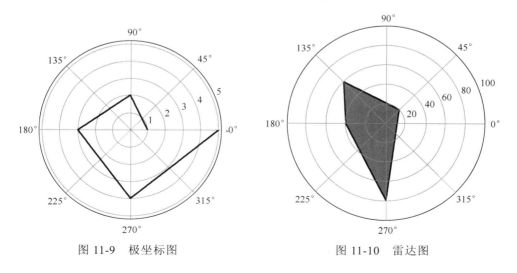

图 11-9　极坐标图　　　　　　　　图 11-10　雷达图

另外，还可以使用构建子图的方式绘制雷达图，示例代码如下：

```python
import numpy as np
import matplotlib.pyplot as plt

plt.rcParams['font.sans-serif'] = ['SimHei']    # 中文支持
results = [{"大学英语": 87, "高等数学": 79, "体育": 95, "计算机基础": 92, "程序设计": 85},
           {"大学英语": 80, "高等数学": 90, "体育": 92, "计算机基础": 85, "程序设计": 86}]
data_length = len(results[0])
# 将极坐标根据数据长度等分
angles = np.linspace(0, 2*np.pi, data_length, endpoint=False)
labels = [key for key in results[0].keys()]
score = [[v for v in result.values()] for result in results]
# 使雷达图数据封闭
score_a = np.concatenate((score[0], [score[0][0]]))
score_b = np.concatenate((score[1], [score[1][0]]))
angles = np.concatenate((angles, [angles[0]]))
labels = np.concatenate((labels, [labels[0]]))
# 设置图形的大小
fig = plt.figure(figsize=(8, 6), dpi=100)
# 新建一幅子图，并绘制雷达图
ax = plt.subplot(111, polar=True)
ax.plot(angles, score_a, color='g')
ax.plot(angles, score_b, color='b')
# 设置雷达图中每一项的标签显示
ax.set_thetagrids(angles*180/np.pi, labels)
# 设置雷达图中的 0 度起始位置
ax.set_theta_zero_location('N')
# 设置雷达图的坐标刻度范围
ax.set_rlim(0,100)
# 设置雷达图的坐标值显示角度，相对于起始角度的偏移量
ax.set_rlabel_position(270)
ax.set_title("计算机专业大一（上）")
plt.legend(["张三", "李四"], loc='best')

plt.show()
```

本实例用折线图 plot()绘制雷达图，使用 figure()函数设置图形的大小和清晰度，使用 subplot()函数创建一幅子图。subplot()函数的第一个参数传入长度为 3 的数字，第一个数字表示将画布分成几行；第二个数字表示将画布分成几列；第三个数字表示当前的子图处于哪个位置（按从左至右、从上到下的顺序排列），第三个数字不能超出前两个数字切分的子图数范围。例如，111 表示将画布分成一行一列（只有一幅子图），当前的子图处于第一幅子图中。在 subplot()函数中，将 polar 参数设置成 True，得到的图形才是极坐标图。

极坐标系设置完成后，使用子图对象 ax 调用折线图函数 plot()，即可绘出雷达图。如果有多组数据，则多次调用 plot()函数。

使用 set_thetagrids()方法设置雷达图中每个维度的标签和显示位置。使用 set_theta_zero_location()方法设置雷达图的 0°位置，可以传入 N、NW、W、SW、S、SE、E、NE 八个方向缩写。使用 set_rlim()方法设置极坐标图上的刻度范围。使用 set_rlabel_position()

方法设置极坐标图上的刻度标签显示位置，传入一个相对于雷达图 0° 的角度值。当然还可以根据需要设置其他属性，如标题、图例等。

本实例的程序运行结果如图 11-11 所示。

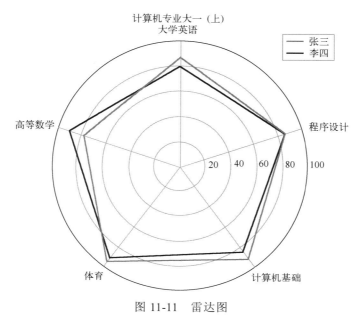

图 11-11　雷达图

本实例将两名学生的考试成绩绘制成雷达图，通过雷达图可以看出，两个人的单科成绩互有高低，而整体来看，两名学生的成绩都很优秀。上面的雷达图中，网格线都是圆形的，而用折线图连接的雷达图两个维度之间是直线连接的，所以将网格线换成多边形会更合理。

11.3.8　绘制热力图

※　实例 11-8　热力图

热力图是以特殊高亮的形式显示访客热衷的页面区域和访客所在的地理区域的图示，通过 Seaborn 库可以轻松实现。

Seaborn 是基于 Matplotlib 产生的一个模块，主要用于实现统计可视化，可以和 pandas 无缝链接，使初学者更容易上手。相对于 Matplotlib，Seaborn 语法更简洁，两者关系类似 Numpy 和 pandas 之间的关系。示例代码如下：

```
import numpy as np
import matplotlib.pyplot as plt
import seaborn as sns

sns.set()
N = 20
R = np.random.randn(N, N)
fig = plt.figure()
sns_plot = sns.heatmap(R)
```

```
plt.show()
```

使用 sns.set()可以设置背景色、风格、字型、字体等；R 是随机生成的 20×20 的矩阵，根据矩阵中各个元素的大小可以画出热力图的分布情况；plt.figure()可以理解为创建一个画布。运行结果如图 11-12 所示。

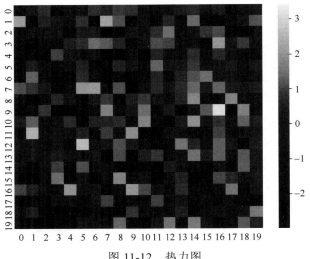

图 11-12　热力图

11.3.9　绘制 3D 图

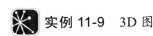 实例 11-9　3D 图

示例代码如下：

```
import numpy as np
import matplotlib.pyplot as plt

fig = plt.figure()
# 创建 3D 图形的两种方式
ax = fig.add_subplot(111, projection='3d')
# X, Y value
X = np.arange(-4, 4, 0.25)
Y = np.arange(-4, 4, 0.25)
X, Y = np.meshgrid(X, Y)    # X-Y 平面的网格
R = np.sqrt(X**2 + Y**2)
# height value
Z = np.sin(R)
# rstride：行之间的跨度；cstride：列之间的跨度
# rcount：设置间隔个数，默认 50 个；ccount：列的间隔个数，不能与上面两个参数同时出现
# vmax 和 vmin：颜色的最大值和最小值
ax.plot_surface(X, Y, Z, rstride=1, cstride=1, cmap=plt.get_cmap('rainbow'))
# zdir：'z' | 'x' | 'y' 表示把等高图投射到哪个面
```

```
# offset：表示等高线投射到指定页面的某个刻度
ax.contourf(X, Y, Z, zdir = 'z', offset = –2)
# 设置 z 轴的显示范围，x、y 轴设置方式相同
ax.set_zlim(-2, 2)

plt.show()
```

运行结果如图 11-13 所示。

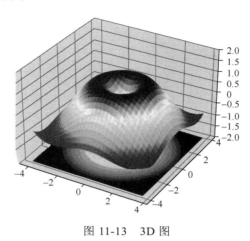

图 11-13　3D 图

11.4　综合实例——鸢尾花数据集的可视化分析

11.4.1　实验环境搭建

本实例使用 scikit-learn 包中的 datasets 数据集，操作前，需要在 ahut01 中安装所需要的依赖包，命令如下：

```
[root@ahut01 ~]# pip install scikit-learn pillow==7.1.2 matplotlib seaborn
```

在使用 pip install 安装的过程中可能会出现安装时间过长的问题，可以通过使用 pip 的国内镜像解决该问题，命令如下：

```
[root@ahut01 ~]# pip install -i https://pypi.tuna.tsinghua.edu.cn/simple scikit-learn pillow==7.1.2 matplotlib seaborn
```

由于 Matplotlib 默认不支持中文显示，需要向 ahut01 中添加支持中文的字体，具体步骤如下。

（1）安装字体库和字体索引信息，命令如下：

```
[root@ahut01 ~]# yum -y install fontconfig ttmkfdir mkfontscale
```

（2）在 ahut01 中创建字体目录/usr/share/fonts/chinese 后，将 Windows 中的黑体字体 simhei.ttf 上传到该目录下，生成字体库索引信息并更新字体缓存，命令如下：

```
[root@ahut01 ~]# mkdir /usr/share/fonts/chinese
```

```
[root@ahut01 ~]# mkfontscale && mkfontdir
[root@ahut01 ~]# fc-cache
```

（3）修改 Matplotlib 的配置文件 matplotlibrc，命令如下：

```
[root@ahut01 ~]# vi /usr/local/python3/lib/python3.7/site-packages/matplotlib/mpl-data/
matplotlibrc
```

修改 matplotlibrc 文件的其中两项，配置如下：

```
font.family:    SimHei
axes.unicode_minus: False
```

（4）重启 PySpark 即可显示中文字体。

11.4.2　数据集介绍

scikit-learn 包中的 datasets 数据集提供了一些自带的小数据集，其中每个数据集都是一个类似字典的对象。特征数据存储在 data 成员中，常见的有：

● 鸢尾花：load_iris()
● 乳腺癌：load_breast_cancer()
● 手写数字：load_digits()
● 糖尿病：load_diabetes()
● 波士顿房价：load_boston()
● 体能训练：load_linnerud()
● 图像数据：load_sample_image(name)

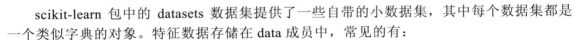 实例 11-10　鸢尾花数据集的可视化分析

本实例采用 scikit-learn 包中的鸢尾花数据集，鸢尾花数据集属性字段描述如表 11-1 所示。

表 11-1　鸢尾花数据集属性字段描述

属性名	数据描述	数据类型	说明
Id	鸢尾花编号	Int	
SepaLengthCm	花萼长度	Float	单位：cm
SepalWidthCm	花萼宽度	Float	单位：cm
PetalLengthCm	花瓣长度	Float	单位：cm
PetalWidthCm	花瓣宽度	Float	单位：cm
target	鸢尾花种类	Int	0-山鸢尾，1-变色鸢尾，2-维吉尼亚鸢尾

11.4.3　数据可视化

（1）从 scikit-learn 包中的 datasets 数据集中导入相关数据，代码如下：

```
import matplotlib.pyplot as plt
from sklearn import datasets
import numpy as np
%matplotlib inline
```

```
%config InlineBackend.figure_format = 'svg'

data = datasets.load_iris().data
target = datasets.load_iris().target
```

上述代码中有两行特殊的语句：

```
%matplotlib inline
%config InlineBackend.figure_format = 'svg'
```

作用是使 Jupyter Notebook 画出的图更加清晰。

导入鸢尾花数据集后，datasets.load_iris().data 代表相应的数据值，其中第一列代表花萼长度，第二列代表花萼宽度，第三列代表花瓣长度，第四列代表花瓣宽度。datasets.load_iris().target 代表鸢尾花的标签，即种类。其中，0 代表山鸢尾，1 代表变色鸢尾，2 代表维吉尼亚鸢尾。

（2）为了进一步对数据进行分析，需要将不同类别的数据提取出来。先设置空的列表 setosa_list、versicolor_list、verginica_list，再根据 target 属性值对应的类别对数据进行提取，将各类数据的结果分别放入对应的列表中，代码如下：

```
setosa_list =[]
for da,tg in zip(data,target):
    if(tg==0):
        setosa_list.append(da)
versicolor_list =[]
for da,tg in zip(data,target):
    if(tg==1):
        versicolor_list.append(da)
verginica_list =[]
for da,tg in zip(data,target):
    if(tg==2):
        verginica_list.append(da)
```

（3）以鸢尾花的花萼长度、花萼宽度为一组，花瓣长度、花瓣宽度为一组，画出 3 类鸢尾花的花萼长度和花萼宽度、花瓣长度和花瓣宽度的分布情况，代码如下：

```
# 创建自定义画布
fig =plt.figure(figsize=(8,4))
# 设置字体为 SimHei，可显示中文
plt.rcParams['font.sans-serif'] = 'SimHei'
# 设置正常显示字符
plt.rcParams['axes.unicode_minus'] = 'False'
# 绘制子图，前两个参数表示将画布划分为 1 行 2 列，第 3 个参数表示绘制第一个子图
ax = fig.add_subplot(1,2,1)
# 设置点的颜色
plt.scatter(np.array(setosa_list)[:,0],
            np.array(setosa_list)[:,1],color="b",label="setosa")
plt.scatter(np.array(versicolor_list)[:,0],
            np.array(versicolor_list)[:,1], color="r",label="versicolor")
plt.scatter(np.array(verginica_list)[:,0],
            np.array(verginica_list)[:,1], color="g",label="verginica")
plt.xlabel("花萼长度")
```

```
plt.ylabel("花萼宽度")
plt.legend()
# 这里表示绘制 1 行 2 列的第二个子图
ax = fig.add_subplot(1,2,2)
plt.scatter(np.array(setosa_list)[:,2],
        np.array(setosa_list)[:,3],color="b",label="setosa")
plt.scatter(np.array(versicolor_list)[:,2],
        np.array(versicolor_list)[:,3], color="r",label="versicolor")
plt.scatter(np.array(verginica_list)[:,2],
        np.array(verginica_list)[:,3], color="g",label="verginica")
plt.xlabel("花瓣长度")
plt.ylabel("花瓣宽度")
plt.legend()
# 显示图片
plt.show()
```

以下面代码为例进行简要分析。

```
plt.scatter(np.array(setosa_list)[:,0],
        np.array(setosa_list)[:,1],color="b",label="setosa")
```

先分析函数里面的参数。plt.scatter 用于绘制散点图。散点图需要输入一组数据，可理解为(*x*, *y*)，它表示大致的点的分布情况。此处，np.array(setosa_list)[:,0]表示自变量；np.array(setosa_list)[:,1] 表示因变量；color 表示颜色，这里为绿色；label 为标签。

再解释 np.array(setosa_list)[:,0]。在步骤（2）中，设置 setosa_list 为存储山鸢尾数据的列表，np.array(setosa_list)表示把列表转换为数组；后面的[:,0]表示对该二维数组进行切片，具体含义是，","左边表示对行进行截取，","右边表示对列进行截取；":"表示所有行，"0"表示第一列。因此，这条语句的意思是将 setosa_list 转化为数组，截取其第 0 列为自变量，截取其第 1 列为因变量，作出散点图。

程序运行结果如图 11-14 所示。

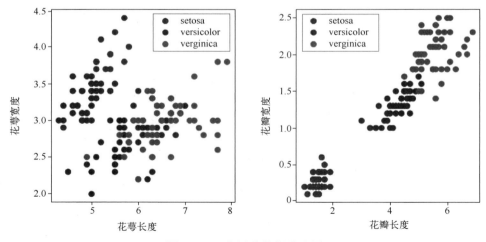

图 11-14 鸢尾花数据分布图

在图 11-14 中，不仅可以观察不同种类下的花萼长度、花萼宽度、花瓣长度和花瓣宽度各自的分布情况，还能看出其花萼长度和花萼宽度之间的分布情况，以及花瓣长度和花瓣宽度之间的分布情况。以花瓣长度和花瓣宽度为例，可以观察出山鸢尾的花瓣长度总体分布在 0～2cm，花瓣宽度总体分布在 0～0.5cm。

（4）统计每类鸢尾花的花萼长度、花萼宽度、花瓣长度、花瓣宽度的平均值，利用 Matplotlib 画出折线图，代码如下：

```
fig =plt.figure(figsize=(8,8))
plt.rcParams['font.sans-serif'] = 'SimHei'
plt.rcParams['axes.unicode_minus'] = 'False'
title_list=["花萼长度","花萼宽度","花瓣长度","花瓣宽度"]
for i in range(1,5):
    fig.add_subplot(2,2,i)
    plt.plot(["setosa","versicolor","verginica"],
            [(np.array(setosa_list)[:,i-1]).mean(),
             (np.array(versicolor_list)[:,i-1]).mean(),
             (np.array(verginica_list)[:,i-1]).mean()],
             color = 'indianred',marker='o',linestyle='-.')
    plt.title(title_list[i-1])
    plt.grid(axis="y")
plt.show()
```

上述代码中，for i in range(1,5)中出现了 range()函数，用于创建一个整数列表，一般用在 for 循环中；range(1,5)表示列表[1,2,3,4]，即"含头不含尾"；将其放入循环中，将列表中的每个值依次赋值给 i。fig.add_subplot(2,2,i)表示设置 4 幅子图，分布模式为 2 行 2 列。

以花萼长度子图为例。plt.plot 表示画折线图，plt.plot 中第一个参数为 x 的值，第二个参数为 y 的值，color 为字体颜色，marker 为标记字符，'o'表示实心圈标记；linestyle 为风格字符；'-.'表示点画线。

列表 ["setosa","versicolor","verginica"] 为 x 的值，列表 [(np.array(setosa_list)[:,i-1].mean(), (np.array(versicolor_list) [:,i-1]).mean(), (np.array(verginica_list)[:,i-1]).mean()]为 y 的值；在这个子图中 i 取 1，所以 i-1 为 0，根据步骤（3）的解释可知 np.array(setosa_list)[:,i-1] 为将 setosa_list 转化为数组后截取的第 0 列的部分；mean()表示取该数组的平均值，显然，每个子图中有 3 个值，即 3 个平均值。

程序运行结果如图 11-15 所示。

从图 11-15 可以观察出不同类别的鸢尾花在花萼长度、花萼宽度、花瓣长度、花瓣宽度上平均值的大小。

（5）基于步骤（4）的数据，利用 Matplotlib 画出柱状图，代码如下：

```
fig =plt.figure(figsize=(8,8))
plt.rcParams['font.sans-serif'] = 'SimHei'
plt.rcParams['axes.unicode_minus'] = 'False'
title_list=["花萼长度","花萼宽度","花瓣长度","花瓣宽度"]
for i in range(1,5):
    fig.add_subplot(2,2,i)
    plt.bar("setosa",(np.array(setosa_list)[:,i-1]).mean(),
            color="lightblue",width = 0.4)
    plt.bar("versicolor",(np.array(versicolor_list)[:,i-1]).mean(),
            color="lightgreen",width = 0.4)
```

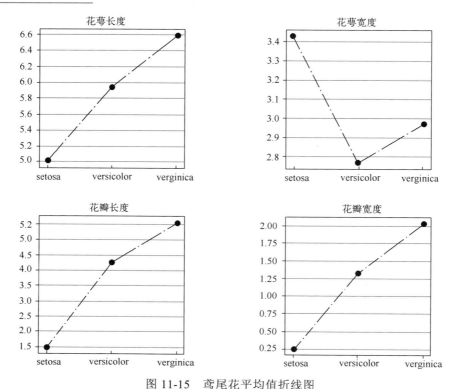

图 11-15 鸢尾花平均值折线图

```
plt.bar("verginica", (np.array(verginica_list)[:,i-1]).mean(),
        color="lightslategray",width = 0.4)
    plt.title(title_list[i-1])
plt.show()
```

上述代码中，使用 title_list 存储要设置的画布的标题，设置 2 行 2 列的画布分布方式。plt.bar 中第一个参数表示 x 轴，第二个参数表示 y 轴，color 表示柱子的颜色，width 表示柱子的宽度。其中，x 轴和 y 轴的取值部分代码在步骤（3）中已详细说明。

程序运行结果如图 11-16 所示。

图 11-15 与图 11-16 反映的内容相同，都是为了观察不同类别的鸢尾花在花萼长度、花萼宽度、花瓣长度、花瓣宽度上的平均值的大小。读者可基于相同的数据，使用不同的统计图将数据关系表示出来。

（6）统计各类鸢尾花数据集的数量情况，利用 Matplotlib 画出饼图，代码如下：

```
fig =plt.figure(figsize=(6,6))
plt.rcParams['font.sans-serif'] = 'SimHei'
plt.rcParams['axes.unicode_minus'] = 'False'
size = [len(setosa_list),len(versicolor_list),len(verginica_list)]
labels = ["setosa","versicolor","verginica"]
explode = [0.01,0.01,0.01]
colors = ['r','g','b']
plt.pie(size,explode=explode,colors=colors,labels=labels,
        autopct="%1.1f%%",shadow=False,startangle=90)
plt.legend()
plt.show()
```

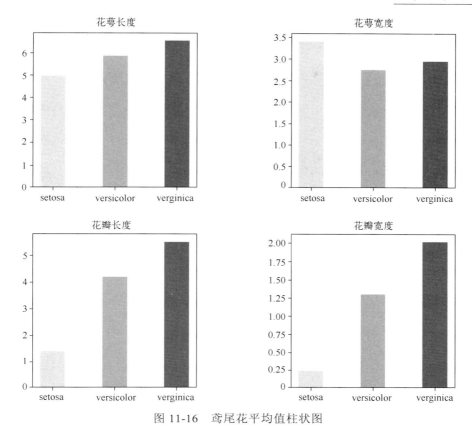

图 11-16　鸢尾花平均值柱状图

上述代码中，函数 len()用于计算列表的长度；explode 为可选参数，用于突出显示某一区域，默认数值为 0，数值越大，区域抽离效果越明显；colors 指定饼图的填充色；labels 为饼图添加标签说明，类似图例说明；autopct 表示自动添加百分比显示，并可以格式化显示。

从运行结果可以看出不同种类的鸢尾花数据在总体值中的占比情况，如图 11-17 所示。

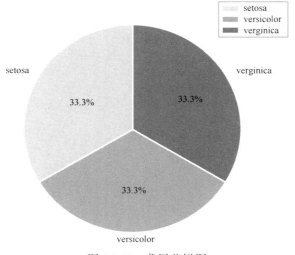

图 11-17　鸢尾花饼图

（7）为了更好地可视化数据，下面选取 Seaborn 库进行扩展。读者可选择性学习。Seaborn 库提供了一个高级界面，用于绘制丰富的统计图形。下面利用鸢尾花不同种类的数据，画出小提琴图来观察数据位置的密度，示例代码如下：

```
import seaborn as sns
import pandas as pd
fig =plt.figure(figsize=(10,8))
plt.rcParams['font.sans-serif'] = 'SimHei'
plt.rcParams['axes.unicode_minus'] = 'False'
antV = ['#1890FF', '#2FC25B', '#FACC14']
title_list=["花萼长度","花萼宽度","花瓣长度","花瓣宽度"]
for i in range(1,5):
    fig.add_subplot(2,2,i)
     sns.violinplot(data=pd.DataFrame(
    {'setosa':np.array(setosa_list)[:,i-1],
    'versicolor':np.array(versicolor_list)[:,i-1],
    'virginica':np.array(verginica_list)[:,i-1]}),
    linewidth=1, width=0.8, palette=antV)
    plt.title(title_list[i-1])
plt.show()
```

上述代码中，sns.violinplot 中 data 是用于绘图的数据集，其类型要为 DataFrame 的形式；linewidth 是构图元素的灰线宽度；width 是不使用色调嵌套时的完整元素的宽度，或主要分组变量的一个级别的所有元素的宽度；palette 为调色板名称。

运行结果如图 11-18 所示。

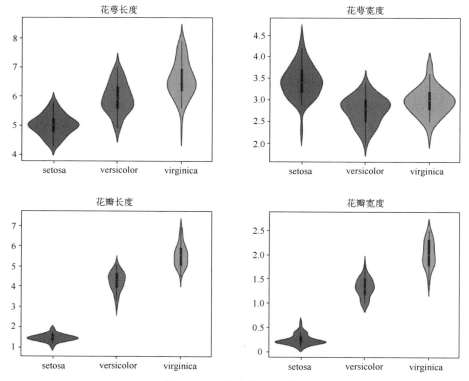

图 11-18　鸢尾花小提琴图

从图 11-18 可以看出鸢尾花数据集的数据分布和概率密度。它结合箱式图和核密度图的优点，其内部是箱式图，外部是核密度图。某区域图形面积越大，某个值附近分布的概率越大。

（8）为了进一步分析数据之间的关联程度，根据鸢尾花的数据，利用 Seaborn 库对数据之间的关联程度进行可视化，示例代码如下：

```
fig =plt.figure(figsize=(10,8))
load_data = datasets.load_iris()
sns_data = pd.DataFrame(data= np.c_[load_data['data'], load_data['target']],
                        columns= load_data['feature_names'] + ['target'])
sns.heatmap(sns_data.corr())
plt.yticks(rotation=45, fontsize=14)
plt.xticks(rotation=20, fontsize=14)
plt.show()
```

上述代码中，首先将原始数据构造成 DataFrame 的形式，然后利用 DataFrame 中的 corr 方法，计算出不同属性之间的关联程度，最后使用 sns.heatmap 画出关联度图。其中，rotation 表示横纵坐标字体旋转的角度，fontsize 表示横纵坐标的字体大小。

从运行结果中每个区域的颜色深度可以判断两个属性之间关联程度的大小，如图 11-19 所示。

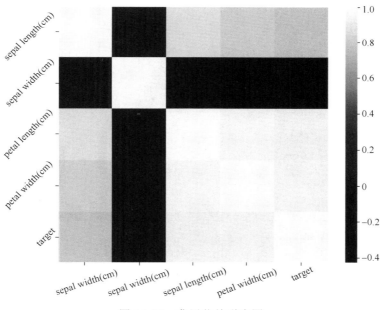

图 11-19　鸢尾花关联度图

（9）在步骤（8）的基础上，可以利用 Seaborn 库画出相关性图，示例代码如下：

```
fig =plt.figure(figsize=(10,10))
sns.pairplot(sns_data)
plt.yticks(fontsize=7)
```

```
plt.xticks(fontsize=7)
plt.show()
```

上述代码中，使用 sns.pairplot()对鸢尾花数据集进行分析，其中的 sns_data 是步骤（8）构建的 DataFrame 数据；步骤（9）是为了展现变量两两之间的关系，如线性、非线性、关联程度。

运行结果显示，对角线上是各个属性的直方图（分布图），非对角线上是两个不同属性之间的相关性图。同时发现，花瓣的长宽之间及萼片的长短与花瓣的长宽之间具有比较明显的相关性，如图 11-20 所示。

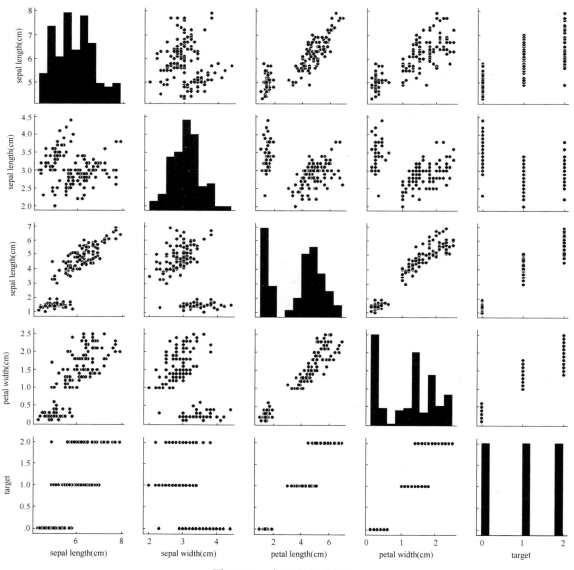

图 11-20　鸢尾花相关性图

11.5　本章思维导图

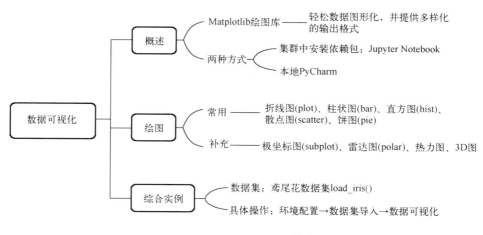

11.6　习　　题

1．数据可视化的表达方式有哪些？

2．数据可视化的常用画图工具包有哪些？

3．数据可视化的目的和意义是什么？

4．数据可视化的绘图的类型主要有哪些？

5．基于 Python 的数据可视化作图一般要设置哪些参数？

6．除了本章列出来的绘图类型，你还知道哪些比较实用的可视化图形？

7．使用 Matplotlib 库绘制折线图时，如何设置 x、y 轴的标签与取值范围？

8．掌握折线图、柱状图、直方图等图形的编码实现。

9．分析 Matplotlib 与 Seaborn 库的区别与联系。

10．如何将数据集中的数据提取出来并使用可视化图形表示？

11．使用 Matplotlib 库绘制图形时，plt.figure()的作用是什么？其中的两个参数分别有什么含义？

第 12 章　大数据应用综合案例

本章的综合案例关联了物联网、大数据、人工智能、云计算，把许多实际应用问题和大数据技术有效结合，阐述了具体的应用场景，并且给出了可以拓展的功能模块。

本章主要涉及以下知识点：
➢ 大数据案例开发的过程
➢ 各种大数据技术框架的关系
➢ 基于 PySpark 接口的大数据搭建环境
➢ 物联网、大数据、云计算、人工智能的关系
➢ 性能评价指标对建模的参考依据
➢ 大数据应用对未来社会发展趋势的影响

12.1　医疗大数据应用框架配置

本章将使用前面安装的环境进行综合案例实现与分析。用到的具体环境有 Hadoop（完全分布式）、ZooKeeper、HBase、Hive、Spark 及 Python 和 Jupyter。由于没有新环境的搭建，因此未设置镜像快照节点。如果遇到了某些难以解决的错误，可以将镜像环境恢复至快照"Final"。

为了实现数据在 Hadoop、HBase、Hive 之间的迁移，将安装 Sqoop 软件。Sqoop 有多个不同版本，且不同版本的命令语句并不兼容，因此，在安装时要注意选择正确的版本。为了适配 Hadoop 2.6.5，本章选择使用 1.4.6 版本的 Sqoop。

本章集群中各个节点将会启动的进程如表 12-1 所示。

表 12-1　集群进程

节点	NameNode	DataNode	JournalNode	QuorumPeerMain	DFSZKFailoverController	Master	Worker
ahut01	√		√		√	√	
ahut02	√	√	√	√	√		√
ahut03		√	√	√			√
ahut04		√		√			√

本章无新增进程。

12.2　案 例 概 述

12.2.1　背景和意义

心血管疾病（CVD）目前是全球头号死亡原因，世界卫生组织 2020 年的数据显示每年约有 1790 万人死于心血管疾病。心血管疾病是一组心脏和血管疾病，包括冠心病（一种

供应心肌的血管病）、脑血管疾病（一种供应大脑的血管疾病）、风湿性心脏病（由链球菌引起的风湿热对心肌和心脏瓣膜造成损害）和其他疾病。超过五分之四的心血管疾病死亡是由心脏病发作和中风引起的。而心脏病发作通常被视为急性事件，主要是由阻止血液流向心脏和大脑的阻塞引起的。最常见的原因是在供应心脏或大脑的血管内壁上堆积了脂肪沉积物。早期识别心血管疾病风险最高的人群并确保他们得到适当的治疗可以防止过早死亡，这是降低死亡风险的重要途径。而如何高效且准确地识别检测到心脏病风险则是这项服务所要解决的问题，提供良好的服务既需要正确诊断患者，也需要确定有效的治疗方法，同时避免不准确的诊断。而且，提供患者负担得起的高质量临床服务也是卫生组织面临的一个重大挑战。使用机器学习中的分类算法，数据挖掘技术可以非常低的成本高效地完成这项工作，这在临床研究中起着关键作用。

对传统医疗行业来说，大数据的应用价值十分突出。目前，我国医疗资源较为短缺，配置尚不均衡，同时患者数量庞大，医疗费用高昂，发展面临严重阻碍。在此背景下，大数据带来了福音。如图 12-1 所示，近年来，我国医疗健康支出规模庞大且一直稳步增长，从 2016 年的 46345 亿元增长至 2020 年的 73253 亿元，其复合年增长率为 11.13%，2021 年进一步达到 79992 亿元。与此同时，2020 年我国医疗大数据解决方案市场规模仅有 150 亿元左右，2021 年增长到 211.6 亿元。因此，医疗大数据行业有很大的增长空间。

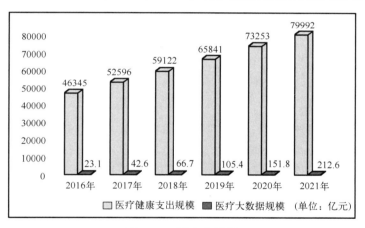

图 12-1　医疗大数据

如今，随着计算机硬件和互联网的快速发展，现在的医疗数据从纸质化形式保存转变成电子数据录入系统内保存，然而，随着时间的推移，数据量不断增加，对数据的存储和处理需要用到大数据、云计算等众多技术。同样，对心脏病的分析与预测是基于大量数据训练出的结果，所以使用大数据技术对海量数据进行分布式数据挖掘，正是大数据的特色之一。大数据技术的战略意义不在于掌握庞大的数据信息，而在于对这些含有意义的数据进行专业化处理。换言之，如果把大数据比为一种产业，那么这种产业实现盈利的关键在于提高对数据的"加工能力"，通过"加工"实现数据的"增值"。使用大数据技术进行分布式数据挖掘后，利用机器学习中的分类算法对数据进行训练和分析，从而得到结果。

对心脏病分析与预测的这项服务主要面向医院及医疗机构等，它虽然不能完全替代医生或者专家对患者的情况进行准确无误的诊断，但是它作为一种辅助诊断的工具出现在医生和专家问诊的过程中，能够高效地帮助医生对患者的情况给出一个先行预测，医生可以结合该结果，给患者一个准确的答复，同时，它也能实现低成本。

本案例基于大数据和人工智能技术对心脏病数据进行有效的数据分析与数据挖掘，从中挖掘出影响心脏患病的重要因素特征，并针对具体病患记录高效预测是否患有心脏病。本案例首先介绍所用到的大数据和人工智能技术理论，以及具体的技术方案；然后简要介绍实验环境和所使用的数据集；接着对心脏病数据集进行数据可视化分析，探索影响心脏患病的重要因素特征；最后采用大数据存储技术实现心脏病数据的迁移，使用机器学习随机森林分类算法对心脏病数据进行建模和训练，进一步探索特征重要性。

12.2.2 预备知识

1．机器学习之随机森林

随机森林（Random Forest，RF）是一种集成学习算法，由多棵决策树组成，其核心思想是通过对多棵决策树的结果进行平均或投票来提高预测准确性。在随机森林中，每棵决策树都是根据随机选择的特征和随机选择的样本数据训练得到的。这种随机性能减少过度拟合的风险，并且由于决策树的组合，随机森林的准确性通常比单棵决策树更高。

随机森林算法基于集成学习的理念，将多棵决策树集成在一起。作为基本单元的决策树构成随机森林的核心，本质属于机器学习领域的一个重要分支——集成学习（Ensemble Learning）。从直观上理解，每棵决策树都可以视为一个分类器（假设针对分类问题），对一个输入样本，N 棵树将产生 N 个分类结果。随机森林通过整合所有分类器的投票结果，将获得最高票数的类别作为最终输出，这就体现了简单的 Bagging 思想。

2．信息、熵及信息增益

这三个概念是决策树的根本，是决策树利用特征分类时，确定特征选取顺序的依据。引用香农的话来说，信息是用来消除随机不确定性的东西。对机器学习中的决策树而言，如果带分类的事物集合可以划分为多个类别，则某个类别（X_i）的信息可以定义如下：

$$I(X = X_i) = -\log_2 P(X_i)$$

其中，$I(X)$ 用来表示随机变量 X_i 的信息，$P(X_i)$ 是当 X_i 发生时的概率。

在信息论和概率论中，熵是用来度量随机变量不确定性的。在机器学习中，熵是这个类别的信息的熵的期望值。熵越大，$X = X_i$ 的不确定性越大；反之越小。对机器学习中的分类问题而言，熵越大，这个类别的不确定性越大；反之越小。

信息增益在决策树算法中是用来选择特征的指标，信息增益越大，这个特征的选择性越好。

3．决策树

决策树算法采用树形结构，使用层层推理实现最终的分类，如图 12-2 所示。其中，根节点表示包含样本的全集，每个内部节点表示一个对应特征属性上的测试，每个分支代表一个测试输出，每个叶节点代表一个类别（决策树的结果）。

决策树是一种基于 if-then-else 规则的有监督

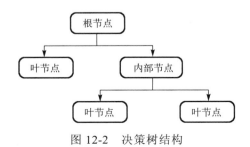

图 12-2　决策树结构

学习算法，用于分类和回归问题。在分类问题中，决策树通过学习数据集中的样本特征，生成一个树形结构来预测新的未知样本所属的类别。决策树算法的优点是，易于理解和解释，可以处理离散和连续特征，不需要进行数据规范化，可以处理缺失值和异常值，符合人类的直观思维，因此其有着广泛的应用。

决策树学习分为三个步骤：特征选择、决策树生成和决策树剪枝。特征选择是根据样本的属性作用重要性，决定使用哪些特征做判断，这将会决定后续分类的效率和精确度。特征选择的目的是选择对分类结果有较大影响的特征，以作为决策树构建过程中的判断条件。在特征选择中，通常使用的准则是信息增益、相关性等。这些准则都是通过计算每个特征对分类的贡献来进行特征选择的。选择当前数据集中最好的特征作为划分特征，根据该特征的取值将数据集分成不同的子集，并在每个子集上递归地进行决策树生成，直到满足某个终止条件（如子集中样本个数不足、信息增益过小等）为止。这样就可以构建出一棵完整的决策树，每个叶节点对应一个分类结果。

过拟合（over-fitting）也称过学习，它的直观表现是算法在训练集上表现好，但在测试集上表现不好，泛化性能差。简单来说，可以认为训练集类似现实生活中学生做的练习题，测试集则是考试题，训练学生做题的目的是让学生最终能够考出好成绩。如果训练的模型只能做好训练集，不能做好测试集，就显示模型还不够理想。直观来看，引起过拟合的可能原因如下。

（1）模型本身过于复杂，以至于拟合了训练样本集中的噪声。可尝试降低模型的复杂性，或者对模型进行裁剪。

（2）训练样本太少或缺乏代表性。可尝试增加训练样本数量，或者增加样本多样性。

（3）训练样本噪声的干扰，导致模型拟合了这些噪声，这时需要剔除噪声数据或者改用对噪声不敏感的模型。

常见的决策树算法有 ID3、C4.5 和 CART。其中，ID3 算法是最早的决策树算法之一，它使用信息增益作为特征选择的标准，因此更适合处理分类问题，而不是回归问题。C4.5 算法是 ID3 的改进版，引入"信息增益比"指标作为特征的选择依据。CART 可用于分类和回归任务，在实际应用中，选择哪种算法取决于具体的问题和数据集。

4．集成学习

集成学习（Ensemble Learning）是一种机器学习方法，旨在将多个基本学习算法组合起来以提高模型的预测性能和泛化能力。它的基本思想是将多个模型的预测结果组合起来，核心思路就是把已有的算法进行结合，以获得更加准确和可靠的预测结果。

如图 12-3 所示，集成学习归属于机器学习，是一种训练思路，并不是某种具体的方法或者算法。集成学习并没有创造出新的算法，它的想法就是把已有的算法进行结合，博采众长，达到更加理想的预测效果。

集成学习的思想是将多个弱分类器组合起来形成一个强分类器，从而提高整体的预测准确率。常用的集成学习方法有 Bagging、Boosting 等。

Bagging 是一种基于数据随机采样的集成学习方法，它通过多次采样得到多个训练集，然后使用每个训练集训练出一个基本模型，最终对这些基本模型进行投票或平均从而得到最终的预测结果。

Boosting 的核心思路是挑选精英。Boosting 和 Bagging 的本质差别在于前者对基础模型不是一致对待的，它经过不停的考验和筛选挑选出精英，然后给精英更多的投票权，给表现不好的基础模型较少的投票权，分配不同的比重，然后综合所有投票得到最终结果。也就是说，Boosting 对精英给出了更大的分配权重。

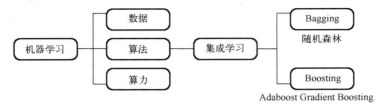

图 12-3　集成学习分支

随机森林是一种集成学习算法，它由多棵决策树构成，每棵决策树都是一个独立的分类器，不同决策树之间没有关联，如图 12-4 所示。当进行分类任务时，新的输入样本进入，就让森林中的每一棵决策树得到一个自己的分类结果，决策树的分类结果中哪一个分类最多，随机森林就会把这个结果当成最终的结果。

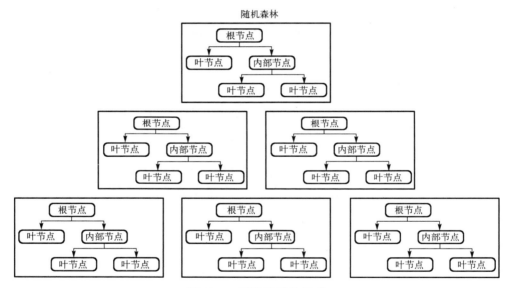

图 12-4　随机森林的组成

随机森林的构造分为 4 个步骤，如图 12-5 所示。

（1）一个样本容量为 N 的样本，有放回地抽取 N 次，每次抽取 1 个，最终形成 N 个样本。选择好的 N 个样本用来训练一个决策树，作为决策树根节点处的样本。

（2）当每个样本有 M 个属性，在决策树的每个节点需要分裂时，随机从这 M 个属性中选取出 m 个属性，满足条件 $m \ll M$。然后从这 m 个属性中采用某种策略（如信息增益）选择 1 个属性作为该节点的分裂属性。

（3）决策树形成过程中，每个节点都要按照步骤（2）来分裂（很容易理解，如果下一次该节点选出来的那一个属性是刚刚其父节点分裂时用过的属性，则该节点已经达到了叶节点，无须继续分裂），一直到不能够再分裂为止。注意，整个决策树形成的过程中都没有剪枝。

（4）按照步骤（1）～步骤（3）建立大量的决策树，这样就构成随机森林。

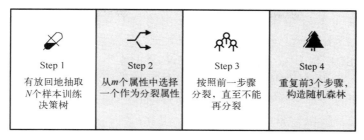

图 12-5　随机森林的构造步骤

12.2.3　技术方案

目前大量心脏病信息"沉默"在数据库里，心脏病数据往往是异构的且很难做到信息共享，数据缺乏统一的标准和共享机制，由此形成了数据孤岛，导致目前医疗大数据的利用率仍然很低。基于大数据的心脏病数据分析和数据挖掘很好地利用了这些"沉默"的孤岛数据。本案例采用 Hive 对存储在 HBase 中的心脏病数据进行数据分析，采用 Spark 对数据进行处理，并调用 Spark MLlib（机器学习）对心脏病数据建立分类模型，以实现对心脏病的预测和分析，同时进行可视化展示，从而提升医疗辅助诊断。大数据技术中使用 Hadoop 分布式计算平台，心脏病数据存储在 MySQL 和 HBase 中。人工智能方面采用机器学习的随机森林算法来实现心脏病大数据的分类预测，采用 Spark ML 实现机器学习模型的分布式训练，数据可视化分析采用 Python 的一系列可视化工具库来建立。

本案例的大数据技术方案框架如图 12-6 所示，数据来自企业或机构的众包数据及物联网设备终端采集的数据集，有兴趣的读者可以尝试与普通生活中的物联网智能设备（如手环）建立通信并实时采集数据，通过 4G、5G 的形式实时传输到关系型数据库 MySQL 或者列式存储结构化数据仓库 HBase 中。由于 MySQL 面向实施业务，MySQL 数据库中的数据也可导向 HBase 中存储，Hive 可对数据仓库中的海量数据进行实时分析（可视化分析或

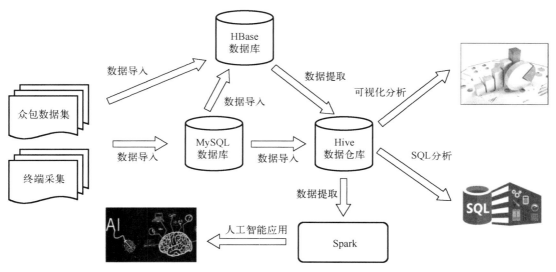

图 12-6　大数据技术方案框架

SQL 分析），Spark 可以通过 Hive 读取 HBase 中的数据并进行实时处理或分析，也可以进行数据挖掘，将机器学习理论算法应用于这些数据，可以为实体用户提供机器学习即服务。其中的数据库 MySQL 和 HBase、数据仓库 Hive、Spark 等均以集群方式运行，可以部署在本地。考虑到整个系统的健壮性、稳定性、可扩展性等因素，也可以部署在云（分为公有云和私有云，早期的云是一个数据存储中心，逐渐地还能提供计算、服务甚至应用功能）中，国内的阿里云、腾讯云等均可满足要求。读者可以在此做一些拓展和变化，体会"云端"资源的便利。

12.3　准备数据和开发环境配置

12.3.1　实验环境安装简述

本案例的实验环境是综合使用前面章节安装的各个组件，如下所述。

1．Hadoop 分布式搭建

（1）虚拟机环境准备：克隆 4 台虚拟机；使用 root 用户登录，密码为 hadoop；修改克隆虚拟机的静态 IP 地址，使得虚拟机之间可以进行网络通信；修改虚拟机的主机名分别为 ahut01、ahut02、ahut03 和 ahut04；关闭虚拟机防火墙。

（2）安装 JDK：检查每个虚拟机是否安装 Java 环境；如果没有安装或者安装版本低于 1.8，需卸载 JDK 并重新安装；解压缩 JDK 1.8 软件包到指定文件目录下；配置 JDK 环境变量；测试 JDK 是否安装成功（若没有成功，需卸载后重新安装）。

（3）安装 Hadoop：解压缩 Hadoop 软件包到指定文件目录下；配置 Hadoop 环境变量；测试是否安装成功；修改 Hadoop 核心配置文件；在分布式集群上分发配置好的 Hadoop 配置文件；集群单点启动（若集群第一次启动，需要先格式化 NameNode）。

（4）SSH 免密登录配置：生成公钥和私钥；将公钥复制到要免密登录的目标机器上。

（5）启动分布式集群：配置 Slaves；启动 HDFS；启动 YARN。

2．ZooKeeper 分布式安装

（1）集群规划：在 ahut02、ahut03 和 ahut04 三个节点上部署 ZooKeeper。

（2）分布式安装部署：解压缩 ZooKeeper 软件包到指定文件目录下；配置服务器编号 myid 文件；分发配置好的 ZooKeeper 到其他节点机器上；配置 zoo.cfg 文件，同步到其他节点机器上；分别启动 ZooKeeper。

3．HBase 分布式安装

（1）ZooKeeper 正常部署：保证 ZooKeeper 集群的正常部署并启动。

（2）Hadoop 正常部署：保证 Hadoop 集群的正常部署并启动。

（3）HBase 分布式部署：解压缩 HBase 软件包到指定文件目录下；修改核心配置文件；分发 HBase 到其他节点机器上；启动 HBase 服务。

4．Hive 安装部署

（1）MySQL 安装：查看虚拟机是否安装 MySQL；如果虚拟机自带 MySQL 则卸载 MySQL；解压缩 MySQL 软件包到指定文件目录下；安装 MySQL 服务端；安装 MySQL

客户端；修改 MySQL 中 user 表的主机配置，使得 root 可在任何主机凭密码登录 MySQL 数据库。

（2）Hive 安装：解压缩 Hive 软件包到指定文件目录下；修改核心配置文件；复制 MySQL 连接驱动包到指定 Hive 目录下；配置 Metastore 到 MySQL；测试 Hive 启动是否成功。

5．Spark 分布式安装

（1）Spark 安装：解压缩 Spark 软件包到指定文件目录下；修改核心配置文件；分发 Spark 到其他节点机器上。

（2）测试 Spark：启动 Spark 集群；查看服务器进程；提交测试应用。

12.3.2　Sqoop 的安装和使用

Sqoop 用于在 Hadoop 和关系型数据库之间传输数据，它可以通过 Hadoop 的 MapReduce 进行数据的导入/导出，因此提供了很高的并行性能及良好的容错性。本实例将使用 Sqoop 工具实现 HDFS、MySQL、HBase 之间的数据传输。Sqoop 安装的主要步骤如下，详细的步骤及配置命令可查看配套的在线文档。

（1）下载 sqoop-1.4.6.bin__hadoop-2.0.4-alpha.tar.gz 文件，并上传到 ahut02 的/root/software 文件夹下。

（2）使用 tar 命令解压缩并安装 Sqoop。

（3）在 Sqoop 目录下输入 cp sqoop-env-template.sh sqoop-env.sh 与 vi sqoop-env.sh，修改相关配置文件。

（4）输入 vi/etc/profile，配置环境变量。

（5）输入 sqoop version，查看是否安装成功。

12.3.3　数据集介绍

如何快速有效地对心脏病进行诊断始终是生命科学领域研究的重点问题之一，随着机器学习技术的兴起，其在医疗领域的应用已经越来越广泛。

本数据集包含克利夫兰医学中心的 303 个病人的实例数据，用户可基于此建立心脏病诊断模型。UCI 心脏病数据集描述如表 12-2 所示。

表 12-2　UCI 心脏病数据集描述

心脏病数据集	数据类型	属性列数	实例数（单位：条）	值缺失	相关任务
UCI 心脏病	数值类型	14	303	否	分类

从表 12-2 可以看出，UCI 心脏病数据集共有 303 条记录数据，14 个属性列，每个属性列均无缺失值，数据集中的数据类型均为数值类型。本实例将使用该数据集进行数据分析和可视化，还使用机器学习的随机森林分类算法。

本数据集共有 14 个属性列，包括 13 个特征列和 1 个标签列，详细如表 12-3 所示。

表 12-3　UCI 心脏病数据集属性字段描述

属性名	数据描述	数据类型	取值范围
age	年龄	整数型	29～77

续表

属性名	数据描述	数据类型	取值范围
sex	性别	整数型	1=男性，0=女性
cp	胸痛类型	整数型	1=典型心绞痛，2=非典型心绞痛，3=无心绞痛，4=无症状
trestbps	静息血压（mmHg）	整数型	94～200
chol	血浆类胆固醇含量（mg/dL）	整数型	116～564
fbs	空腹血糖 >110mg/dL	整数型	1=是，0=否
restecg	静息时心电图结果	整数型	0=正常，1=ST 波异常，2=明显的左心室肥大
thalach	最大心率	整数型	71～202
exang	运动型心绞痛	整数型	1=有，0=无
oldpeak	运动引起的 ST 下降（mv）	浮点型	0.0～6.2
slope	最大运动量时 ST 的斜率	整数型	1=上升，2=持平，3=下降
ca	心脏周边主血管数	整数型	0，1，2，3
thal	地中海贫血症	整数型	3=正常，6=固定缺陷，7=可逆缺陷
target	心脏病患病情况	整数型	（标签列）0=无，1=有

【医学知识普及】

（1）心率：是指正常人安静状态下每分钟心跳的次数，也称安静心率，一般为 60～100 次/分，可因年龄、性别或其他生理因素而产生个体差异。一般来说，年龄越小，心率越快，老年人心跳比年轻人慢，女性的心率比同龄男性快，这些都是正常的生理现象。安静状态下，成人正常心率为 60～100 次/分，理想心率应为 55～70 次/分（运动员的心率较普通成人慢，一般为 50 次/分左右）。心率变化与心脏病密切相关。如果心率超过 160 次/分或低于 40 次/分，大多见于心脏病患者，如常伴有心悸、胸闷等不适感，应及早进行详细检查，以便针对病因进行治疗。

（2）地中海贫血症是指天生性贫血。地中海贫血症是一种遗传性疾病，在我国多见于南方沿海地区，是由于红细胞内的血红蛋白数量和质量的异常造成红细胞寿命缩短的一种先天性贫血。此病目前尚无特殊根治方法。只有间断输血或输浓缩的红细胞以补充红细胞的不足。地中海贫血的患者由于长期贫血，导致机体缺氧和其他营养成分缺乏，机体免疫力低下，容易患各种感染性疾病。

（3）左心室接收来自左心房的含氧血，再把之泵入大动脉以把含氧血供应全身。在此途中，含氧血会经过两个活瓣，一是位于左心房和左心室之间的二尖瓣，另一个是位于大动脉的大动脉瓣，它们都用来防止血液倒流。左心室肥大本身并非一种疾病，但往往是心脏病的先兆。左心室肥大可以是一种心肌对有氧运动和力量训练的自然反应，也可以是对心血管疾病和高血压的病理反应，不过更可能由增加心脏后负荷或心肌的疾病引起。

12.4 数据探索性分析

数据探索性分析是通过数据集了解变量之间的相互关系及变量与预测之间的关系，如此后期可以更好地进行特征工程和建立模型，是数据挖掘中十分重要的一步。基于大数据的心脏病数据探索性分析主要对心脏病数据集进行黑盒分析，探索影响患心脏病的特征变量之间的关系，以及特征的重要性。

本实例将使用 Python 3.7 进行数据分析，其中需要使用科学计算库（pandas 和 Numpy）、可视化库（Matplotlib 和 Seaborn）及数据分析库（PySpark）。

 实例 12-1 *心脏病患病的分布情况*

在给定的数据集中，不是所有的数据都适合用来分析。有的数据集中，某个类别的数据数量可能远超于其他类别的数据，这将导致数据分析结果出现偏差，所以在分析前需要先观察数据的分布情况，再决定是否需要进行数据平衡。下面对本案例数据集中的心脏病患病的分布情况进行可视化处理。

先导入需要用到的依赖包。Python 的版本应统一为 3.7，避免出现未知的错误。代码如下：

```
import matplotlib.pyplot as plt
import pandas as pd
```

再编写主函数，使用 pandas 库读取数据并将数据可视化，代码如下：

```
if __name__ == '__main__':
    # 读取数据
    heartData = pd.read_csv("P:/spark/data/heart.csv")
    # 数据分布情况
    ax1 = heartData["target"]\
        .value_counts()\
        .rename(index={0: "", 1: ""})\
        .plot.pie(
        figsize=(7, 7),
        title="Heart Disease Distribution",
        ylabel="",
        autopct="%.2f%%",
        explode=[0.05, 0],
        startangle=45,
        colormap="Set3",
    )
    plt.legend(("no_heart_diseases", "heart_diseases"))
    plt.show()
```

从运行结果可以得出，患有心脏病的人数占比为 54.46%，没有患心脏病的人数占比为 45.54%，两者比例相近，数据近似平衡，所以不需要再对数据进行平衡，如图 12-7 所示。

 实例 12-2 *心脏病患病情况与年龄的关系*

先导入依赖包，代码如下：

```
import matplotlib.pyplot as plt
import pandas as pd
import seaborn as sns
```

再编写主函数，实现数据可视化，代码如下：

```
if __name__ == '__main__':
    # 读取数据
```

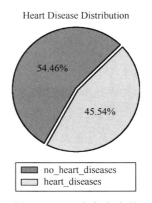

图 12-7　心脏病患病的
分布情况

```
heartData = pd.read_csv("P:/spark/data/heart.csv")
# 心脏病患病情况与年龄的关系
fig2 = plt.figure(figsize=(9, 6))
sns.kdeplot(
        data=heartData,
        x="age",
        hue="target",
        fill=True,
        palette="crest",
        alpha=0.5,
        linewidth=0,
)
plt.title("Heart Disease Distribution With Age")
plt.legend(("without_heart_diseases", "heart_diseases"))
plt.show()
```

从运行结果可以得出，没有心脏病的人主要集中在 40～60 岁，而患有心脏病的人主要集中在 60 岁左右，如图 12-8 所示。

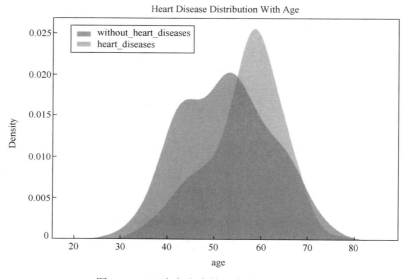

图 12-8　心脏病患病情况与年龄的关系

 实例 12-3　心脏病患病情况与性别的关系

先导入依赖包，代码如下：

```
import matplotlib.pyplot as plt
import pandas as pd
import seaborn as sns
```

再编写主代码，实现数据可视化，代码如下：

```
if __name__ == '__main__':
    # 读取数据
```

```
heartData = pd.read_csv("P:/spark/data/heart.csv")
# 性别分布
femaleData = heartData.target[heartData.sex == 0].value_counts()
maleData = heartData.target[heartData.sex == 1].value_counts()
color = sns.color_palette("Set3")
fig3 = plt.figure(figsize=(7, 7))
plt.pie(
    femaleData,
    radius=1,
    autopct="Female %.2f%%",
    pctdistance=0.85,
    colors=color,
    wedgeprops=dict(width=0.3, edgecolor="w"),
)
plt.pie(
    maleData,
    radius=0.5,
    autopct="Male %.2f%%",
    pctdistance=0.75,
    colors=color,
    wedgeprops=dict(width=0.3, edgecolor="w"),
)
plt.title("Heart Disease Distribution With Gender")
plt.legend(("heart_diseases", "without_heart_diseases"))
plt.show()
```

　　从运行结果可以得出，男性群体中有 55.07% 的人患有心脏病，而女性群体中有 75.00% 的人患有心脏病。在该数据集中，女性患有心脏病的概率更大一些，如图 12-9 所示。

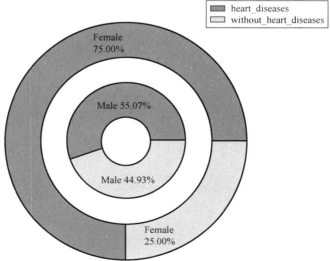

图 12-9　心脏病患病情况与性别的关系

实例 12-4　心脏病患病情况和胆固醇及血压的关系

先导入依赖包，代码如下：

```
import matplotlib.pyplot as plt
import pandas as pd
import seaborn as sns
```

再编写功能代码，实现数据可视化，代码如下：

```
if __name__ == '__main__':
    # 读取数据
    heartData = pd.read_csv("P:/spark/data/heart.csv")
    # 血压和胆固醇分布
    ax4_1 = plt.subplot2grid((1, 2), (0, 0))
    sns.histplot(
        heartData[heartData.target == 0]["cholesterol"],
        color="#512b58",
        label="without_heart_disease",
        ax=ax4_1,
    )
    sns.histplot(
        heartData[heartData.target == 1]["cholesterol"],
        color="#fe346e",
        label="heart_disease",
        ax=ax4_1,
    )
    plt.title("Heart Disease Distribution With Cholesterol")
    plt.legend()
    ax4_2 = plt.subplot2grid((1, 2), (0, 1))
    sns.histplot(
        heartData[heartData.target == 0]["trestbps"],
        color="#512b58",
        label="without_heart_disease",
        ax=ax4_2,
    )
    sns.histplot(
        heartData[heartData.target == 1]["trestbps"],
        color="#fe346e",
        label="heart_disease",
        ax=ax4_2,
    )
    plt.title("Heart Disease Distribution With Trestbps")
    plt.legend()
    plt.tight_layout()
    plt.show()
```

从运行结果可以得出，胆固醇水平在 110～250mg/dL 和血压在 110～140mmHg 的人患有心脏病的人数最多，如图 12-10 所示。

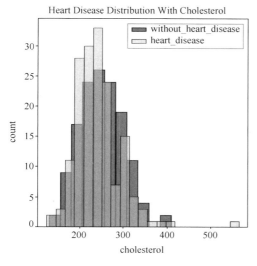 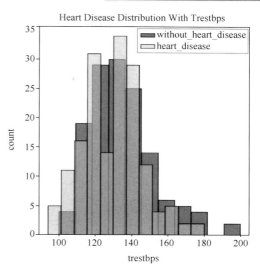

图 12-10 心脏病患病情况和胆固醇及血压的关系

 实例 12-5 心脏病患病情况和胸痛类型的关系

先导入依赖包，代码如下：

```
import matplotlib.pyplot as plt
import pandas as pd
import seaborn as sns
```

再编写功能代码，实现数据可视化，代码如下：

```
if __name__ == '__main__':
    # 读取数据
    heartData = pd.read_csv("P:/spark/data/heart.csv")
    # 胸痛类型和心脏病的关系
    fig5 = plt.figure(figsize=(10, 5))
    ax5_1 = plt.subplot2grid((1, 2), (0, 0))
    heartData["cp"].value_counts().plot.pie(
        title="Chest Pain type",
        autopct="%.2f%%",
        explode=[0, 0.05, 0, 0],
        startangle=180,
        colormap="Set3",
        ax=ax5_1,
    )
    ax5_2 = plt.subplot2grid((1, 2), (0, 1))
    sns.countplot(
        x="cp",
        data=heartData,
        hue="target",
        palette="Set3",
        ax=ax5_2
    )
    plt.title("Heart Disease Distribution With CPT")
    ax5_2.set_xlabel("Chest Pain type")
```

```
plt.tight_layout()
plt.show()
```

从运行结果可以得出，0 类胸痛的人在非患病群体中占大多数；而在患病群体中，2 类胸痛的人则占了大部分，如图 12-11 所示。

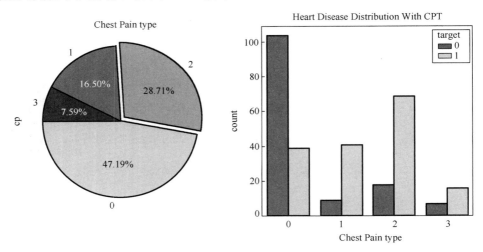

图 12-11　心脏病患病情况和胸痛类型的关系

实例 12-6　心脏病患病情况和年龄及最大心率的关系

先导入所需要的依赖包，代码如下：

```
import matplotlib.pyplot as plt
import pandas as pd
import seaborn as sns
```

再编写功能代码，实现数据可视化，代码如下：

```
if __name__ == '__main__':
    # 读取数据
    heartData = pd.read_csv("P:/spark/data/heart.csv")
    # 年龄-心率-患病关系
    fig6 = plt.figure(figsize=(8, 8))
    ax6_1 = plt.subplot2grid((2, 1), (0, 0))
    sns.scatterplot(
        data=heartData, x="age", y="thalach", hue="target", palette="RdBu_r", ax=ax6_1
    )
    plt.title("Age and maximum heart rate achieved correlation")
    plt.legend(("without_heart_disease", "heart_disease"))
    ax6_2 = plt.subplot2grid((2, 1), (1, 0))
    sns.violinplot(data=heartData, x="target", y="thalach", palette="Set3", ax=ax6_2)
    plt.title("Heart Disease Distribution with age and maximum heart rate")
    plt.tight_layout()
    plt.show()
```

从运行结果可以得出，随着年龄增长，最大心率是逐渐下降的。未患病群体的心率主要集中在 100～180 次/分，而患病群体的心率主要集中在 140～200 次/分，数据相较于未患病的人普遍更高，且数据分布更加集中，如图 12-12 所示。

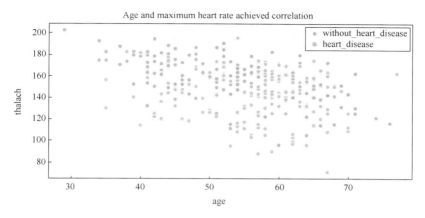

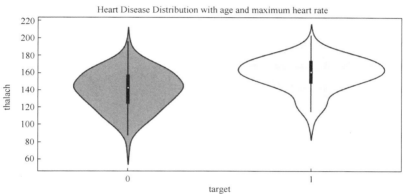

图 12-12　心脏病患病情况和年龄及最大心率的关系

 实例 12-7　心脏病患病情况和心绞痛及最大心率的关系

先导入依赖包，代码如下：

```
import matplotlib.pyplot as plt
import pandas as pd
import seaborn as sns
```

再编写功能代码，实现数据可视化，代码如下：

```
if __name__ == '__main__':
    # 读取数据
    heartData = pd.read_csv("P:/spark/data/heart.csv")
    # 运动引起的心绞痛（exang: 1=有过；  0=没有）与患病、心率关系
    fig7 = plt.figure(figsize=(9, 6))
    sns.swarmplot(
        data=heartData,
        x="exang",
        y="thalach",
```

```
            hue="target",
            palette="Set2",
            size=8
        )
        plt.title("Heart Disease Distribution With Thalach & Exang")
        plt.show()
```

从运行结果可以得出，在没有运动引起心绞痛的人群中，最大心率主要集中在 140～180 次/分，而他们中的大部分患有心脏病；而在运动中产生胸痛的人群中，最大心率则集中在 110～150 次/分，并且其中很多人没有心脏病，如图 12-13 所示。

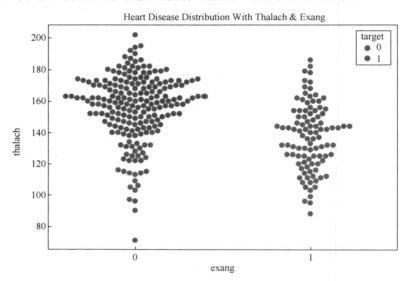

图 12-13　心脏病患病情况和心绞痛及最大心率的关系

 实例 12-8　心脏病患病情况和各属性的关系

先导入依赖包，代码如下：

```
        import matplotlib.pyplot as plt
        import pandas as pd
        import seaborn as sns
        import numpy as np
```

再编写功能代码，实现数据可视化，代码如下：

```
        if __name__ == '__main__':
            # 读取数据
            heartData = pd.read_csv("P:/spark/data/heart.csv")
            # 属性相关性分析
            corr = heartData.corr()
            mask = np.zeros_like(corr)
            mask[np.triu_indices_from(mask)] = True
            fig8 = plt.figure(figsize=(12, 8))
            sns.heatmap(
                corr,
                mask=mask,
```

```
                        annot=True,
                        fmt=".1f",
                        square=True,
                        cmap="RdYlBu_r",
        )
        plt.title("Correlation of each attribute")
        plt.xticks(rotation=45)
        plt.show()
```

从运行结果可以得出，患心脏病和 cp、restecg、slope 等属性呈正相关，而与 age、sex、exang 等属性呈负相关，如图 12-14 所示。

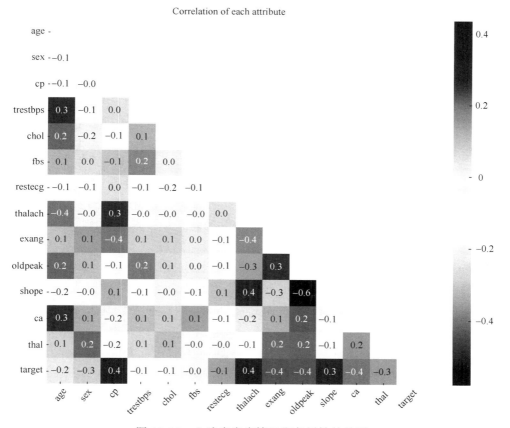

图 12-14　心脏病患病情况和各属性的关系

12.5　数据迁移

在大数据架构中，扮演着数据存储和处理重要角色的要属 HBase 和 Hive。HBase 是一种分布式的基于列存储的 NoSQL 数据库，主要适用于海量明细数据的随机实时查询，如交易清单、日志明细、轨迹行为等。Hive 是 Hadoop 的数据仓库，主要是让开发人员能够通过 SQL 来计算和处理 HDFS 上的结构化数据，适用于离线的批量数据计算，基于这一点，Hive 会将 SQL 翻译成为 MapReduce 来处理数据。而且，Hive 本身不存储和计算数据，它完全依赖 HDFS 和 MapReduce，它的表属于纯逻辑；而 HBase 存储物理表，它组织所有机器提供一个超大的内存 hash 表，搜索引擎通过它来存储索引，方便查询操作。

其中，由于 Hive 采用 SQL 的查询语言 HQL，因此很容易将 Hive 理解为关系型数据库。在数据存储方面，Hive 是建立在 Hadoop 之上的，所有 Hive 的数据都是存储在 HDFS 中的。而关系型数据库则可以将数据保存在块设备或者本地文件系统中。在数据格式方面，Hive 中没有定义专门的数据格式，数据格式可以由用户指定，用户定义数据格式需要指定三个属性：列分隔符、行分隔符及读取文件数据的方法。而在关系型数据库中，不同的数据库有不同的存储引擎，定义了自己的数据格式。所有数据都会按照一定的组织存储，因此，数据库加载数据的过程会比较耗时。而且，Hive 中不支持对数据的改写和添加，所有数据都是在加载时确定好的。而关系型数据库中的数据通常是需要经常修改的。Hive 中大多数查询的执行是通过 Hadoop 提供的 MapReduce 实现的。而关系型数据库通常有自己的执行引擎。

※ 实例 12-9　利用 Sqoop 工具传递数据

这里使用 Sqoop 工具实现数据在 MySQL、HBase 和 Hive 之间的传递。Sqoop 是一款开源的工具，主要用于在 Hadoop 与传统的数据库之间传递数据，可以将一个关系型数据库中的数据导入 Hadoop 的 HDFS 中，也可以将 HDFS 的数据导入关系型数据库中。详细步骤如下。

（1）将心脏病数据集文件上传到 Hadoop 的 HDFS 中。注意，由于接下来的操作需要将 csv 文件的内容传递到 MySQL 的数据表中，此时需要将 heart.csv 的表头删除，然后上传到 HDFS 中，否则数据在传递过程中，会因数据格式不符合表的结构而出现错误。命令如下：

```
[root@ahut01 ~]# hdfs dfs -mkdir /heartDisease
[root@ahut01 ~]# hdfs dfs -put /root/files/heart_without_header.csv /heartDisease
```

（2）启动 MySQL，创建 Spark 数据库，在 Spark 数据库中创建 heart 数据表，命令如下：

```
[root@ahut01 ~]# service mysql start
[root@ahut01 ~]# mysql -uroot -phadoop
mysql> create database spark;
mysql> use spark;
mysql> create table heart(
    -> id int(100) primary key not null auto_increment,
    -> age int(8),
    -> sex int(8),
    -> cp int(8),
    -> trestbps int(8),
    -> chol int(8),
    -> fbs int(8),
    -> restecg int(8),
    -> thalach int(8),
    -> exang int(8),
    -> oldpeak float,
    -> slope int(8),
```

```
-> ca int(8),
-> thal int(8),
-> target int(8));
```

通过 desc 命令查看 heart 表的结构，命令及结果如下：

```
mysql> desc heart;
+----------+-----------+------+-----+---------+----------------+
| Field    | Type      | Null | Key | Default | Extra          |
+----------+-----------+------+-----+---------+----------------+
| id       | int(100)  | NO   | PRI | NULL    | auto_increment |
| age      | int(8)    | YES  |     | NULL    |                |
| sex      | int(8)    | YES  |     | NULL    |                |
| cp       | int(8)    | YES  |     | NULL    |                |
| trestbps | int(8)    | YES  |     | NULL    |                |
| chol     | int(8)    | YES  |     | NULL    |                |
| fbs      | int(8)    | YES  |     | NULL    |                |
| restecg  | int(8)    | YES  |     | NULL    |                |
| thalach  | int(8)    | YES  |     | NULL    |                |
| exang    | int(8)    | YES  |     | NULL    |                |
| oldpeak  | float     | YES  |     | NULL    |                |
| slope    | int(8)    | YES  |     | NULL    |                |
| ca       | int(8)    | YES  |     | NULL    |                |
| thal     | int(8)    | YES  |     | NULL    |                |
| target   | int(8)    | YES  |     | NULL    |                |
+----------+-----------+------+-----+---------+----------------+
```

因为之后的步骤中需要远程访问 MySQL 数据库，所以先设置远程访问的权限，命令如下：

```
mysql> GRANT ALL PRIVILEGES ON *.* TO 'root'@'%' IDENTIFIED BY 'hadoop' WITH GRANT OPTION;
mysql> flush privileges;
```

（3）使用 Sqoop 工具将 HDFS 中 heart_without_header.csv 文件导入 MySQL 数据库 heart 表中。在此之前，需要将 MySQL 的驱动包上传到 ahut02 的/opt/ahut/sqoop/lib/文件夹下，并启动 ZooKeeper、HDFS 和 YARN 服务，因为 Sqoop 会使用 MapReduce 来进行数据迁移。命令如下：

```
[root@ahut02 ~]# sqoop export \
> --connect jdbc:mysql://ahut01:3306/spark \
> --username root \
> --password hadoop \he
> --table heart \
> --export-dir /heartDisease \
> --columns "age,sex,cp,trestbps,chol,fbs,restecg,thalach,exang,oldpeak,slope,ca,thal,target" \
> -m 1 \
> --verbose \
> --outdir /root/data \
> --fields-terminated-by ','
```

迁移成功后，可以到 ahut01 的 MySQL 中使用 select 命令查看数据，命令及结果如下：

```
mysql> select id,age,sex from heart limit 5;

+-----+------+------+
| id  | age  | sex  |
+-----+------+------+
|  1  |  63  |   1  |
|  2  |  37  |   1  |
|  3  |  41  |   0  |
|  4  |  56  |   1  |
|  5  |  57  |   0  |
+-----+------+------+
```

（4）使用 Sqoop 工具将 MySQL 中 heart 表数据导入 HBase 的 heart 表中。在此之前，需要成功启动 HBase，进入 HBase Shell，并创建对应的表。命令及结果如下：

```
[root@ahut01 ~]# start-hbase.sh
[root@ahut01 ~]# hbase shell
hbase> create_namespace "bigdata"
hbase> create "bigdata:heart","info"
hbase> list
TABLE
bigdata:heart
```

（5）在 ahut02 的终端中使用 Sqoop 工具进行数据传递，命令如下：

```
[root@ahut02 ~]# sqoop import \
> --connect jdbc:mysql://ahut01:3306/spark \
> --username root \
> --password hadoop \
> --table heart \
> --columns "id, age, sex, cp, trestbps, chol, fbs, restecg, thalach, exang, oldpeak, slope, ca, thal,
target" \
> --column-family "info" \
> --hbase-create-table \
> --hbase-table "bigdata:heart" \
> --hbase-row-key "id" \
> -m 1 \
> --split-by id
```

导入成功后可以在 HBase 中查看数据，命令及结果如下：

```
hbase(main):006:0> scan "bigdata:heart"
ROW                    COLUMN+CELL
 1                     column=info:age, timestamp=1649560930011, value=63
 1                     column=info:ca, timestamp=1649560930011, value=0
 1                     column=info:chol, timestamp=1649560930011, value=233
 1                     column=info:cp, timestamp=1649560930011, value=3
 1                     column=info:exang, timestamp=1649560930011, value=0
 1                     column=info:fbs, timestamp=1649560930011, value=1
 1                     column=info:oldpeak, timestamp=1649560930011, value=2.3
 1                     column=info:restecg, timestamp=1649560930011, value=0
 1                     column=info:sex, timestamp=1649560930011, value=1
 1                     column=info:slope, timestamp=1649560930011, value=0
 1                     column=info:target, timestamp=1649560930011, value=1
```

1	column=info:thal, timestamp=1649560930011, value=1
1	column=info:thalach, timestamp=1649560930011, value=150
1	column=info:trestbps, timestamp=1649560930011, value=145

（6）在 ahut01 中进入 Hive 界面，创建外部表 heart，将 HBase 数据仓库中的 heart 表映射到 Hive 数据库的外部表 heart，命令如下：

```
hive> CREATE EXTERNAL TABLE heart(
> id int,
> age int,
> sex int,
> cp int,
> trestbps int,
> chol int,
> fbs int,
> restecg int,
> thalach int,
> exang int,
> oldpeak float,
> slope int,
> ca int,
> thal int,
> target int)
> STORED BY
> 'org.apache.hadoop.hive.hbase.HBaseStorageHandler'
> WITH SERDEPROPERTIES ("hbase.columns.mapping" = ":key,info:age, info:sex,info:cp, info:
trestbps, info:chol, info:fbs, info:restecg, info:thalach, info:exang, info:oldpeak, info:slope, info:ca, info:thal,
info:target")
> TBLPROPERTIES ("hbase.table.name" = "bigdata:heart");
```

创建成功后，查看 heart 表中是否存在数据，命令及结果如下：

```
hive> select * from heart limit 5;

1    63   1   3   145  233  1   0   150  0   2.3   00   1   1
10   57   1   2   150  168  0   1   174  0   1.6   20   2   1
100  53   1   2   130  246  1   0   173  0   0.0   23   2   1
101  42   1   3   148  244  0   0   178  0   0.8   22   2   1
102  59   1   3   178  270  0   0   145  0   4.2   00   3   1
```

12.6　数据预处理

由于所要进行分析的数据量迅速膨胀，同时各种原因导致现实世界数据集中常常包含许多噪声、不完整甚至不一致的数据，因此对数据分析和数据挖掘所涉及的数据对象必须进行数据预处理。数据预处理主要包括数据清洗、数据集成、数据转换、数据归约。预处理是数据挖掘（知识发现）过程中的一个重要步骤，可以提高数据挖掘对象的质量，并最终达到提高数据挖掘所获模式质量的目的。

采用随机森林建立二分类模型，分类器往往默认数据是连续且有序的，而 UCI 数据集含有一些离散的定序和定类特征，需要将这些离散的特征转换成模型可识别的数据类型，这里就需要采用 One-Hot（独热）编码来处理。对每一个定类特征，如果它有 m 个离散的特征值，那么经过 One-Hot 编码处理后，该定类特征将转变为 m 个二元特征。

 实例 12-10　心脏病数据集的预处理

在进行本实例前，需要把 heart.csv 文件上传到 ahut01 的/root/files 文件夹中，并启动 PySpark。

（1）导入需要使用的依赖包，代码如下：

```
import pandas as pd
import warnings
warnings.filterwarnings("ignore")
```

（2）编写代码，实现数据预处理功能，代码如下：

```
# 1.加载数据集
dataframe = pd.read_csv("/root/files/heart.csv")

# 2.打印心脏病数据集信息
print(f"1. UCI 心脏病数据集形状：{dataframe.shape}")
print(f"\n2. UCI 心脏病数据集属性信息：")
dataframe.info()
print(f"\n3. UCI 心脏病数据集前 5 行数据展示：")
print(dataframe.head(5))

# 3.将简写的属性列名修改为完整的特征名称
dataframe.columns = ["age", "sex",
                     "chest_pain_type",
                     "tresting_blood_pressure",
                     "cholesterol",
                     "fasting_blood_sugar",
                     "rest_ecg",
                     "max_heart_rate_achieved",
                     "exercise_induced_angina",
                     "ST_depression",
                     "ST_slope",
                     "num_major_vessels",
                     "thalassemia",
                     "target"]
print(f"4. UCI 心脏病数据集属性列类型：")
print(dataframe.dtypes)

# 4.将定类特征由整数编码转为实际对应的字符串
dataframe.sex[dataframe.sex == 0] = "female"
dataframe.sex[dataframe.sex == 1] = "male"
dataframe.chest_pain_type[dataframe.chest_pain_type == 0] = "typical angina"
dataframe.chest_pain_type[dataframe.chest_pain_type == 1] = "atypical angina"
dataframe.chest_pain_type[dataframe.chest_pain_type == 2] = "non-anginal angina"
dataframe.chest_pain_type[dataframe.chest_pain_type == 3] = "asymptomatic"
```

```
dataframe.fasting_blood_sugar[dataframe.fasting_blood_sugar == 0] = "lower than 120mg/dl"
dataframe.fasting_blood_sugar[dataframe.fasting_blood_sugar == 1] = "greater than 120mg/dl"
dataframe.rest_ecg[dataframe.rest_ecg == 0] = "normal"
dataframe.rest_ecg[dataframe.rest_ecg == 1] = "ST-T wave abnormality"
dataframe.rest_ecg[dataframe.rest_ecg == 2] = "left ventricular hypertrophy"
dataframe.exercise_induced_angina[dataframe.exercise_induced_angina == 0] = "no"
dataframe.exercise_induced_angina[dataframe.exercise_induced_angina == 1] = "yes"
dataframe.ST_slope[dataframe.ST_slope == 0] = "upsloping"
dataframe.ST_slope[dataframe.ST_slope == 1] = "flat"
dataframe.ST_slope[dataframe.ST_slope == 2] = "downsloping"
dataframe.thalassemia[dataframe.thalassemia == 0] = "unknown"
dataframe.thalassemia[dataframe.thalassemia == 1] = "normal"
dataframe.thalassemia[dataframe.thalassemia == 2] = "fixed defect"
dataframe.thalassemia[dataframe.thalassemia == 3] = "reversable defect"

print(f"5. UCI 心脏病数据集前 5 行数据展示：")
print(dataframe.head(5))

# 5.将离散的定类特征列转为 One-Hot 编码
dataframe = pd.get_dummies(dataframe)
print(f"6. UCI 心脏病数据集特征列类型：")
print(dataframe.dtypes)
print(f"\n7. UCI 心脏病数据集前 5 行数据展示：")
print(dataframe.head(5))

# 6.将处理好的数据集导出，并将 target 移到最后一列
df_target = dataframe.target
dataframe = dataframe.drop('target', axis=1)
dataframe.insert(26, 'target', df_target)
dataframe.to_csv("/root/files/processed_heart.csv", sep=",", index=False)
```

　　程序运行结束，将会在/root/files 目录中看到 processed_heart.csv 文件。查看该文件会发现，特征列由之前的 13 列增加到 26 列，这是由于定类特征由整数编码转换成实际对应的字符串。此时的数据集，更适合下一节的数据建模。

12.7　数据建模与训练

 实例 12-11　心脏病数据集的数据建模与训练

　　12.6 节对数据进行了预处理，使数据集中的数据更加契合模型需求。本节将进入数据建模阶段，先使用机器学习对处理过后的数据集文件 processed_heart.csv 进行训练，从而获得一个数据模型，再测试和评估该模型的效果与性能。本实例使用的 Python 版本为 3.7，PySpark 版本为 2.3.2，供读者参考。

　　本实例将使用 PySpark 的 Standalone 模式，因此需要正常启动 ZooKeeper、Hadoop、Spark 等组件，并将本章"实例 12-10"生成的 processed_heart.csv 文件上传到 HDFS 的/tmp

目录下。感兴趣的读者也可以使用 PySpark 的 YARN 模式完成本实例，PySpark 的 Standalone 模式启动命令如下：

```
[root@ahut01 ~]# /opt/ahut/spark/bin/pyspark --master spark://ahut01:7077
```

PySpark 成功启动后，进入 Jupyter Notebook 导入该实例所需的依赖包，代码如下：

```
from pyspark import SparkConf
from pyspark.sql import SparkSession
from pyspark.ml.feature import StringIndexer
from pyspark.ml.linalg import Vectors
from pyspark.sql.types import Row
from pyspark.ml.classification import RandomForestClassifier
from sklearn import metrics
from wordcloud import WordCloud
import pandas as pd
```

接着编写功能代码，选择 Hadoop 的 active 节点并读取数据集中的数据，代码如下：

```
# 读取数据
data=spark.read.csv("hdfs://ahut01:8020/tmp/processed_heart.csv",header=True)
col_list = data.columns
col_dict = {}
```

在训练模型前，需要把数据集中的数据划分为两个部分：训练集和测试集。用训练集中的数据训练模型，在训练完毕后，用测试集中的数据评估模型的效果。这里将 80%的数据划分为训练集，20%的数据划分为测试集，代码如下：

```
# 划分训练集和测试集
dataSet = data.rdd.map(list)
trainData, testData = dataSet.randomSplit([0.8, 0.2], seed=10)
trainingSet = trainData.map(lambda x: Row(label=x[-1], features=Vectors.dense(x[:-1]))).toDF()
train_num = trainingSet.count
```

现在可以开始利用随机森林训练模型了，命令如下：

```
# 使用随机森林进行训练
stringIndexer = StringIndexer(inputCol="label", outputCol="indexed")
si_model = stringIndexer.fit(trainingSet)
train_tf = si_model.transform(trainingSet)
train_tf.show(5)
rf = RandomForestClassifier(numTrees=100, labelCol="indexed", seed=5, maxDepth=5)
rfModel = rf.fit(train_tf)
```

可以发现，该数据集有 27 列，除了最后的 target 列，其余列都是特征列。那么在剩余的 26 列中，不是所有的特征对结果都具有强影响力，可能其中的某些特征和最后的结果联系得不那么紧密，甚至可能去掉这些特征，训练的结果反而更理想，这个过程就是降维。现在使用"词云"，对这些特征进行可视化处理，在最后生成的图片中，与结果联系越强的特征，它的名称就越大。下面编写代码，实现"词云"功能：

```
# 获取词云的输入词频字典序列
```

```
for i in range(len(rfModel.featureImportances)):
    col_dict[col_list[i]] = rfModel.featureImportances[i]
# 生成词云
wc = WordCloud(max_words=100,width=1920, height=1080, background_color="white", margin=5)
word_cloud = wc.generate_from_frequencies(frequencies=col_dict)
# 写入词云图片
word_cloud.to_image()
```

现在的工作目录下就会生成一张词云图片，如图 12-15 所示。从这幅图片可以发现，对结果影响较大的有"num_major_vessels"和"ST_depression"等，影响较小的有"rest_ecg_normal"等。这种数据可视化可以更好地帮助做出决策，有针对性地进行降维训练。

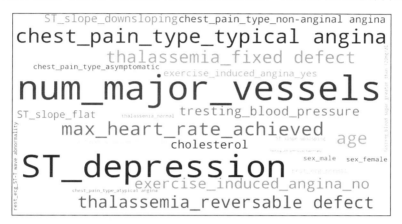

图 12-15　词云图片

通过以上的训练得到了数据模型，该数据的训练效果到底怎么样呢？现在可以使用测试集中的数据，对该模型的性能进行测试、评估，代码如下：

```
# 测试模型
testSet = testData.map(lambda x: Row(label=x[-1], features=Vectors.dense(x[:-1]))).toDF()
test_num = testSet.count()
si_model = stringIndexer.fit(testSet)
test_tf = si_model.transform(testSet)
predictResult = rfModel.transform(test_tf)
predictResult.show(test_num)

# 将预测结果转为 Python 中的 DataFrame
columns = predictResult.columns
predictResult = predictResult.take(test_num)
predictResult = pd.DataFrame(predictResult, columns=columns)

# 性能评估
y = list(predictResult["indexed"])
y_pred = list(predictResult["prediction"])
y_predprob = [x[1] for x in list(predictResult["probability"])]
precision_score = metrics.precision_score(y, y_pred)          # 精确率
recall_score = metrics.recall_score(y, y_pred)                # 召回率
```

```
accuracy_score = metrics.accuracy_score(y, y_pred)                    # 准确率
f1_score = metrics.f1_score(y, y_pred)    # F1 分数
auc_score = metrics.roc_auc_score(y, y_predprob)                      # auc 分数
print(f"精确率:{precision_score}")
print(f"召回率:{recall_score}")
print(f"准确率:{accuracy_score}")
print(f"F1 分数:{f1_score}")
print(f"auc 分数:{auc_score}")
```

最后程序会把相关的评估指标输出，结果如下：

```
精确率：0.9166666666666666
召回率：0.7333333333333333
准确率：0.8387096774193549
F1 分数：0.8148148148148148
auc 分数：0.8947916666666667
```

其中涉及各种评估指标，具体每种指标的含义将在下一节介绍。

12.8 模 型 评 估

12.8.1 特征重要性

特征重要性用于分析哪些或者哪个特征变量对模型的预测具有最大的影响力，这是建立在一个已经训练好的模型上的。这里采用特征重要性来解读影响患心脏病的重要因素。在已经获取到模型的特征重要性的前提下，可以使用词云图片来直观展现出来，如图 12-16 所示。

图 12-16 所示为将模型的特征重要性当成词频字典输入词云函数而绘制出的特征重要性词云图，图中显示的英语词组均是特征名称，字体越大说明该特征对模型预测越重要。由图 12-16 可知，胸痛类型为典型心绞痛、心脏周边主血管数量和心电图 ST 波特征的对模型预测的影响更大，特征重要性更大。

图 12-16　特征重要性词云图

12.8.2　混淆矩阵

机器学习中对分类模型常用混淆矩阵进行效果评价，混淆矩阵中存在多个评价指标，这些评价指标可以从不同角度评价分类结果的优劣。

下面引入二分类模型，该模型中只有两类，可简化为 1 和 0，把实际结果中的 1、0 与预测结果中的 1、0 两两组合起来，就会得到一个混淆矩阵，如表 12-4 所示。

表 12-4　混淆矩阵

		实际结果	
		1	0
预测结果	1	11	10
	0	01	00

由于 1 和 0 可读性较差，因此将预测结果中的 1 替换为 P（Positive），将预测结果中的 0 替换为 N（Negative）。同时，如果预测结果和实际结果相同，即预测正确，将结果表示为 T（True）；否则为预测错误，表示为 F（False）。

经过以上替换后，原始的两两组合变更为以下四种情况：

（1）预测结果为 1（P），实际结果为 1，预测正确（T），则替换为 TP；
（2）预测结果为 1（P），实际结果为 0，预测错误（F），则替换为 FP；
（3）预测结果为 0（N），实际结果为 1，预测错误（F），则替换为 FN；
（4）预测结果为 0（N），实际结果为 0，预测正确（T），则替换为 TN。

混淆矩阵也相应改变，如表 12-5 所示。其中，P 与 N 代表的是预测结果，T 与 F 代表的是判断结果，即是否预测正确。

表 12-5　替换后的混淆矩阵

		实际结果	
		1	0
预测结果	1	TP	FP
	0	FN	TN

对心脏病二元分类来说，它的混淆矩阵是 2*2 的，如图 12-17 所示。每行表示真实的情况，每列表示模型预测的情况。从混淆矩阵可以得出模型预测的准确率约为 82%。

12.8.3　评估指标

1．准确率（Accuracy）

准确率又称正确率，即统计预测正确的结果占总样本的百分比，公式如下：

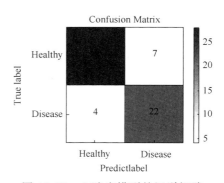

图 12-17　心脏病模型的混淆矩阵

$$\text{Accuracy} = \frac{(\text{TP} + \text{TN})}{(\text{TP} + \text{TN} + \text{FP} + \text{FN})}$$

其中，预测正确的结果包括预测正确的正样本（TP）和预测正确的负样本（TN），总样本包括 4 种情况 TP、TN、FP 及 FN，如图 12-18 所示。

实际结果
1
0
预测结果
1
TP
FP
0
FN
TN
所有样本
预测正确的样本

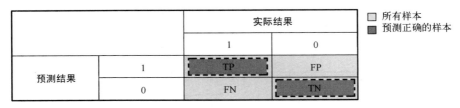

图 12-18　准确率图解

准确率在一定程度上可以反映总体的正确率，但是它十分依赖样本的平衡程度。例如，总体样本分为正样本和负样本，其中，正样本占比 95%，负样本占比 5%，显然，这个总体样本是极其不平衡的。当我们把所有样本都预测为正样本时，准确率可以高达 95%，显然这样的预测是不合理的。

这说明，在样本不平衡而准确率高时，会暂时丢失准确率指标的意义。为了解决这个问题，衍生出两个指标：精准率和召回率。

2．精准率（Precision）

精准率又称查准率，即统计所有预测为正的样本中实际为正的样本的百分比，公式如下：

$$\text{Precision} = \frac{\text{TP}}{(\text{TP} + \text{FP})}$$

其中，预测为正的样本为 TP 和 FP，实际为正的样本为 TP，如图 12-19 所示。

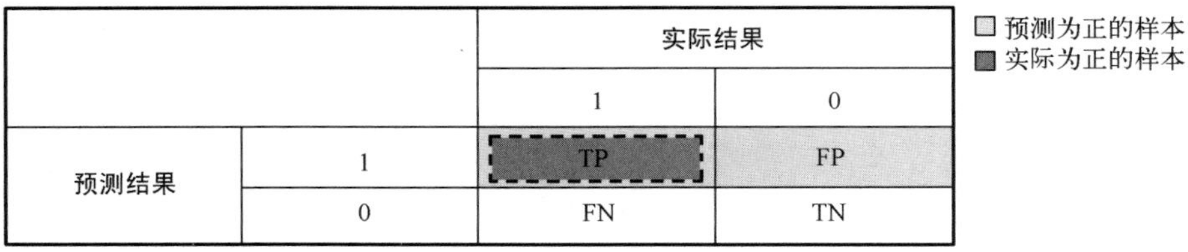

实际结果
1
0
预测结果
1
TP
FP
0
FN
TN
预测为正的样本
实际为正的样本

图 12-19　精准率图解

通过比较可知，准确率和精准率似乎相似，但实际上截然不同。准确率是面向总体样本的，代表整体的预测准确程度；而精准率是面向预测为正的样本的，仅代表正样本中的预测准确程度。如果只是单纯地追求高精准率，会导致模型将样本更少的预测为正样本，即减小了分母（TP + FP）的值，从而变相提高精准率。

3．召回率（Recall）

召回率又称查全率，即统计所有实际为正的样本中预测为正的样本的百分比，公式如下：

$$\text{Recall} = \frac{\text{TP}}{(\text{TP} + \text{FN})}$$

其中，实际为正的样本为 TP 和 FN，预测为正的样本为 TP，如图 12-20 所示。

		实际结果	
		1	0
预测结果	1	TP	FP
	0	FN	TN

☐ 实际为正的样本
■ 预测为正的样本

图 12-20 召回率图解

在实际应用场景中，如贷款违约用户检测，系统会根据大量的数据，尽可能识别出有违约倾向的用户。如果没有检测成功，这个结果将会导致巨大的成本支出。这时就需要提高检测结果的召回率，召回率越高，代表有违约倾向的用户被检测出来的概率越高。

4．F1 分数（F1 Score）

F1 分数是基于以上度量（精确率和召回率）衍生的计算指标，公式如下：

$$F1\ Score = \frac{(2 \times Precision \times Recall)}{(Precision + Recall)}$$

12.8.4 ROC 曲线

ROC（Receiver Operating Characteristic，接收者操作特征）曲线，主要通过平面坐标系上的曲线来衡量分类模型结果的好坏，ROC 曲线是基于混淆矩阵得出的。

ROC 曲线的两个主要指标就是真正率和假正率，其中，横坐标为假正率（FPR），指代负样本中的错判率（假警报率）；纵坐标为真正率（TPR），即上述的指标召回率。一个标准的 ROC 曲线如图 12-21 所示。

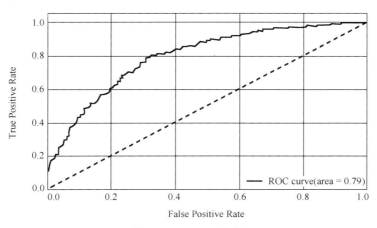

图 12-21 ROC 曲线

除了使用数值、表格形式评估分类模型的性能，还可绘制 ROC 曲线评估分类模型。ROC 曲线横纵坐标范围为[0,1]，通常情况下，ROC 曲线与 x 轴形成的面积越大，模型性能越好。ROC 曲线处于图中虚线的位置，表明模型的计算结果基本都是随机得来的，在此种情况下模型起到的作用几乎为零，故在实际中 ROC 曲线离图中虚线越远表示模型效果越好。

12.9 本章思维导图

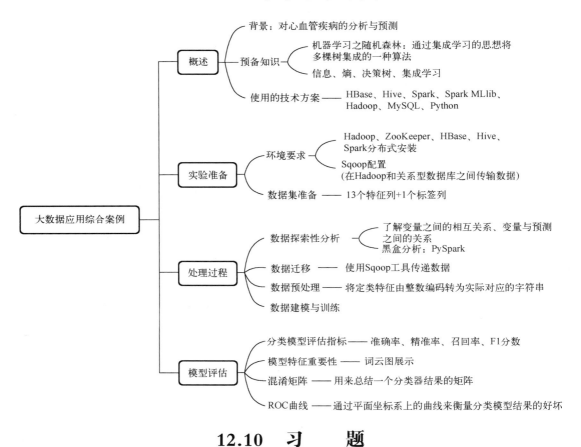

12.10 习 题

1. 大数据分析要经历哪些过程？

2. 12.8 节的案例中，评价指标有哪些，每个评价指标分别体现了什么？

3. 数据预处理做了哪些操作？

4. 可视化分析可以得出哪些有价值的信息？

5. 案例中的大数据框架之间的关系是什么？

6. 数据在各种数据框架中迁移的目的是什么？

7. 在使用 Sqoop 进行数据传输时，为什么要将 csv 文件的表头删除？

8. 12.8 节的案例的训练集和测试集分别是什么？

9. 12.8 节的案例中使用了哪些机器学习库？尝试编码实现案例中的随机森林模型算法。

10. 为什么 12.8 节的案例中使用了"词云"？

11. RandomForestClassifier 方法中的 numTrees、labelCol、seed、maxDepth 参数分别代表什么含义，有什么作用？

附录 A 教材实验

实验 1：基于 Python 的数据抓取和清洗

1．作业题目
基于 Python 的数据抓取和清洗。

2．作业目的
（1）初步掌握网络爬虫抓取的原理和方法。
（2）对抓取数据进行必要的清洗处理。

3．作业性质和说明
网络爬虫是一个很形象的名字。把互联网比成一个蜘蛛网，那么 Spider 就是在网上爬来爬去的蜘蛛。网络爬虫是通过网页的链接地址来寻找网页的，从网站某一个页面开始，读取网页的内容，找到在网页中的其他链接地址，然后通过这些链接地址寻找下一个网页，这样一直循环下去，直到把这个网站的所有网页都抓取完为止。如果把整个互联网当成一个网站，网络爬虫就可以用这个原理把互联网上的所有网页都抓取下来。本质上，网络爬虫就是一个爬行程序，一个抓取网页的程序。

抓取网页的过程其实与用户平时使用浏览器浏览网页的过程是一样的。例如，在浏览器的地址栏中输入某个地址。打开网页的过程其实就是浏览器作为一个浏览的"客户端"，向服务器端发送了一次请求，把服务器端的文件"抓"到本地，再进行解释、展现。HTML 是一种标记语言，用标签标记内容并加以解析和区分。浏览器的功能是将获取到的 HTML 代码进行解析，然后将原始的代码转变成可以直接看到的网站页面。爬虫程序只是把人工浏览的过程变成自动化执行过程，同时将数据的转化、清洗、保存变成自动过程。

ETL（Extract-Transform-Load，抽取-转换-存储）的操作，即在数据抽取过程中进行数据的加工转换，然后加载到存储中。ETL 是一种对数据进行清洗和处理的操作。

4．作业考核方法
提交上机实验报告，任课老师根据上机实验报告评定平时成绩。

5．作业提交日期与方式
在网络教学平台上提交电子版实验报告。

6．实验平台（选择一个即可）
（1）实验自建平台。
（2）自己搭建的 Python 集成开发环境。

7．实验内容和要求

（1）基于 Python 语言。

（2）选择自己想抓取数据的网站。

（3）给出实验源代码和运行截图。

（4）实验过程截图保留在实验报告模板上。

（5）实验报告为 Word 格式文件和源代码，分别以两个附件形式在学习通平台上提交。

（6）回答简答题，在实验报告模板上完成即可。

8．实验报告

实验报告						
题目		姓名			日期	
实验环境：						
实验内容与完成情况：						
出现的问题：						
解决方案（列出遇到的问题和解决办法，列出没有解决的问题）：						

9．简答题

（1）大数据的数据特点是什么？

（2）云计算、大数据、物联网、人工智能的区别和联系是什么？

（3）大数据的知识背景有哪些，每一层需要哪些基础知识？

（4）大数据的意义是什么？

（5）数据采集的步骤有哪些？

（6）ETL 的作用是什么？

（7）爬虫程序解决什么问题？

实验 2：基于 Linux 的 Hadoop 伪分布式安装和操作

1．作业题目

基于 Linux 的 Hadoop 伪分布式安装（单机版）。

2．作业目的

（1）初步掌握 Linux 的终端窗口命令使用方式。

（2）通过虚拟机正确安装配置 Hadoop 伪分布式。

（3）学会虚拟机镜像的备份和还原。

（4）掌握 Hadoop 的常见 Shell 操作命令。

3．作业性质和说明

Linux 是一套免费使用和自由传播的类 Unix 操作系统，是一个基于 POSIX 和 Unix 的多用户、多任务、支持多线程和多 CPU 的操作系统。Linux 能运行主要的 Unix 工具软件、应用程序和网络协议。它支持 32 位和 64 位硬件。Linux 继承了 Unix 以网络为核心的设计思想，是一个性能稳定的多用户网络操作系统。市面上较知名的发行版有 Ubuntu、RedHat、

CentOS、Debian、Fedora、SuSE、OpenSUSE 等。

Hadoop 是由 Apache 基金会开发的分布式系统基础架构，是利用集群对大量数据进行分布式处理和存储的软件框架。用户可以轻松地在 Hadoop 集群上开发和运行处理海量数据的应用程序。Hadoop 有高可靠、高扩展、高效性、高容错等优点。Hadoop 框架的核心设计是 HDFS 和 MapReduce。HDFS 为海量的数据提供了存储，MapReduce 为海量的数据提供了计算。Hadoop 运行模式分为 3 种：本地运行模式、伪分布式运行模式、完全分布式运行模式。

4．作业考核方法

提交上机实验报告，任课老师根据上机实验报告评定平时成绩。

5．作业提交日期与方式

在网络教学平台上提交电子版实验报告。

6．实验平台（选择一个即可）

（1）实验自建平台。

（2）自己搭建的虚拟机。

（3）本书提供的镜像文件。

7．实验内容和要求

（1）基于线上或线下虚拟机。

（2）选择合适的 Linux 版本系统（之前没接触过的读者一定要有所了解）。

（3）给出配置 Hadoop 及运行 Shell 操作每一步的配置命令和运行截图。

（4）实验报告为 Word 格式文件和配置、命令，分别以两个附件形式在学习通平台上提交。

（5）回答简答题，在实验报告模板上完成即可。

8．实验报告

实验报告					
题目		姓名		日期	
实验环境：					
实验内容与完成情况：					
出现的问题：					
解决方案（列出遇到的问题和解决办法，列出没有解决的问题）：					

9．简答题

（1）举例说明 Linux 常见的终端命令。

（2）虚拟机的使用解决什么问题？

（3）Hadoop 的优势是什么？

（4）Hadoop 启动后，终端输入 JPS 命令，能看到哪些进程，各自的作用是什么？

（5）Hadoop 安装配置有哪几种模式？

（6）Hadoop 安装需要配置哪几个 XML 文件？

（7）Hadoop 的常见 Shell 命令有哪些操作？

实验 3：分布式 Hadoop 的配置和使用

1．作业题目
分布式 Hadoop 的配置和使用。

2．作业目的
（1）初步掌握 Hadoop 分布式的配置步骤（选做）。
（2）通过 ZooKeeper 和 YARN 管理并启动分布式 Hadoop（选做）。
（3）学会 ZooKeeper 和 YARN 的网页管理界面（选做）。
（4）掌握使用 Eclipse（其他开发工具也可以）基于 Hadoop 的 API 开发程序。
（5）理解并掌握 MapReduce 编程模型和原理。

3．作业性质和说明
ZooKeeper 分布式服务框架是 Apache Hadoop 的一个子项目，主要用来解决分布式应用中经常遇到的一些数据管理问题，如统一命名服务、状态同步服务、集群管理、分布式应用配置项的管理等。Apache Hadoop YARN 是一种新的 Hadoop 资源管理器，也是一个通用资源管理系统，可为上层应用提供统一的资源管理和调度，它的引入为集群在利用率、资源统一管理和数据共享等方面带来了巨大好处。YARN 的基本思想是将 JobTracker 的两个主要功能（资源管理和作业调度、监控）分离，主要方法是创建一个全局的 ResourceManager（RM）和若干针对应用程序的 ApplicationMaster（AM）。

MapReduce 采用"分而治之"的思想，把对大规模数据集的操作分发给一个主节点管理下的各个从节点共同完成，然后通过整合各个节点的中间结果，得到最终结果。MapReduce 就是"任务的分解与结果的汇总"。在分布式计算中，MapReduce 框架负责处理并行编程中分布式存储、工作调度，负载均衡、容错处理及网络通信等复杂问题，现在把处理过程高度抽象为 Map 与 Reduce 两个部分进行工作。其中，Map 部分负责把任务分解成多个子任务，Reduce 部分负责把分解后多个子任务处理的结果汇总起来。

4．作业考核方法
提交上机实验报告，任课老师根据上机实验报告评定平时成绩。

5．作业提交日期与方式
在网络教学平台上提交电子版实验报告。

6．实验平台（选择一个即可）
（1）实验自建平台。
（2）自己搭建的虚拟机。
（3）本书提供的镜像文件。

7．实验内容和要求
（1）给出编写 Hadoop 的 API 进行 HDFS 文件操作的代码和运行过程。
（2）提供的镜像有详细步骤（可参考），选做部分根据自己能力完成。
（3）编写 Hadoop 的 MapReduce 程序源代码，给出运行过程。

（4）实验报告为 Word 格式文件，把配置命令、源代码等作为多个附件，在学习通平台上提交。

（5）回答简答题，在实验报告模板上完成。

8．实验报告

实验报告					
题目		姓名		日期	
实验环境：					
实验内容与完成情况：					
出现的问题：					
解决方案（列出遇到的问题和解决办法，列出没有解决的问题）：					

9．简答题

（1）Hadoop 的 MapReduce 编程模型是什么？

（2）阐述 MapReduce 编程模型的主要步骤。

（3）阐述 YARN 和 ZooKeeper 各自的作用和区别。

（4）Hadoop 的 API 和 Shell 各自的作用是什么，有什么区别和联系？

（5）描述目前自己搭建的实验环境。

实验 4：基于数据仓库 Hive 的数据分析

1．作业题目

基于数据仓库 Hive 的数据分析。

2．作业目的

（1）熟练掌握 Linux 环境下 MySQL 的配置和基本操作。

（2）通过 Hive 的配置过程理解分布式的架构模式。

（3）了解 Hive 的 HQL 语句和数据库 SQL 语句的异同。

（4）掌握使用 Hive 构建内部表和外部表的方法。

（5）理解 Hive 的 HQL 语句转变 MapReduce 的执行过程和原理。

3．作业性质和说明

HDFS 用于存储数据，MapReduce 用于处理、分析数据。对有一定开发经验特别是有 Java 基础的程序员，学习 MapReduce 相对比较容易；可是对习惯使用 SQL 的程序员来说，学习 MapReduce 的成本相对比较大。Hive 的设计目的是让那些熟悉 SQL 但编程技能相对比较薄弱的分析师可以对存储在 HDFS 中的大规模数据集进行查询。Hive 作为一个数据仓库工具，可以将数据文件组成表格并具有完整的类 SQL 查询功能，还可将类似 SQL 语句自动转换成 MapReduce 任务来运行。因此，使用 Hive 可以大幅提高开发效率。Hive 可以处理超大规模的数据，可扩展性和容错性非常强。

本地模式需要 MySQL 作为 Hive 的 Metastore 存储数据库，因此在安装 Hive 前需要先安装 MySQL，同样也需要掌握数据库基本操作命令。目前，MySQL 被广泛地应用在中小型网站中。由于其体积小、速度快、总成本低，尤其是开放源代码这一特点，使得很多公司都采用 MySQL 数据库以降低成本。MySQL 数据库可以称得上是目前运行速度最快的 SQL 语言数据库之一。除具有许多其他数据库所不具备的功能外，MySQL 数据库还是一种完全免费的产品，用户可以直接从网络下载 MySQL 数据库。

4．作业考核方法
提交上机实验报告，任课老师根据上机实验报告评定平时成绩。

5．作业提交日期与方式
在网络教学平台上提交电子版实验报告。

6．实验平台（选择一个即可）
（1）实验自建平台。
（2）自己搭建的虚拟机。
（3）本书提供的镜像文件。

7．实验内容和要求
（1）在之前实验的基础上给出配置 Hive 的过程（分布式可以选做）。
（2）提供的镜像有详细步骤（可参考），选做部分根据自己能力完成。
（3）给出编写构造内部表和外部表的执行过程。
（4）举例说明编写 Hive 分析语句 HQL 的应用作用（可举多个 HQL 分析语句）。
（5）实验报告为 Word 格式文件，把配置命令、源代码等作为多个附件，在学习通平台上提交。
（6）回答简答题，在实验报告模板上完成。

8．实验报告

实验报告						
题目			姓名		日期	
实验环境：						
实验内容与完成情况：						
出现的问题：						
解决方案（列出遇到的问题和解决办法，列出没有解决的问题）：						

9．简答题
（1）阐述 Hive 和 Hadoop、MySQL 的关系。
（2）阐述 Hive 的 HQL 语言和 SQL 语言的异同。
（3）简述 Hive 的安装配置主要流程。
（4）讨论数据库和数据仓库的联系及区别。
（5）实例解释构建 Hive 的外部表和内部表的区别。
（6）举例说明 Hive 中各种常见函数操作的意义和作用。

实验 5：NoSQL 数据库 HBase 使用

1．作业题目
NoSQL 数据库 HBase 使用。

2．作业目的
（1）初步掌握 HBase 的配置步骤（其中分布式配置选做，单机版必做）。
（2）掌握 HBase 的 Shell 操作常见命令。
（3）基于 Eclipse（其他开发工具也可以）进行 Java API 的 HBase 的操作。
（4）理解 HBase 的工作原理，实现 HBase 的实例操作（要有一个完整应用实例）。
（5）理解并掌握 NoSQL 模型及其原理。

3．作业性质和说明
HBase 不同于一般的关系数据库，它是非结构化数据存储的数据库，而且基于列的而非基于行的模式。HBase 是分布式的，基于 Google BigTable 的开源实现。它使用基于 Hadoop 的 HDFS 格式作为其文件存储系统。在需要实时读写、随机访问超大规模数据集时，可以使用 HBase。通过 Hadoop 的 MapReduce 模型处理 HBase 中的海量数据，并且利用 ZooKeeper 作为协同服务。

通过本实验掌握 HBase 的 DDL（数据定义语言）和 DML（数据操纵语言）命令。其中，DDL 主要包含对表的操作命令，用在定义或改变表（TABLE）的结构、数据类型、表之间的链接和约束等初始化工作上，如 create、alter、drop 等；而 DML 主要包括对表中记录的操作命令，如 put、scan、get、delete、truncate 等。

HBase 与 Hadoop 一样，都是用 Java 编写的，所以 HBase 支持 Java。HBase 的 Java API 核心类如下所述。

（1）HBaseConfiguration 类。HBaseConfiguration 是每个 HBase Client 都会用到的对象，代表 HBase 配置信息。

（2）创建表通过 HBaseAdmin 对象操作。HBaseAdmin 负责 META 表信息的处理。HBaseAdmin 提供了 createTable 方法。

（3）删除表也通过 HBaseAdmin 对象操作，删除表前首先要 disable 表。disable Table 和 deleteTable 分别用来执行 disable 和 delete 操作。

（4）插入数据。HTable 通过 put 方法插入数据。可以传递单个 put 对象或 Listput 对象，分别实现单条插入和批量插入，HTable 提供了 get 方法完成单条查询。

（5）批量查询。HTable 提供 getScanner 方法完成批量查询。

4．作业考核方法
提交上机实验报告，任课老师根据上机实验报告评定平时成绩。

5．作业提交日期与方式
在网络教学平台上提交电子版实验报告。

6．实验平台（选择一个即可）

（1）实验自建平台。

（2）自己搭建的虚拟机。

（3）本书提供的镜像文件。

7．实验内容和要求

（1）给出编写 HBase 的 Shell 进行数据库操作的运行过程。

（2）提供的镜像有详细步骤（可参考），选做部分根据自己能力完成。

（3）给出编写 HBase 的 API 程序源代码和运行过程。

（4）实验报告为 Word 格式文件，把配置命令、源代码等作为多个附件，在学习通平台上提交。

（5）回答简答题，在实验报告模板上完成。

8．实验报告

实验报告						
题目			姓名		日期	
实验环境：						
实验内容与完成情况：						
出现的问题：						
解决方案（列出遇到的问题和解决办法，列出没有解决的问题）：						

9．简答题

（1）HBase 具体有哪些特点，在什么场景下使用比较合适？

（2）HBase 表中的行键、列族、列、单元格、时间戳分别是什么含义，举例说明。

（3）HBase 的常用 Shell 操作有哪些？

（4）HBase 的存储方式和传统数据库有何不同？

（5）HBase 的 Java API 操作有哪些，解决什么问题？

（6）NoSQL 数据库有哪几种主要类型，各自特点是什么？

实验 6：基于分布式 Spark 框架的编程

1．作业题目

基于分布式 Spark 框架的编程。

2．作业目的

（1）掌握 Spark 的配置步骤（其中分布式配置选做，单机版必做）。

（2）掌握 Spark 的 Shell 操作常见命令。

（3）基于 Eclipse（可用其他工具）进行 Spark（Python、Scala 或 Java 语言）的编程。

（4）理解 Spark 的工作原理，实现 Spark 的实例操作（要有一个完整应用实例）。

（5）了解 Spark 常见算子的使用。

（6）基于 Spark 框架实现机器学习的实例（可以用 Spark 的 MLlib 或 PySpark 实现）。

3．作业性质和说明

Spark Shell 是一个特别适合快速开发 Spark 程序的工具。Spark Shell 使用户可以和 Spark 集群交互，提交查询，这便于调试，也便于初学者使用 Spark。RDD 有两种类型的操作：Transformation（返回一个新的 RDD）和 Action（返回 values）。Spark 的核心就是 RDD，所有在 RDD 上的操作会被运行在 Cluster 上，Driver 程序启动很多 Workers，Workers 在（分布式）文件系统中读取数据后转化为 RDD，然后对 RDD 在内存中进行缓存和计算。

对 Spark 中的 API 来说，它支持的语言有 Scala、Java 和 Python，由于 Scala 是 Spark 的原生语言，各种新特性肯定是 Scala 最先支持的。Scala 语言的优势在于语法丰富且代码简洁，开发效率高；缺点在于 Scala 的 API 符号标记复杂，某些语法太过复杂，不易上手。也可以使用 Spark Java API。

机器学习是一门多领域交叉学科，涉及概率论、统计学、逼近论、凸分析、算法复杂度理论等多门学科。专门研究计算机怎样模拟或实现人类的学习行为，以获取新的知识或技能，重新组织已有的知识结构，使之不断改善自身的性能。机器学习算法是从数据中自动分析获得规律，并利用规律对未知数据进行预测的算法。Spark MLlib 是 Spark 中可以扩展的机器学习库，它由一系列的机器学习算法和实用程序组成，包括分类、回归、聚类、协同过滤等，还包含底层优化的一些方法。

4．作业考核方法

提交上机实验报告，任课老师根据上机实验报告评定平时成绩。

5．作业提交日期与方式

在网络教学平台上提交电子版实验报告

6．实验平台（选择一个即可）

（1）实验自建平台。

（2）自己搭建的虚拟机。

（3）本书提供的镜像文件。

7．实验内容和要求

（1）给出编写 Spark 的 Shell 进行交互操作的运行过程。

（2）提供的镜像有详细步骤（可参考），选做部分根据自己能力完成。

（3）给出编写 Spark 的 API 程序源代码（多种语言可自己选择）和运行过程。

（4）实验报告为 Word 格式文件，把配置命令、源代码等作为多个附件，在学习通平台上提交。

（5）回答简答题，在实验报告模板上完成。

8．实验报告

实验报告						
题目			姓名		日期	
实验环境：						
实验内容与完成情况：						
出现的问题：						
解决方案（列出遇到的问题和解决办法，列出没有解决的问题）：						

9．简答题

（1）常见的 Spark 的配置模式有哪些？

（2）举例说明 Spark 常用算子的作用。

（3）Spark 和 Hadoop 的关系是什么？

（4）说明常见机器学习算法的作用。

（5）机器学习执行的主要步骤有哪些？

（6）总结目前搭建环境的所有配置详细说明。

实验 7：综合案例设计与实现

1．作业题目

综合案例设计与实现。

2．作业目的

（1）掌握主要的大数据框架的配置和环境搭建（其中分布式配置选做，单机版必做）。

（2）掌握主要的大数据框架技术的 Shell 操作常见命令。

（3）基于 Eclipse（可用其他工具）进行数据分析开发的编程。

（4）理解多个大数据框架的工作原理和相互关系。

（5）基于机器学习和人工智能的算法利用大数据主要框架分析出应用有价值的结果。

（6）基于数据结果能够进行可视化的形象分析和阐述。

3．作业性质和说明

（1）首先建立一个以"姓+学号最后三位"命名的用户，后续操作均用该用户进行（例如，姓名-张三，学号-179888001，那么应用 zhang001 建立用户）（可选）。

（2）下载数据（注明数据来源）。

（3）将所下载的数据上传到 HDFS 中（可截取部分数据上传）。

（4）对数据进行预处理生成文本文件。

（5）把 HDFS 中的文本文件导入 HBase 或 Hive 中（步骤可选）。

（6）从 HBase 或 Hive 中利用 Sqoop 导出数据。

（7）在 Spark 中利用机器学习和人工智能的算法进行数据分析。

（8）……（省略部分可自行添加框架，编程语言不限，建议用 Python 或 Scala）。

（9）要求有可视化数据分析结果。

4．作业考核方法

提交上机实验报告，任课老师根据上机实验报告评定平时成绩。

5．作业提交日期与方式

在网络教学平台上提交电子版实验报告。

6．实验平台（选择一个即可）

（1）实验自建平台。

（2）自己搭建的虚拟机。

（3）本书提供的镜像文件。

（4）本地主机计算能力如果不够，可以调度云计算资源。

7．实验内容和要求

（1）给出编写 Spark 的 Shell 进行交互操作的运行过程。

（2）提供的镜像有详细步骤（可参考），选做部分根据自己能力完成。

（3）给出编写 Spark 的 API 程序源代码（多种语言可自己选择）和运行过程。

（4）实验报告为 Word 格式文件，把配置命令、源代码等作为多个附件，在学习通平台上提交。

（5）回答简答题，在实验报告模板上完成。

8．实验报告

实验报告					
题目			姓名		日期
实验环境：					
实验内容与完成情况：					
出现的问题：					
解决方案（列出遇到的问题和解决办法，列出没有解决的问题）：					

9．简答题

（1）案例中的评价指标有哪些？各自有什么作用？

（2）数据在各种数据框架中迁移的目的是什么？

（3）可视化分析可以得出哪些有价值的信息？

（4）案例中训练集和测试集分别是什么？

（5）机器学习执行的主要步骤有哪些？

（6）说明本案例中大数据框架之间的关系。

参考文献

[1] 林子雨. 大数据技术原理与应用[M]. 北京：人民邮电出版社，2017.

[2] 林子雨. Spark 编程基础（Python 版）[M]. 北京：人民邮电出版社，2020.

[3] 肖睿，丁科，吴刚山. 基于 Hadoop 与 Spark 的大数据开发实战[M]. 北京：人民邮电出版社，2018.

[4] 温春水，毕洁馨. 从零开始学 Hadoop 大数据分析[M]. 北京：机械工业出版社，2019.

[5] 黄源，蒋文豪，徐受容. 大数据分析：Python 爬虫、数据清洗和数据可视化[M]. 北京：清华大学出版社，2020.

[6] 王宏志，李春静. Hadoop 集群程序设计与开发[M]. 北京：人民邮电出版社，2019.

[7] 刘鹏. 大数据[M]. 北京：电子工业出版社，2017.

[8] 杨正洪. 大数据技术入门[M]. 北京：清华大学出版社，2016.

[9] 肖睿等. Hadoop 数据仓库实战[M]. 北京：人民邮电出版社，2020.

[10] 维克托·迈尔-舍恩伯格. 大数据时代[M]. 杭州：浙江人民出版社，2013.

[11] 中国电子报. 大数据产业发展规划（2016—2020 年）[N]. 中国电子报，2017.